韧性城市与生态环境规划丛书

市政基础设施智慧化转型探索

深圳市城市规划设计研究院股份有限公司　组织编写

俞露　汤钟　郭秋萍　李亚　张亮　胡晓飞　主　编

中国建筑工业出版社

图书在版编目（CIP）数据

市政基础设施智慧化转型探索 / 深圳市城市规划设计研究院股份有限公司组织编写；俞露等主编. -- 北京：中国建筑工业出版社，2025. 1. --（韧性城市与生态环境规划丛书）. -- ISBN 978-7-112-30568-1

Ⅰ. TU99

中国国家版本馆 CIP 数据核字第 202419PB09 号

本书是作者团队多年来从事智慧城市建设背景下市政基础设施的智慧化转型探索与实践的成果，梳理了智慧市政的理念、技术、方法与案例。从智慧市政的相关方与需求出发，提出了智慧市政的总体框架和主要技术、典型场景应用设计，结合具体实践案例，为智慧市政的建设单位和管理单位提供全方位的技术参考与建议。

全书不但涉及知识面广、资料翔实、内容丰富，而且集系统性、先进性、实用性和可读性于一体。本书可供市政基础设施信息化管理领域的科研人员、设计人员、研发人员、相关行政管理部门和公司企业人员参考，也可作为相关专业大专院校的教学参考用书和市政基础设施建设、运营领域的培训参考书。

责任编辑：朱晓瑜　李闻智
责任校对：张　颖

韧性城市与生态环境规划丛书
市政基础设施智慧化转型探索
深圳市城市规划设计研究院股份有限公司　组织编写
俞露　汤钟　郭秋萍　李亚　张亮　胡晓飞　主　编
*
中国建筑工业出版社出版、发行（北京海淀三里河路 9 号）
各地新华书店、建筑书店经销
北京红光制版公司制版
北京云浩印刷有限责任公司印刷
*
开本：787 毫米×1092 毫米　1/16　印张：21¾　字数：460 千字
2025 年 3 月第一版　　2025 年 3 月第一次印刷
定价：**75.00** 元
ISBN 978-7-112-30568-1
（43855）

丛书编委会

主　　任：俞　露

副 主 任：黄卫东　伍　炜　王金川　李启军　刘应明

委　　员：任心欣　李　峰　陈永海　孙志超　王　健　唐圣钧

　　　　　韩刚团　张　亮　陈锦全　彭　剑

编　写　组

策　　划：刘应明

主　　编：俞　露　汤　钟　郭秋萍　李　亚　张　亮　胡晓飞

编撰人员：刘　豪　黎天山　刘　枫　刘文娟　李亚坤　李承涛

　　　　　陈世杰　代金文　钟智岩　李　洲　何广英　王晓飞

　　　　　镡正旭　杨利冰　孙　静　吴　丹　李　冰　张兴宇

　　　　　陶冠宇　王憕睿　陈俊格　李　俊　杨　鹏　闫　攀

　　　　　郭晓芳　余梦婷　夏　丽　于　敏　王　敏　吴婉秋

　　　　　任　杰　胡超铭　李代仪　刘志刚　龚文曦

丛书序言

改革开放以来，我国经历了世界历史上规模最大、速度最快的城镇化进程，城市发展波澜壮阔，伟大成就举世瞩目。然而，这一迅猛的发展伴随着来自气候变化、生态损伤、环境污染等多方面挑战，对城市的可持续发展及规划建设提出了巨大挑战。党的二十大报告中明确提出，要"坚持人民城市人民建、人民城市为人民，提高城市规划、建设、治理水平，加快转变超大特大城市发展方式，实施城市更新行动，加强城市基础设施建设，打造宜居、韧性、智慧城市"。

近年来，极端天气呈多发态势。2023 年 7 月底，"杜苏芮"台风给福建造成重大灾害；随后受"杜苏芮"台风残余环流影响，北京市及周边地区出现灾害性特大暴雨天气，给北京、河北等地造成重大影响；同年 9 月上旬，受"海葵"台风残余环流影响，深圳市普降极端特大暴雨，打破了深圳 1952 年有气象记录以来七项历史极值。如何减缓自然灾害，保障城市稳定运行，是城市规划建设者亟需考虑的问题。在城市化建设高度聚集和流动性的环境下，监测预警、防灾减灾、应急救援等方面的建设滞后，将导致城市应对外部冲击的敏感度能力不足。因此，建造在各种情况下均能安全、稳定、可靠、持续运转的韧性市政基础设施，是支撑城市安全运转的重要需求。近年来，国家高度关注城市的安全与韧性，"韧性城市"被写入《中华人民共和国国民经济和社会发展第十四个五年规划和 2035 年远景目标纲要》，建设韧性城市已成为社会各界共识。

在过去的七年间，深圳市城市规划设计研究院股份有限公司市政规划研究团队，出版了"新型市政基础设施规划与管理丛书""城市基础设施规划方法创新与实践系列丛书""新时代市政基础设施规划方法与实践丛书"三套丛书，在行业内引起了广泛关注。三套丛书所涉及的综合管廊、低碳生态、海绵城市、非常规水资源利用、排水防涝、5G、新型能源、无废城市等，都是新发展理念下国家推进的重要建设任务。高质量发展是当前我国经济社会发展的主题，是中国式现代化的本质要求。相较前三套丛书，本套丛书紧扣城市基础设施高质量发展的内涵，以建设高质量城市基础设施体系为目标，从以增量建设为主转向存量提质增效与增量结构调整并重，响应碳达峰、碳中和目标要求，推动城市高质量发展。

我们希望通过本套丛书的出版和相关知识传播，能有助于城市规划从业者和管理者更加科学和理性地理解并应对城市面临的挑战，推动城市走向更为韧性、宜居和可持续的未来。城市是人类文明的舞台，而我们每个人都是城市的规划师。让我们共同努力，为建设更美丽的城市、创造更美好的生活而不断探索。

　　中国工程院院士，美国国家工程院外籍院士，发展中国家科学院院士

2023 年 12 月

丛书前言

习近平总书记在党的二十大报告中全面系统地阐述了中国式现代化的科学内涵。中国式现代化是人口规模巨大的现代化、是全体人民共同富裕的现代化、是物质文明和精神文明相协调的现代化、是人与自然和谐共生的现代化、是走和平发展道路的现代化。现代化是人类社会发展的潮流，城镇化作为经济社会发展的强劲动力，推动新型城镇化高质量发展是中国式现代化的必经之路。走中国特色、根植于中国国情的新型城镇化道路，是探索中国式现代化道路的生动实践。

2020 年 10 月，习近平总书记在发表的重要文章《国家中长期经济社会发展战略若干重大问题》中指出，在生态文明思想和总体国家安全观指导下制定城市发展规划，打造宜居城市、韧性城市、智能城市，建立高质量的城市生态系统和安全系统。2020 年 11 月，《中华人民共和国国民经济和社会发展第十四个五年规划和 2035 年远景目标纲要》提出了建设宜居、创新、智慧、绿色、人文和韧性城市；2022 年 6 月，《"十四五"新型城镇化实施方案》印发，提出坚持人民城市人民建、人民城市为人民，顺应城市发展新趋势，建设宜居、韧性、创新、智慧、绿色、人文城市。

在中国式现代化总战略指引下，我们需要深入地实施具有中国特色的新型城镇化战略。打造宜居、韧性、创新、智慧、绿色、人文城市是对新时代新阶段城市工作的重大战略部署。"生态城市""低碳城市""绿色城市""海绵城市""智慧城市""韧性城市"等一系列的城市建设新理念陆续涌现。韧性城市建设与生态环境保护工作成为城市规划建设发展的重要内容。通常广义上的韧性城市，是指城市在面临经济危机、公共卫生事件、地震、洪水、火灾、战争、恐怖袭击等突发"黑天鹅"事件时，能够快速响应，维持经济、社会、基础设施、物资保障等系统的基本运转，并具有在冲击结束后迅速恢复，达到更安全状态的能力。建设真正安全可靠的"韧性城市"，需要多管齐下，不断提升城市的经济韧性、社会韧性、空间韧性、基础设施韧性和生态韧性。生态环境规划则是模拟自然环境而进行的人为规划，其目的是人与自然的和谐发展，有计划地保育和改善生态系统的结构和功能。持续改善环境质量，是满足人民日益增长的美好生活需要的内在要求，是推进生态文明和美丽中国建设的必然选择。

当前，学界对于"韧性城市"的相关研究如火如荼。中国知网数据显示，与"韧性城市"相关的论文由 2003 年的 2 篇，增长到 2019 年的 87 篇，到 2023 年增长到 473 篇。而"生态环境规划"的相关研究亦持续受到学界关注，每年相关论文数量都超过 7000 篇，到 2019 年更是达到 1.7 万篇。尽管相关的研究层出不穷，但是目前韧性城市理念在我国还是处于学界高度关注、公众知晓不足的状态，北京、上海等超大城市编制了韧性规划，但并未形成具体的实施方案，离落地实施尚有较大距离。未来，中国的新型城镇化是中华民族开创美好生活方式的绝佳机遇，但是与之相伴的，是不容忽视的危机和隐患：安全与发展的危机、生态与环境的危机、管理与治理的危机。为厘清韧性城市与生态环境规划的底层逻辑，需打破专业壁垒，对城市管理者、规划设计人员以及民众进行韧性知识的"文艺复兴"，因此，对韧性城市规划及生态环境规划方法、理论和路径的探索也就有了现实的必要性。

基于上述缘由，我们策划了"韧性城市与生态环境规划丛书"，以开放式丛书形式，主要围绕"韧性城市"及"生态环境"两大主题，从城市规划建设及管理者的角度出发，系统阐述韧性城市及生态环境规划的方法、理论、路径及案例。本套丛书共计七本，分别为《海绵城市建设效果评价方法与实践》《韧性城市规划方法与实践》《市政基础设施智慧化转型探索》《城市新型竖向规划方法与实践》《生态保护修复规划方法与实践》《市政基础设施韧性规划方法与实践》《夏热冬暖地区区域能源规划探索与实践》。丛书以开放式的选题和内容，介绍韧性城市和生态城市建设过程中的新机遇、新趋势、新方法、新经验，力争成为展现深圳市城市规划设计研究院股份有限公司（以下简称"深规院"）最新研究成果的代表作，为推进中国式现代化和新型城镇化做出时代贡献。

深规院是一个与深圳市共同成长的规划设计机构，自成立以来已近 33 年。30 多年来，深规院伴随着深圳市从一个小渔村成长为超大城市，见证了深圳的成长和发展。市政规划研究院作为其下属的专业技术部门，一直深耕于城市基础设施规划和研究领域，是国内实力雄厚的城市基础设施规划研究团队之一。近年来，我院紧跟国家政策导向，勇攀技术前沿，深度参与了韧性城市、综合管廊、海绵城市、低碳生态、新型能源、内涝防治、智慧城市、无废城市、环境园、城市竖向等基础设施规划研究工作。

对于这套丛书，我们计划在未来 2～3 年内陆续出版。丛书选题方向包括韧性城市、生态城市、海绵城市、智慧城市、城市安全、新型能源等。作为本套丛书的编者，我们希望为读者呈现理论、方法、实践相结合的精华，其中《韧性城市规划方法与实践》展现了深规院在新疆、浙江、深圳等地的实践成果；《市政基础设施韧性规划方法与实践》展示了深规院在深圳市域、片区层面对基础设施韧性提升的理论和实践；《生态保护修复规划方法与实践》揭示了当前国内最新的生态保护修复规划的理论与实践；《海绵城市建设效果评价方法与实践》是编制团队在深圳市多年的实践经验的总结和提升。

本套丛书在编写过程中，得到了住房和城乡建设部、自然资源部、广东省住房和城乡建设厅、广东省自然资源厅、深圳市规划和自然资源局、深圳市生态环境局、深圳市水务局、深圳市城管局等相关部门领导的大力支持和关心，得到了相关领域专家、学者和同行的热心指导和无私奉献，在此一并表示感谢。

感谢曲久辉院士为本套丛书写序！曲院士是我国著名城市水环境专家，是中国工程院院士、美国国家工程院外籍院士、发展中国家科学院院士，现为中国科学院生态环境研究中心研究员，兼任中华环保联合会副主席、中国环境科学学会副理事长、中国可持续发展研究会副理事长、中国城市科学研究会副理事长、国际水协会（IWA）常务理事、国家自然科学基金委工程与材料科学部主任等。曲院士为人豁达随和，一直关心深规院市政规划研究团队的发展，对本套丛书的编写提出了许多指导意见，在此深表感谢！

本套丛书的出版凝聚了中国建筑工业出版社朱晓瑜等编辑们的辛勤工作，在此表示由衷的敬意和感谢！

"韧性城市与生态环境规划丛书"编委会

2023 年 12 月

本书前言

在全球化的浪潮中，城市化进程正以前所未有的速度推进，市政基础设施作为城市发展的基石，正经历着一场深刻的变革。面对传统市政管理模式和基础设施建设所带来的效率瓶颈、资源浪费及环境污染等挑战，我们亟须转变思维，寻求创新的解决方案。在 21 世纪的信息化浪潮中，智慧化已成为推动城市可持续发展的关键动力。市政基础设施的智慧化转型，可以帮助城市应对气候变化、提高能源效率、减少环境污染，增强城市的韧性和应对突发事件的能力，并利用智慧化手段提升城市的综合竞争力和居民的生活质量，从而实现更高效、更绿色、更智能的发展，以满足现代社会对城市生活品质的不断提升的需求。

智慧市政的核心在于利用先进的信息技术，实现对市政基础设施的高效管理和服务优化。这一过程中，数据的采集、处理和应用成为关键。物联网技术的应用使得各类市政设施能够实时传输数据，大数据技术则为我们提供了强大的数据分析能力，而人工智能技术的引入则进一步提升了决策的智能化水平。技术的创新与应用，不仅提高了市政基础设施的运行效率，也为城市管理带来了新的思路和方法。本书不仅介绍了智慧市政的相关技术，更让我们深刻地认识到，智慧市政的推进需要多方面的合作与协调，包括政府、企业、学术机构和公众的共同参与。通过跨部门、跨行业的合作，我们可以更好地整合资源，推动智慧市政项目的顺利实施。此外，智慧市政的推进也面临着一系列的挑战，如信息安全、隐私保护、技术标准统一等。本书也将对这些挑战进行深入探讨，并提出相应的解决策略。我们认为，只有妥善解决这些问题，智慧市政的建设和发展才能更加稳健和可持续。

《市政基础设施智慧化转型探索》这本书的撰写，是我们对智慧市政理念、技术应用和实践经验的全面总结。本书的编写，旨在为城市管理者、技术人员、学者和政策制定者提供一部深入探讨智慧市政转型的参考著作。我们希望通过本书的分享，能够激发更多的思考和行动，共同推动城市基础设施的智慧化进程，为建设更加美好的城市未来贡献力量。

在市政基础设施的智慧化转型探索与实践中，我们的团队积累了丰富的技术经验和实践经验，并获得了一定的奖项认可。这些成就的取得，离不开团队的辛勤工作和不断创新。我们深知，智慧市政是一个长期的、复杂的过程，需要我们持续地学习、探索和实践。因此，本书不仅是对过去经验的总结，更是对未来发展的展望。我们期待本书能够激发更多城市管理者和技术人员对智慧市政的兴趣和热情，促进更多的交流与合作，共同推动智慧市政的发展。我们坚信，随着智慧市政理念的深入人心和技术的不断进步，我们的城市将变得更加智能、高效和宜居。

最后，我们诚挚地邀请广大读者加入这场智慧化转型的探索之旅，一起见证和推动城市基础设施的智慧化进程。让我们携手前行，在智慧化的道路上不断探索和前进，为实现城市的美好愿景而共同努力。

目 录

第 1 篇

理 念 篇

第2篇 **技术篇**

第3篇 方法篇

第 1 篇

理念篇

　　随着城市人口的增长和经济的发展，传统的市政基础设施已经难以满足现代社会的需求。环境污染、资源短缺、效率低下等问题日益凸显，这些问题的解决需要我们转变思路，借助智慧化手段，实现资源的高效利用和城市服务的优化升级。我们将分析市政基础设施智慧化转型如何帮助城市应对气候变化、提高能源效率、减少环境污染，并增强城市的韧性和应对突发事件的能力。

　　在理念篇中，我们将阐述智慧化转型的重要意义，分析当前城市发展面临的挑战与机遇，以及智慧化如何成为解决这些问题的关键。通过对智慧城市建设理念的深入剖析，引导读者理解智慧化转型的核心价值和长远目标。本书从智慧市政的理念出发，探讨智慧化对于提升城市治理水平、优化居民生活质量的深远意义。我们分析了智慧市政的现状与未来趋势，阐述其在推动城市可持续发展中的核心作用。通过对智慧市政理念的深入剖析，本书旨在引导读者认识到，智慧化转型不仅是技术革新的体现，更是城市管理理念的重大进步。

第 1 章　智慧市政的理念

1.1　市政基础设施概述

1.1.1　市政基础设施的内涵

亚当·斯密认为国家的重要职能之一就是"建设并维持某些公共事业及公共设施"。罗森斯坦·罗丹提出社会先行资本（Social Overhead Capital）的概念，指出一个社会在进行产业投资前需要具备一定的社会积累，这被认为是经济学中最早正式提出的"基础设施"概念。而后，罗根纳·纳克斯在 1966 年指出社会先行资本还应包括学校和医院。根据世界银行在 1994 年的分类，基础设施分为经济性基础设施和社会性基础设施两大类别，狭义的基础设施主要是指经济性基础设施，即"能够为居民和经济生产提供相应服务的永久性建筑、设备和设施"，包括公用事业（Public Utilities，即能源、通信、供水、卫生和污水处理设施）、公共工程（Public Works，即道路、水坝、灌溉和排水渠道）和交通设施（Transport Sectors，即城市和城际铁路、市政交通、港口和水路、机场）等。

所谓市政，是指公共权力机关为了促进城市发展、解决城市公共问题、管理城市公共事务和实现城市公共利益而进行的各种公共政策制定并推动实施的过程，强调城市公共事务、公共政策和管理活动。市政基础设施是在基础设施的基础上提出的，具有社会主义体制特色。作为城市基础设施的重要组成部分，市政基础设施一般由城市建设行政主管部门进行规划、建设、运维等行业管理，其所提供的公共产品和服务具备非排他性和非竞争性的特性，具备显著的公益性和社会性，是提高城市居民生活品质和增强幸福感的关键因素。

根据当前规划与建筑行业的共识，市政基础设施是指保证城市正常运转的供水、供电、供热、燃气、交通、通信、环境卫生等服务的建筑物、构筑物、管网系统及管理维修设施，是国家经济体系正常运作与社会功能发挥的基石，属于工程性基础设施。

1.1.2　市政基础设施系统构成及特征

目前，我国的国土空间规划体系中，交通设施与市政设施通常是分开的，因此本书中的市政基础设施主要指给水、排水、电力、通信、燃气、环卫、防灾等设施，不包括交通设施。由于市政基础设施系统是一个多专业、多维度和多功能的综合体，因此学术领域和行业领域对于系统的构成与分类存在不同，本书主要从行业领域和实际运行的方式进行分类，主要涉及五类七个子系统，如表1-1所示。

市政基础设施系统构成　　　　　　表1-1

类别	子系统	主要内容
水资源和供排水	水务系统	从引水、取水、制水及输配系统到配水管网、泵站，以及排水及污水处理等设施
能源供应	电力系统	从发电、输电、变电、配电到调度控制的管理系统
	燃气系统	包括天然气、人工煤气、液化石油气等生产供应系统
邮政通信	通信系统	由邮政系统和电信系统组成，包括邮政服务设施和电信局、电话、电报、移动通信和网络等服务设施
生态环境	环保系统	包括水环境、大气环境、声环境、土壤环境等环境管理系统
	环卫系统	包括垃圾的收集、清运处理设施，公共场所和公共厕所保洁，以及其他市容和环境卫生设施
防灾减灾	应急系统	包括城市人防、消防及防汛等设施

市政基础设施作为城市化进程中的一项系统工程，是城市发展的基础条件，因而其发展必须确保城市发展的持续性，同时要顺应自身发展规律。市政基础设施涉及面广，具有运转系统化、服务周期长和运营复杂性的特点，因此需要进行统筹规划与管理。具体如下：

（1）系统体系复杂，相互制约与影响。市政基础设施作为城市发展的基石，承担着城市水网、能源网和信息网等的输送任务，多样化的功能伴随着专业特定的技术要求和运行机制，增加了系统的复杂性。各类市政基础设施在空间和功能上存在关联。例如，给水管网、排水管网、电网和燃气输配管网等需要与道路网协同布局，电力高压走廊、垃圾填埋场、污水处理厂和水源保护区等关键设施的选址对城市用地和市政基础设施的布局产生一定的空间约束，城市中可能出现的断电、断水、爆管和管网更新改造等事件也会对其他系统的运行产生影响。因此，为了确保各子系统之间的互补性、协调性和统一性，必须在市政基础设施的建设、改造与运维过程中进行全面的考量和协调。

（2）空间和容量的前瞻性与超前性。市政基础设施的数量与品质不仅要能够满足当前发展需求，还要能够适应城市发展的长期需求与市政基础设施技术发展的趋势，因而需要构建具有一定前瞻性和超前性的市政基础设施体系，这包括从其空间需求和规模容量的前瞻性与超前性两个方面进行考虑。市政基础设施一旦建成，通常即固定在特定位置，且使用方式也被严格限定，特别是市政线多埋设在地下，各路管线错综复杂且不便于随时进行大规模改造，加之市政基础设施的寿命往往跨越数十年甚至上百年之久，带来了较为频繁的管养维护工作，因此市政设施的设计必须考虑到长期的耐用性、可维护性和适应性，以抵御时间的考验和环境的变化。

（3）前期投资大，回报周期长。市政基础设施建设为工程性施工，大部分工程的建设规模宏大且技术要求高，因此通常需要巨额的资本投入，这些投资涵盖了从规划、设计到施工的各个阶段，包括土地征用、材料采购、设备安装以及劳动力成本等。建成后投资转化为城市的固定资产，如水厂、电厂和市政管网等，它们具有不可移动性和使用方式的固定性。而在此类基础设施的实际运行过程中，这些固定资产往往转化为固定成本，而这部分成本又成为运营过程中最大的成本开支，每额外增加一名用户所造成的成本增量，即边际成本，相对较低。所以，持续拓展市政基础设施的服务与产品消费、利用的规模，有助于使其投资成本均值相对降低。但是，由于市政基础设施的公共属性，其回报收益率一般不高，回报周期相对较长。

1.1.3 我国市政基础设施发展历程

市政基础设施作为一个国家现代化程度的重要标志，其发展历程往往与国家经济社会发展的大背景紧密相连。我国市政基础设施建设的发展，可以概括为以下几个阶段：

1. 建设起步阶段（1949—1978 年）

中华人民共和国成立之初，我国经济贫穷落后，市政基础设施建设处于填补空白或者战后修复阶段。一直到改革开放的近 30 年时间里，我国在市政基础设施领域进行了较大规模的投资，主要依靠政府投资和以国有企业为主导进行建设，大部分城市的建设原则为"先求其有，后求其备"，以满足基本生活需求为导向，实现了市政基础设施的从无到有。这一阶段重点是解决城市供水、供电、道路等基础设施的建设问题，而对于环卫、通信、应急等基础设施建设重视程度不足。

2. 快速发展阶段（1978—2010 年）

改革开放后，随着经济体制逐步转型，我国经济进入高速发展阶段，市场经济逐渐发展，市政基础设施建设也迎来了快速发展期。政府开始引入外资和民营企业参与市政基础设施建设，市政基础设施建设投资主体开始多元化，其中以深圳市为代表的快速城市建设，就是吸引外资参与的结果。这一阶段，市政基础设施发展水平明显提升，带来城市环境的明显改善，而且市政基础设施建设开始注重规划和可持续发展，污水处理、垃圾处理等环保设施建设逐渐受到重视。

3. 转型升级期（2010 年至今）

"十二五"以后，我国市政基础设施建设进入了转型升级阶段。一方面，市政基础设施建设规模和质量要求不断提高，"水十条""新基建""双碳"等政策和目标的出台推动了排水系统、通信系统和能源系统的转型升级；另一方面，市政基础设施的建设开始强调智能化管理，物联网、大数据、云计算、人工智能、数字孪生等新技术的发展与应用，促进了包括智慧水务、智能电网、智慧环保等在内的城市管理领域的智慧化应用。同时，我国开始实施"一带一路"等国家合作倡议，推动市政基础设施建设走向国际市场。

进入"十三五"以后，我国市政基础设施投入力度持续加大（表 1-2），设施能力与服务水平不断提高，城市综合承载能力逐渐增强，城市人居环境显著改善，人民生活品质不断提升。同时，市政基础设施领域发展不平衡、不充分问题仍然突出，体系化水平、设施运行效率和效益有待提高，安全韧性不足，这些问题已成为市政基础设施高质量发展的瓶颈。

"十三五"全国城市基础设施建设主要进展　　　　　　　表 1-2

序号	设施类别	指标	2015 年	2020 年	增长幅度
1	道路交通	人均城市道路面积（m²）	15.60	18.00	15.38%
		道路长度（万 km）	36.50	49.30	35.07%
		开通运营城市轨道交通城市（个）	24.00	42.00	75.00%
		轨道交通运营里程（km）	3000.00	6600.00	120.00%
2	地下管线（廊）	供排水、供热、燃气地下管线长度（万 km）	241.49	308.62	27.80%
3	供水、排水	公共供水普及率（%）	98.07	98.99	0.94%
		公共供水能力（亿 m³/d）	560.47	629.54	12.32%
		污水处理能力（亿 m³/d）	428.82	557.27	29.95%
4	燃气、供热	城市燃气普及率（%）	95.30	97.87	2.70%
		城市集中供热面积（亿 m²）	67.22	98.82	47.01%
		城市热源供热能力（万 MW）	47.56	56.62	19.05%
5	环境卫生	生活垃圾无害化处理能力（万 t/d）	57.34	96.34	68.02%
		生活垃圾无害化处理率（%）	94.10	99.99	6.26%
		生活垃圾焚烧处理能力占比（%）	38.00	58.93	55.08%
6	公园绿地	建成区绿地面积（万 hm²）	190.78	239.81	25.70%
		建成区绿地率（%）	36.36	38.24	5.17%
		人均公园绿地面积（m²/人）	13.35	14.78	10.71%

随着城市化进程的加速和市政基础设施规模与复杂度的不断增加，不同类型与功能的市政基础设施彼此交叠、相互关联，给建设、改造与运维带来一定挑战。由于传统人工方式的规划、建设、运维管理的模式难以保障设施运转的稳定性与安全性，各城市开始探索包括智慧市政在内的智慧城市管理模式，促进了市政基础设施的智慧化转型。

1.2　智慧市政的概念及特征

1.2.1　智慧市政的概念

随着现代信息技术的快速发展，信息化、数字化逐步渗透到政治、经济、社会等各个领域。市政基础设施作为城市发展的基础，更是推动城市可持续发展的关键工具，其智慧化转型也成为国内外研究热点。国外主要关注智慧市政的实现方法与路径，如 Nam 等讨论了智慧市政如何通过智能化手段，实现资源的高效利用和环境保护；Schaffers 等提出智慧市政的实现不仅需要技术集成，还需要公共管理、服务创新和公民参与的深度融合；Kitchin 等关注智慧市政可能带来的社会不平等问题和隐私风险，呼吁在实施智慧市政时考虑技术的公平性和安全性。国内主要关注智慧市政的技术应用场景和成效，如杨兴华探讨了电子信息技术的建设策略与应用管理场景；陈梅丽从智慧市政建设的总体框架和技术体系的角度，探讨了智慧市政的专题应用场景和预期效果。由此可见，智慧市政是一个不断发展的概念，其定义和内涵随着技术进步和社会需求的变化而演变，覆盖了技术体系、应用方法和应用场景等各方面。

作为城市管理现代化的创新路径，智慧市政的核心是通过集成利用物联网、云计算、大数据、数字孪生等先进信息技术，构建针对市政基础设施建设管理各环节和运行各节点进行动态感知、智能报警、诊断分析、远程运维、在线模拟和智能管控的系统，实现对水务、能源、通信、生态环境、防灾减灾等市政基础设施的智慧化管理，实现城市管理与服务的智能化，进而提升城市运行效率和居民生活质量。

1.2.2 智慧市政的特征

智慧市政是现代城市治理的高级形态，其目标是通过技术创新提高城市管理的效率和质量，增强城市的可持续发展能力，营造更高效、便捷、环保且以人为本的城市生活环境。与传统市政相比，智慧市政通过信息技术的深度融合和创新应用，引领了城市管理和服务的革命性变革，具有信息全面感知、网络泛在互联、数据融合汇聚、应用智能高效和管理协同便捷等特征（图 1-1）。

图 1-1　智慧市政的特征

1. 信息全面感知

信息全面感知是智慧市政的基础。通过综合运用测绘遥感技术、水质传感器、压力传感器、流量计以及视频监控等"天空地网"监测手段，智慧市政监测体系能够对市政设施，如厂站、管网等进行基础信息的采集以及动态数据的实时监测。这些数据的集合形成了市政基础设施信息库，为市政管理决策提供了丰富的数据资源，确保了决策过程的科学性和精确性。

2. 网络泛在互联

网络泛在互联是智慧市政的骨架。宽带光纤、移动通信技术以及物联网等通信技术的融合应用，实现了人与人、人与物、物与物之间的无缝连接。泛在的网络连接为市政部门间的协作提供了便捷的通道，促进了市政管理的协同与高效，同时也满足了市民对市政服务随时随地接入的需求，提升了服务的可达性和响应速度。

3. 数据融合汇聚

数据融合汇聚是智慧市政的核心。借助大数据技术和云计算平台，原本分散于不同部门和系统中的数据得以整合，构建起统一的数据资源池。这一资源池不仅为数据的深度分析和应用提供了丰富的素材，而且通过数据分析和挖掘，为智慧市政决策提供了强有力的支持，实现了市政管理的精准化和智能化。

4. 应用智能高效

应用智能高效是智慧市政的目标。人工智能和机器学习技术的应用，使得市政管理服务自动化和智能化成为可能。例如，智慧环保系统能够自动监测、评估并预测水、气、声等环境质量指标；智慧电力系统能够实现用电需求与供电能力的智能协调调度；智慧燃气系统能够实时监测管网压力和爆管风险。这些智能应用不仅极大提升了市政管理的效率，也显著增强了市民的满意度和生活幸福感。

5. 管理协同便捷

管理协同便捷是智慧市政的宗旨。通过政务云平台和协同办公系统等工具的应用，市政部门间实现了信息共享、业务协同和决策支持。这不仅打破了信息孤岛，提高了市政管理的协同性，而且便捷的管理方式也为市民提供了更优质的市政服务体验。市民可以通过手机应用程序、微信公众号等多种渠道，随时随地办理市政业务，享受到更为便捷的市政服务。

1.3　智慧市政与智慧城市的关系

1.3.1　智慧城市是城市发展的必然走向

随着全球化的深入发展和科技的飞速进步，城市化已成为 21 世纪最显著的社会经济现象之一。城市化不仅带来了人口的集中、经济的繁荣和文化的交流，也带来了资源紧缺、环境污染、公共服务不足等一系列挑战，城市发展亟须寻求新的模式和路径。正是在这样的背景下，智慧城市应运而生。

智慧城市并不是一个新生概念，早在 2009 年 IBM 就提出了"智慧地球"（Smart Planet）的理念，其基于新一代互联网技术，通过建立物联网并利用计算机、云计算，实现物联网与互联网相辅相成，能够更加有效便捷地对生产、生活进行管理。这一理念传到国内后出现了"智慧城市"（Smart City）的概念。根据《智慧城市 术语》GB/T 37043—2018，智慧城市是运用信息通信技术，有效整合各类城市管理系统，实现城各系统间信息资源共享和业务协同,推动城市管理和服务智慧化,提升城市运行管理和公共服务水平,提高城市居民幸福感和满意度,实现可持续发展的一种创新型城市。

在当前的时代背景下,智慧城市已经演变成践行创新、协调、绿色、开放、共享的新发展理念的重要平台,同时也是数字经济的孵化器,成为数字中国、智慧社会构建的综合基石。智慧城市的概念不仅涵盖了技术进步和社会发展的深度融合,而且成为推动产业升级和经济结构转型的关键动力引擎。随着技术的不断进步,智慧城市的潜力将进一步得到释放,为全球城市的可持续发展提供强有力的支撑。

1.3.2 智慧城市是智慧市政发展的沃土

城市是一个由自然环境、社会公众、基础设施、城市管理、经济产业等要素共同构成的统一体(图 1-2)。其中,自然环境是城市形成和发展的前提和基础;社会公众的生产、消费、社交等活动是城市的核心和动力;基础设施是保证城市正常运行的必要条件;城市管理部门通过提供基础设施,对城市进行规划、监督与管理等,推动了城市的发展方向;经济产业活动及其主体则分别承担了生产、服务等重要工作。

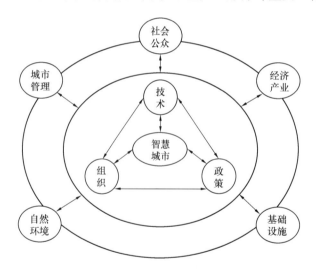

图 1-2 智慧城市的框架

智慧城市作为一种城市进行智能化建设与管理的理念,从早期的强调信息化和数字化技术,到关注政策标准制定与组织体系管理的重要性,逐步形成了技术、组织、政策相协同的智慧城市体系。

由于智慧城市覆盖了城市的方方面面,其组成结构一般可划分为新一代信息基础设施"底座",以及智慧政务、智慧产业、智慧民生三大发展领域和智慧城市发展环境,如图 1-3 所示。可以看出,智慧市政与智慧交通、智慧城管、智慧气象等共同组成了智慧政务的服务能力。在智慧城市的总体框架中,新一代信息基础设施是智慧市政等智慧管理领域发展的技术基础，而智慧城市发展环境为智慧市政的发展提供了政策、组织和人才保障，构建了良好的发展环境。

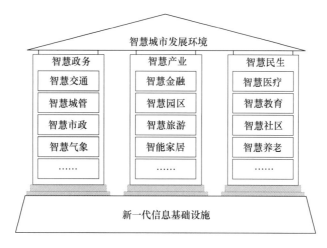

图 1-3　智慧城市的组成框架

1.3.3　智慧市政是智慧城市发展的动力

智慧市政与智慧城市之间的关系是相互促进和共同发展的典范。智慧城市的愿景是通过信息技术和通信技术的应用，实现更科学的发展规划、更高效的城市管理和更优质的居民生活。智慧市政作为实现这一愿景的关键手段和途径，不仅提供了基础设施建设与管理的坚实基础，还通过其数据分析和管理能力，为智慧城市中的各种应用提供了决策支持。这种支持，反过来又促进了智慧市政自身的改进和提升。

智慧市政的基础设施支撑是智慧城市发展的物质基础。利用物联网、云计算、大数据、地理信息系统和数字孪生等先进技术，智慧市政实现了对城市燃气、电力、供排水、热力、水利和综合管廊等关键基础设施的统一管控。这种管控涵盖了感知、集中监控、诊断分析和远程运维等功能，确保了城市运行的稳定性和安全性。例如，智能电网提高了能源分配的效率，智能水务管理则可以有效监测和控制水资源的使用，预防和处理水污染问题。

智慧市政还推动了城市治理的现代化和智能化。通过数字化、共享化、智慧化的管理方式，智慧市政为城市各部门提供了数字化和智能化的支持，促进了数据共享，使决策过程更加科学、合理、高效。这不仅提高了城市治理的效率和水平，而且为智慧城市的发展奠定了坚实的基础。

此外，智慧市政在促进城市经济社会可持续发展方面发挥着重要作用。通过优化资源配置、提高能源利用效率、减少环境污染等措施，智慧市政有助于推动城市的绿色、低碳发展，为智慧城市创造了更加宜居、宜业的环境。

因此，在未来的城市规划和管理中，应进一步加强智慧市政与智慧城市的融合和协同。这种融合不仅能够推动城市治理体系和治理能力的现代化，而且能够为城市的可持续发展和人民群众的美好生活做出更大的贡献。政策制定者、城市规划者和技术开发者应当共同努力，探索智慧市政与智慧城市的深度整合，以实现更加高效、和谐、可持续的城市发展。

1.4 智慧市政的相关方及需求

智慧市政作为自动化、数字化和智能化的市政管理平台，涉及行政主管部门、规划设计单位、建设管理单位、运营管理单位和社会公众等相关方，不同相关方在智慧市政系统中的角色和职责使命不同，其对智慧市政系统的业务需求、技术需求和安全需求等方面也存在差异，如表1-3所示。

智慧市政相关方及需求 表1-3

相关方	行政主管部门	规划设计单位	建设管理单位	运营管理单位	社会公众
角色	统筹者、监督者	规划设计者	建设者	运营者	受益者、评价者
职责使命	统筹全局；监督规划设计、建设和运营工作	主导智慧市政的规划与设计工作	主导智慧市政的建设工作	主导智慧市政的运营工作	按需使用；评价反馈
典型部门/企业	住房和城乡建设部门、城市管理部门、工业和信息化部门、应急管理部门等	市政规划院、市政设计院等	地方城投、电力企业、燃气企业、水务企业、通信企业等	电力企业、燃气企业、水务企业、通信企业等	居民用户、企业用户等
业务需求	通过政策制定、体系构建和合理的政府采购，实现市政基础设施智慧化管理，提升公共服务水平	构建具有核心竞争力的智慧市政规划设计能力，实现商业目标、利润目标等	构建具有核心竞争力的智慧市政建设管理能力，实现商业目标、利润目标等	构建具有核心竞争力的智慧市政运营管理能力，实现商业目标、利润目标等	使用智能便捷的服务，包括办事、查缴水/电/燃气费用、出行等
技术需求	采用先进的信息技术，制定科学的顶层规划方案和人性化的实施方案	掌握城市已有信息化基础设施，了解政府的需求和智慧市政的建设目标	掌握城市已有信息化基础设施，建设与智慧城市相协调的智慧市政建设管理	掌握城市已有信息化基础设施，符合政府的需求和智慧市政运营管理目标	具备先进的信息技术和人性化、便捷的使用方法
安全需求	确保信息安全、资金安全、城市安全等	满足行业相关标准规范要求	满足安全生产、信息安全等	满足安全生产、信息安全等	确保信息安全和资金安全等

1.4.1 行政主管部门

行政主管部门通常是指政府中的住房和城乡建设、城市管理、工业和信息化、应急管理等相关管理部门，在智慧市政系统的构建和实施过程中，行政主管部门作为智慧市政系统的统筹者、政策的制定者、实施的监督者和协调者，负责确定智慧市政管理的体制、机制、职责范围，近、中、远期目标，经费保障和相关政策、法规和标准。由于我国是个拥有数百个大、中、小城市的大国，为了实现智慧市政管理的数据管理和协同管理，支撑省级乃至全国的基于大数据科学技术的统计分析、科学规划和智能决策，特别需要制定全国统一的法规和标准体系，而不是各个城市各自为政地制定独立的法规和标准体系。

由于行政主管部门承担着推动城市管理现代化、提升城市治理能力、促进城市可持续发展以及提高公共服务质量的重要职责，因此从业务需求的角度来看，智慧市政系统需要在政策、体系和合理政府采购的背景下，通过市政基础设施智慧化管理提高城市管理效率、加强城市安全和应急管理、推动城市可持续发展以及提升公共服务水平，更好地履行其管理和服务职能，推动城市的繁荣和进步。

为了适应现代化城市发展的需求，行政主管部门迫切需要运用先进的信息技术手段，对市政管理活动进行全方位、全过程的优化和提升。在此过程中，制定科学的顶层规划方案和人性化的实施方案成为实现智慧市政管理的关键环节。依托顶层设计文件的实施方案，因地制宜地引入物联网（IoT）、大数据、云计算、人工智能（AI）和5G通信技术等先进技术。

在推进智慧市政管理的过程中，行政主管部门面临着信息安全、资金安全等需求。智慧市政系统的建设，需要保障所有市政管理相关的数据和信息在收集、存储、处理和传输过程中的安全性，包括但不限于个人隐私保护、数据加密、访问控制和网络安全。智慧市政管理相关的资金安全需要建立健全的财务管理制度和审计机制，从而有效防止金融欺诈和贪污腐败。

1.4.2 规划设计单位

规划设计单位通常是指负责城市基础设施和市政项目规划、设计、咨询的专业机构。在智慧市政系统的构建和实施过程中，规划设计单位作为智慧市政系统的设计者、创新者和技术实现者，负责提供专业的规划设计方案、技术支持和创新解决方案。

作为智慧市政系统中的专业机构，规划设计单位在编制智慧市政管理的规划与设计方案时，不仅要与国家发展战略相契合，而且要充分考虑城市发展的具体需求，与行政主管部门制定的宏观政策和目标保持一致性。这要求规划设计单位在制定规划时，必须深入理解并融入国家宏观政策的指导思想，同时兼顾地方特色和发展阶段，在严格遵守国家和地方的相关法规、标准和政策的前提下，全面涵盖能源、环境、公共安全等多个关键领域，确保方案的科学性、合理性和前瞻性。

在智慧市政的实践中，规划设计单位通常展现出卓越的跨学科整合能力，能够将城市规划、能源工程、环境科学、信息技术等多个学科领域的专业知识进行有效融合。在借鉴国际上先进的智慧市政管理经验的同时，规划设计单位还需注重本土化实践，将国际视野与本土实际相结合，以实现智慧市政管理的本土化和特色化发展。

1.4.3　建设管理单位

作为市政基础设施建设和管理的中坚力量，建设管理单位担负着智慧市政系统实施过程中的建设和管理等核心任务。在智慧市政系统的构建与实施过程中，建设管理单位不仅是项目实施的直接执行者，更是确保智慧市政系统高效运作的关键保障者和积极推动者。其职责在于确保市政基础设施的智慧化建设与国家发展战略同频共振，满足城市发展的实际需求，并与行政主管部门制定的宏观政策和目标保持高度一致性。

鉴于建设管理单位在智慧市政系统中的执行者角色，其需展现出卓越的项目管理能力，以确保智慧市政项目的顺利实施。这包括但不限于项目规划的科学性、施工管理的严谨性、质量控制的严格性以及进度监控的及时性。在项目实施过程中，建设管理单位必须严格遵守国家和地方的相关法规、标准和政策，确保智慧市政项目的合规性与合法性。

由于智慧市政是智慧城市的有机组成部分，因此建设管理单位应积极与其他政府部门和机构展开协作，通过实现数据和资源的共享，促进市政管理的整体效率提升。同时，建立持续优化和创新机制，以适应技术发展和市民需求的不断变化，对智慧市政系统进行动态调整和完善。

1.4.4　运营管理单位

作为城市基础设施和市政服务运营的中枢机构，运营管理单位肩负着智慧市政系统日常运作和持续优化的关键使命。在智慧市政系统的构建与实施过程中，运营管理单位既是市政服务的直接提供者，又是确保智慧市政系统高效、稳定运作的坚定维护者和积极促进者。其核心职责在于确保市政服务的智慧化运营能够紧密跟随国家发展战略的步伐，精准对接城市发展的多样化需求，同时与行政主管部门的宏观导向和政策目标无缝对接，实现同步发展与协同进步。

为确保高效的智慧市政服务能力，运营管理单位应具备卓越的服务运营管理能力，包括服务规划的前瞻性、运营监控的实时性、质量保证的严格性以及客户反馈的及时性。同时，运营管理单位需精通并维护物联网（IoT）、大数据、云计算、人工智能（AI）和5G通信技术等先进技术的应用，确保市政服务的智能化和自动化水平。

在跨部门协作方面，运营管理单位应与政府其他部门和机构建立紧密的合作关系，通过数据和资源的共享，实现市政服务的整体效率提升。此外，运营管理单位需建立持续创新和改进机制，以响应技术进步的浪潮和市民需求的多元化变迁，从而实现对智慧市政服务的动态调整与持续优化，确保服务的时效性与贴合度。

应急响应能力是运营管理单位的另一项重要能力。在城市安全和风险管理方面，运营管理单位需具备高效的应急响应机制，确保在面对突发事件时能够迅速有效地采取措施，保障城市运行的平稳和市民的安全。

1.4.5　社会公众

社会公众作为城市生活的基石和智慧市政系统的终端用户，对智慧市政系统的构建和实施抱有深切的期待与具体的需求。在智慧市政系统的规划与实施过程中，公众期望行政主管部门能够积极吸纳其反馈，确保系统的设计和实施能够真实反映并满足市民的多元需求与利益。

社会公众作为智慧市政系统的终端用户，需要通过这一系统来了解市政服务的运作方式和决策过程，通过各种渠道参与到市政服务的规划和评估中，提升在城市治理中的参与度。对于智慧市政系统的服务能力，社会公众关注其能够提供便捷、高效的服务，简化办事流程，减少等待时间，提高服务的可达性和响应速度。此外，公众的安全和健康是居民生活最基本的要求。因此，智慧市政系统需要在应急管理、灾害预警、公共卫生等方面提供有效的支持和保障。

1.5　智慧市政的价值

智慧市政的价值体现在提升城市管理的精确性与科学性、强化公共事业企业的服务能力以及提升民生服务的公共价值。因此，智慧市政系统的建设，不仅推动了城市治理现代化进程，也为市民带来了更加便捷、高效、个性化的服务体验，促进了社会的和谐与可持续发展。

1.5.1　促进城市管理更精准更科学

通过物联网、云计算、大数据等前沿技术，智慧市政系统实现对城市基础设施、公共服务、环境等多维度的实时监控与智能化管理。这种技术驱动的管理转型，不仅极大提高了城市管理的效率和品质，而且确保了管理决策的科学性和精确性。通过对大量数据的深入分析与挖掘，行政主管部门能全面洞察城市市政系统运行现状，预测发展趋势，并据此制定更为合理有效的政策与措施。此外，智慧市政还促进了城市各职能部门间的信息共享与协同作业，有效打破了信息孤岛，推动了城市管理的全面优化与升级。

1.5.2   支撑公共事业企业服务能力

智慧市政为公共事业企业提供了一个强大的智能化管理工具，使其能够对基础设施、运营流程、用户服务等关键领域进行高效管理。这不仅提升了企业的运营效率，降低了成本，同时也显著提高了服务质量与用户体验。例如，智能电表和智能水务系统的部署使企业能够实时监测并预测用户需求，优化资源分配，减少能源损耗。在线服务平台的建立使用户能够便捷地获取账单查询、故障报修、服务咨询等功能，极大提升了服务的可达性和用户满意度。

1.5.3   提升公共事业民生服务质量

依托于便捷的信息技术和移动端能力，智慧市政平台极大地丰富和优化了政府提供的各项公共服务，如便捷化的在线税费缴纳、丰富的服务指引等，充分满足了市民的多元化需求。此外，智慧市政还加强了政府与市民之间的互动交流，通过及时收集和处理市民反馈，增强了政府的透明度和公信力，提升了市民的满意度和参与感。更重要的是，智慧市政通过大数据分析，能够精准识别市民的需求和问题所在，为政府制定更为精准的民生政策提供了有力的数据支持和决策依据。

第 2 章　智慧市政的现状与未来

2.1　国内外智慧城市建设

随着科学技术的快速发展，近年来智慧城市在国内外的发展战略和城市规划中扮演着越来越重要的角色，智慧市政作为智慧城市的重要组成部分也得到了快速发展。由于不同地区、不同城市资源环境存在明显差异，因此其对包含智慧市政在内的智慧城市的探索呈现出主体多元、技术多样、场景丰富的特点。

2.1.1　国外智慧城市建设

自 IBM 提出"智慧地球"概念以来，纽约、伦敦、东京、新加坡等国外主要城市涌入智慧城市建设的浪潮。这些城市通常注重基础设施的现代化、数据的开放和共享、市民参与度和服务质量，以通过技术创新解决城市问题。

1. 美国纽约：OneNYC 2050 战略

2015 年 9 月，美国联邦政府发布了"白宫智慧城市行动倡议"，积极布局智能交通、电网和宽带等领域，宣布政府投入超过 1.6 亿美元进行研究以推进智慧城市建设，并推动超过 25 项新技术合作，以解决城市交通和能源问题。据统计，2018 年美国智能城市技术投资达到 220 亿美元（全球 800 亿美元），预计未来投资金额仍将持续增长。在美国联邦政府机制下，各地方政府的竞争关系促使市级政府更愿意制定全面、详细的智慧城市战略。例如纽约市于 2019 年 4 月份推出《OneNYC 2050 战略》，明确集中推进互联网连接传感及其他城市技术，加大数字化基础设施的建设，提升网络安全意识，将纽约打造成为全球智慧城市网络安全的领导者。其主要内容包括实现全城连接、指导和扩展智能技术、发展创新经济、确保有序部署四项战略布局。以数据作为智慧城市建设与发展的基石，致力于把政府采集及整合的数据用于提高纽约人的生活水平和质量，以 Link NYC、NYC311 为代表的城市运行基础设施，自动决策系统（ADS）、智慧灯杆、物联网应用等面向未来的城市数字化转型设备，共同构成了纽约智慧城市的基本框架。

2. 英国伦敦：共创智慧伦敦路径图

英国在城市管理、规划方面一直具有极强的战略意识，积极应对潜在挑战。英国专门成立了未来城市技术创新中心，其职能是促进数字服务和智能技术在公共服务中的应用，并通过制定设计原则和统一的开放标准，促进跨部门、跨域的共享合作。其首都伦敦于2013年发布《智慧伦敦规划》，目标是"通过数字技术的应用，促进系统的整合，加强系统之间的联系，使伦敦作为一个整体运作，为居民和游客提供更高效、高质量的服务"。2018年，伦敦发布第二个智慧城市规划《共建智慧城市——让伦敦向世界最智慧城市转型的发展蓝图》，该计划包括了20多项倡议，旨在推进下一代智能技术发展，促进城市公共服务数据共享。其核心内容包括：优化智慧伦敦规划，利用城市数据和信息技术实现城市智能化，提高城市的连接性、协同性和响应性。2018年，伦敦出台《共创智慧伦敦路线图》，内容包括：以数字包容、公民创新、公民平台等促进用户成为智慧伦敦建设的主体；针对城市数据使用达成新的协议，设立伦敦数据分析办公室来推动数据开放共享，加强数据权利保护与建立问责机制；启动伦敦互联计划来确保光纤到位、Wi-Fi覆盖及5G集成开发战略；增强公众数字技能培养，建立数字化人才储备。

3. 韩国首尔：打造可持续发展的智慧城市

作为国际电信联盟选定的智慧城市典范，韩国的智慧城市建设一直走在世界前列。根据OECD的统计，韩国的政府数据开放程度排名全球第一，这得益于早在1999年韩国就已推出的"E-Government"计划。2011年，韩国政府公布了"智慧首尔2015"，旨在进一步提升城市竞争力，提升城市居民幸福感。2016年，韩国政府成立首尔数字化基金会，以支撑首都基础设施的数字化建设，同年发布了《数字首尔2020计划》，指导城市在数字化城市、数字经济、市民体验以及全球引领等方面的工作。

2019年，韩国政府制定《第三次智慧城市综合规划（2019—2023）》，其主要目标是在打通和完善数据与技术的基础层面上，推进更高质量的城市管理、服务和运营工作。韩国政府积极拥抱"第四次工业革命"，将区块链、人工智能、物联网等新一代信息技术，积极运用和推广到城市运行与治理服务中。韩国智慧城市倡议建设三种类型的国家试点项目，一是以釜山市和世宗市为代表的国家试点城市，旨在展示韩国智慧城市前沿技术的融合落地，打造具有示范作用的未来智慧城市；二是建立旨在验证研发能力的试点项目，以大邱市与始兴县为主，将针对智能交通、预防犯罪、环境能源等领域探索韩国智慧城市模式；三是城市更新项目，以解决城市产业升级、旧城维护等问题。2019年7月，韩国政府发布了智慧城市海外扩张计划，鼓励智慧城市出口，全面强化外交合作，以此实现经济增长和城市发展的双重目标。面对后疫情时代带来的就业、房价、老龄化等种种城市问题，首尔于2021年9月正式发布了《首尔愿景2030》，综合涵盖了今后市政发展的基本方向，是首尔的十年市政统筹规划。该规划确定了2030年四大未来目标，即共生城市、全球领先城市、放心城市和未来感性城市。其中，未来感性城市提出要将首尔打造成为引领世界的可持续发展的智慧城市，重点工作包括提升交通物流智能化水平，构建以市民为中心的智慧生态，实现大数据AI基础的智能型政府，保障城市可持续发展等。

4. 日本东京：超智能社会/社会 5.0

日本从自身自然资源贫乏和自然灾害频发的国情出发，制定了相应的计划和政策来支持智慧城市的研究与建设。2009 年日本提出"i-Japan 战略 2015"，旨在将信息技术融入生产、生活的各个方面。

2016 年 1 月，日本政府发布《第五期科学技术基本计划》（以下简称"第五期计划"），首次提出"社会 5.0"概念。该计划明确提出将日本打造为世界最适宜创新的国家，最大限度应用 ICT，通过网络空间与物理空间（现实空间）的高度融合，给人带来富裕的"超智能社会"，由日本引领后工业乃至后信息社会。"社会 5.0"是将"狩猎社会"作为起点，相继经历"农耕社会""工业社会""信息社会"，到达第五阶段——超智能社会。日本超智能社会 5.0 政策涉及范围全面宽广，实现的最终目标是立足于整体经济社会，形成一套互联互通、相辅相成、涵盖整个社会的综合性智能化体系。日本超智能社会 5.0 以问题为导向，从当前面临的众多社会问题出发，通过新技术手段在生产、生活中的运用，达到兼顾经济发展与解决社会问题的目的，不仅要提升核心产业的竞争力，还要实现国民生活的智能化。日本超智能社会 5.0 将运用物联网、机器人、人工智能、大数据等技术从衣、食、住、行各方面提升生活便捷性，提高灾害的防御和应对能力，培养高素质专业人才，解决少子高龄化、环境和能源等社会课题等，最终将日本建设成为一个富裕且有活力的国家。

2017 年，日本内阁发布《成为世界 IT 领先国家——促进公共和私营部门数据采用基本计划的声明》，其中重点强调了促进建设以数据利用为导向的 ICT 智慧城市。东京于 2017 年发布《都市营造的宏伟设计——东京 2040》城市总体规划，推进"新东京"实现"安全城市""多彩城市""智慧城市"三个愿景；该文件提出要利用城市空间，结合不断发展的 ICT，开放数据，搭建最尖端的信息平台，实现城市活动便利性和安全性的本质提升，创新信息化城市空间。

5. 新加坡："智慧国家"计划

新加坡被公认为全球领先的智慧城市，由新加坡总理领导规划了新加坡数字化发展愿景，并设立专门政府部门负责推进"智慧国家"建设以及协调各机构工作。2006 年，新加坡推出为期十年的"智能城市 2015"信息化计划，目的是通过大力发展 ICT 产业，应用 ICT 提高关键领域的竞争力，将新加坡建设成由 ICT 驱动的智能城市；制定了智慧城市建设目标，定期发布报告，让民众了解目标是否达成。经过十年的努力，效果显著，新加坡于 2014 年将该发展蓝图升级为"智慧国家 2025"，希望通过 ICT 改善人们的生活，创造更多的机会。智慧国家计划是政府与行业组织、市民共同创造的以人为本的创新解决方案，这也是全球第一个智慧国家发展蓝图。

新加坡在"智慧国家 2025"计划推进的基础上，于 2018 年配套发布《数字政府蓝图》《数字经济行动框架》和《数字社会就绪蓝图》，体现了其整体转型的理念。数字政府以"数字聚核，用心服务"为原则，通过整合民众和企业服务，加强政策、实施和技术融合，建设公用数字和数据平台，推动民众和企业共同参与创新。数字经济主要包括加速现有产业数字化，构建以客户需求为中心的数字化生态，提高经济竞争能力，推进数字产业化，将数字产业打造成为经济增长引擎。数字社会则致力于让全民最大化享受数字社会便利。

为了实现智慧国家计划，智慧国家和数字政府办公室进一步明确细分领域的建设目标，于 2018 年更新发布《智慧国家：前进之路》，其中新加坡智慧国家发展的总体框架核心内容由两大智慧国家基础（数字系统基础、国民与文化）、三大智慧国家支柱（数字经济、数字政府、数字社会）、六大智慧国家新方案（国家战略、交通、城市生活、电子政务、健康、创业与商业）组成。针对提及的三大智慧国家支柱，新加坡政府制定了《数字经济行动框架》《数字政府蓝图》和《数字化储备蓝图》，为"智慧国家 2025"的落地实施提供支撑。2019 年，新加坡政府发布了《国家人工智能计划》，提出了新加坡未来人工智能发展愿景、方法、重点计划，建立人工智能生态等内容，该战略将成为新加坡实现"智慧国家"愿景的重要一步。

6. 欧盟：CEN-CENELEC 战略 2030

欧盟是国际区域一体化的代表区域，近年来整个欧洲已启动了超过 15 项针对数字化产业的国家计划，如德国工业 4.0、法国未来工业联盟、荷兰智慧产业等。欧盟虽然是当今世界的第二大经济体，但欧洲数字经济仅占全球份额的 4%，与其经济实力并不匹配。随着价值链在欧洲的分布越来越广泛，只能通过在整个欧盟范围内的协调努力来解决内部协同发展的问题。

2020 年 2 月，欧盟委员会先后发布了《塑造欧洲的数字未来》《人工智能白皮书》和《欧洲数据战略》三份文件，从战略层面推进欧盟加快数字转型，提升数字化水平。《塑造欧洲的数字未来》涵盖了从网络安全到关键基础设施、数字教育到技能、民主到媒体的所有内容，该战略提出欧盟数字化变革的理念、战略和行动，希望建立以数字技术为动力的欧洲社会，使欧洲成为数字化转型的全球领导者。《人工智能白皮书》强调"利用欧盟在工业和专业市场的优势，加大投资以及构建卓越生态系统来提升和保障欧盟的话语权"，进而将基于欧洲价值观的人工智能模式传播到全世界，实现其全球性的领导地位。与白皮书同期发布的《欧洲数据战略》，旨在使欧洲成为世界上最有吸引力、最安全和最具活力的数据导向经济体，即欧洲运用数据改善决策能力和提高全体居民的生活水平。

与此同时，2021 年欧洲标准化委员会（CEN）和欧洲电工标准化委员会（CENELEC）发布 CEN-CENELEC 战略 2030，明确将数字化作为战略变革的核心内容，将加速为物联网、人工智能、网络安全和量子技术等世界领先技术制定先进创新标准，进而提升欧洲经济优势。

2.1.2　国内智慧城市建设

2009 年，时任国家总理温家宝发表了题为《让科技引领中国可持续发展》的讲话，提出"发展新兴战略性产业""着力突破传感网、物联网关键技术"等重要内容。随后国内掀起一股"物联网""智慧城市"的热潮。2012 年 11 月，住房和城乡建设部办公厅出台《关于开展国家智慧城市试点工作的通知》，决定开展国家智慧城市试点工作，发布试点暂行管理办法和指标体系，这是我国首次发布的关于智慧城市建设的正式文件。同年 12 月，国家测绘地理信息局下发《关于开展智慧城市时空信息云平台建设试点工作的通知》。并且，科技部和国家标准化管理委员会于次年 10 月正式公布大连、青岛等 20 个智慧城市试点城市。随着智慧城市建设的推进和云计算、大数据、边缘计算、人工智能等新技术的发展，我国智慧城市建设日益成熟。

1. 北京：新一代智慧城市有机体

北京作为我国首都，具有举足轻重的政治、经济和文化地位。然而随着人口增长和城市进程的加快，北京面临着交通拥堵、环境污染、资源紧张等一系列城市问题。为解决这些问题，北京市自"十二五"以来，先后印发了《智慧北京行动纲要》《北京市"十三五"时期信息化发展规划》《北京市"十四五"时期智慧城市发展行动纲要》等文件，在智慧城市建设方面进行了深入的顶层设计和实践探索。北京的智慧城市建设重点主要包括：一是构建城市感知体系、云网和算力底座、基础平台和数据服务能力等智慧基础底座；二是通过深化"一网通办"服务为政务服务事项提供统一入口、统一预约、统一受理、统一赋码、协同办理和统一反馈，增强政民互动效能；三是以城市实践为牵引，统筹管理网格，构建覆盖城市管理、应急指挥、综合执法等城市运行场景的"一网统管"应用体系，推动基层治理模式升级和城市科学化决策水平提升；四是构建数据交易生态和交通、医疗、教育等领域应用场景，促进数字经济发展；五是夯实自主可控、安全可靠的网络信任体系，加强数据安全防护，加强对交通、通信、能源、市政等城市关键基础设施的安全防护，提高城市运行安全保障能力；六是深化交通、生态环保、规划管理、人文环境、执法公安、商务服务、教育、医疗健康等领域的智能应用，实现城市管理及服务的智慧化应用。

2. 上海：国际数字之都

作为我国经济中心和国际大都市，上海一直致力于智慧城市的实践探索，推动城市管理和服务的现代化、智能化。在"十二五"期间，上海市政府制定了一系列行政纲要和实施方案，如《上海市国民经济和社会发展第十二个五年规划纲要》《上海市国民经济和社会信息化"十二五"规划》，明确了智慧城市建设的方向和目标。进入"十三五"时期，上海市政府进一步明确了智慧城市的发展方向，发布了《上海市国民经济和社会发展第十三个五年规划纲要》《上海市推进智慧城市建设"十三五"规划》等文件，提出了建设具有全球影响力的科技创新中心的目标。迈入"十四五"以来，上海先后印发了《上海市国民经济和社会发展第十四个五年规划和二〇三五年远景目标纲要》《关于全面推进上海城市数字化转型的意见》《上海市全面推进城市数字化转型"十四五"规划》等文件，推动"经济、生活、治理"全面数字化转型。截至2020年底，上海数字基础设施建设全国领先，建成全国"双千兆第一城"，发布了《新型城域物联专网建设导则》，建设有60万个30余种智能传感终端；在数据资源利用方面，上海打通国家、市、区三级交换通道，实现跨部门、跨层级数据交换超过240亿条，累计开放数据集超过4000项，推动了普惠金融、商业服务、智能交通等多个产业共11个公共数据开放应用试点项目建设；数字公共服务体系方面，推行政务服务"一网通办"，截至2020年底，接入事项达到3166个，"随申办"实名注册用户数超过5000万，基本实现"高效办成一件事"；数字赋能城市治理方面，按照"三级平台、五级应用"逻辑架构，建立市、区、街镇三级城运中心，打造了务实管用的智能化应用场景，重点建设城市之眼、道路交通管理（IDPS）、公共卫生等系统，实现"高效处置一件事"。

3. 深圳：智慧城市的先行示范建设

深圳作为我国改革开放的前沿城市，也是中国特色社会主义先行示范城市，聚集了大量的高新技术企业，特别是在互联网、大数据、人工智能等领域，拥有华为、腾讯、大疆等国内外知名企业，不断推动新技术、新产品、新模式的应用，为智慧城市建设提供了坚实的基础。为推进智慧城市建设，深圳先后印发了《深圳市新型智慧城市建设总体方案》《关于加快智慧城市和数字政府建设的若干意见》《深圳市数字政府和智慧城市"十四五"发展规划》等政策文件，初步体现了"一号走遍深圳""一屏智享生活""一图全面感知""一体运行联动""一键可知全局"和"一站创新创业"的成效，在智慧城市发展水平、网上政务服务能力等多项权威评估中居全国首位。目前，深圳已初步构建以大数据为支撑的政府决策机制，建成市政府管理服务指挥中心、区级分中心和部门分中心；基于城市网络化管理实现社会管理基础信息的实时动态和精准掌握，通过"受理—执行—督办—考核"的闭环处理机制解决基层矛盾纠纷；雪亮工程、智慧消防、安全生产综合管理、智慧环保、智慧水务、智慧住建、智慧工地等城市建设及应急处理机制逐步完善。据统计，2020年深圳数字经济核心产业增加值达8446.6亿元，占全市GDP的30.5%。为探索数据要素市场的建立，深圳作为全国首个地方立法的城市率先出台了《深圳经济特区数据条例》，系统性探索建立了数据权益、个人数据保护、公共数据管理等基础制度，对推动数据治理体系和治理能力现代化具有里程碑意义。

4. 杭州："城市大脑"让城市越来越聪明

杭州作为我国数字经济重镇，拥有阿里巴巴、网易等知名互联网企业，数字经济的发展促进了城市治理、公共服务、基础设施等方面的数字化转型升级。作为我国智慧城市建设的先行者，杭州先后出台了《杭州市智慧城市发展规划》《"数字杭州"（"新型智慧杭州"一期）发展规划》《杭州市深化数字政府建设实施方案》等文件，以打造"全国数字经济第一城"和"数字治理第一城"的目标推进智慧城市建设。杭州在全国率先设立以"数据资源"命名的市县两级政府机构，建立杭州市城市大脑建设工作领导小组（后更名为数智杭州建设工作领导小组）、杭州市推进政府数字化转型联席会议（杭州市智慧电子政务建设工作领导小组），重塑城市数据资源治理体系。"十三五"末，5068个政府内部事项 100% 线上办理。加强"互联网＋监管"，深化"双随机、一公开"，深入推进电子证照复用，营商环境不断优化。杭州在 2018、2019、2020 年度国务院办公厅全国重点城市网上政务服务能力第三方评估中分别位列第三名、第二名、第二名。目前，杭州新型智慧城市建设引领全国，2020 年 3 月 31 日习近平总书记考察杭州城市大脑运营指挥中心期间，充分肯定了杭州城市大脑建设成效。

2.1.3　国内智慧市政建设

智慧城市提出后在国际上引起广泛关注，并引发了全球智慧城市的发展热潮。我国智慧城市发展初期阶段更多强调的是从技术层面解决城市的信息化问题。作为智慧城市的重要组成部分，智慧市政也随之迎来了快速发展。据统计，我国 2019 年智慧市政市场规模约为 2622.6 亿元，2015—2019 年年均复合增长率为 14.1%。随着技术的进步，未来智慧市政的应用范围将更加广泛，智慧市政行业市场规模将继续扩大。我国智慧市政建设可以总结成起步期、发展期和转型期三个阶段，由点到面、由局部到整体、由初级到高级逐步演进，如图 2-1 所示。

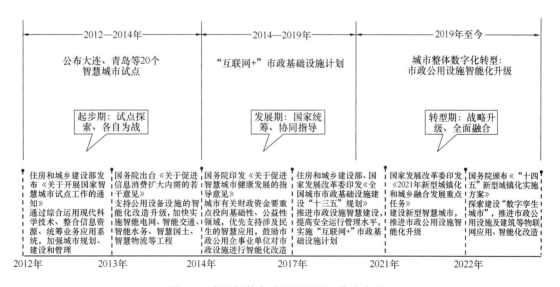

图 2-1　中国智慧市政发展历程（作者自绘）

1. 起步期：试点探索、各自为战

2012 年，住房和城乡建设部发布了《关于开展国家智慧城市试点工作的通知》，公布大连、青岛等 20 个智慧城市试点城市，推进供水系统、排水系统、节水应用、燃气系统、供热系统、照明系统、地下管理与空间综合管理等业务应用统筹建设。2013 年，国务院印发《关于促进信息消费扩大内需的若干意见》，支持公用设备设施的智能化改造升级，要求加快实施智能电网、智能交通、智能水务、智慧国土、智慧物流等工程。随后，我国智慧市政进入试点探索期。这一时段主要由各城市独立进行项目尝试，分别依托电网系统、水务公司、燃气公司、管线管理单位等进行智慧化平台管理，主要依托 GIS 平台进行重点业务应用。由于管理平台建设缺乏统一规划和协同，该阶段的重点是技术探索和项目驱动。

2. 发展期：国家统筹、协同指导

在试点期取得一定成效后，我国智慧市政的发展受到国家和省层面的统筹和指导，政策支持和标准制定逐步完善，城市间协同发展的趋势日益明显。2014 年，国家发展改革委、工业和信息化部等八部委联合印发《关于促进智慧城市健康发展的指导意见》，要求构建城乡一体的宽带网络，推进下一代互联网和广播电视网建设，全面推广"三网"融合，同时提出了多项重要举措，包括加快智能电网建设，健全防灾减灾预报预警系统，建设全过程智能水务管理系统和饮用水安全电子监控系统。2017 年，由住房和城乡建设部、国家发展改革委联合印发《全国城市市政基础设施建设"十三五"规划》，制定了全面整治黑臭水体、建立排水防涝工程体系、海绵城市建设、供气供热系统建设、垃圾收运转运处理体系完善和市政设施智慧建设等任务。由此，我国的智慧市政从单一试点转向系统化、规模化建设，全国数据库和监督平台逐步建立，跨部门的数据共享和业务协同机制也开始建立，各业务系统的建设重点转向黑臭水体管理、排水防涝、垃圾收运转运等管理场景的业务化管理。

3. 转型期：战略升级、全面融合

进入"十四五"以后，人工智能、物联网、5G、云计算、边缘计算等新一代信息技术的发展与应用为智慧市政的融合发展培育了创新土壤。2022 年 6 月，国务院颁布《"十四五"新型城镇化实施方案》，要求探索建设"数字孪生城市"，推进市政公用设施及建筑等物联网应用、智能化改造。同年，由住房和城乡建设部、国家发展改革委会同相关部门编制的《"十四五"全国城市基础设施建设规划》，提出以建设高质量城市基础设施体系为目标，要求加快推动交通、水、能源、环卫等系统传统基础设施的数字化、网络化和智能化建设与改造，推进城市通信网、车联网、位置网、能源网等新型网络设施建设，构建高速泛在、天地一体、集成互联、安全高效的信息基础设施系统。这一时间智慧市政向更深层次、更广领域的发展，智慧市政与城市数字孪生平台底座及"一网统管"等管理方式深度融合，技术应用更加深入广泛，通过城市大脑等平台的建设，城市基础设施管理更加智能化和精细化，服务模式不断创新，提升了市民体验和满意度。

2.2 智慧市政相关政策

政策文件的发布为智慧城市的发展指明了方向和目标，确保了城市建设和管理的各项工作能够遵循既定的规则和程序，有序展开。因此，我国从国家到地方各个层面不断强化对智慧城市建设的政策引导，旨在利用科技手段提高城市管理的效率和居民的生活品质。

2.2.1 国家政策

在国家战略层面，政策导向明确倾向于扶持智慧城市的发展，积极促进物联网、大数据、云计算、人工智能等前沿信息技术在城市管理领域的深度融合与创新应用。国务院颁布的《关于推进智慧城市建设的指导意见》不仅为智慧城市的构建指明了方向，更划定了实现这一愿景的关键任务与实施路径。我国政府对智慧城市建设的战略重视体现在国务院及住房和城乡建设部等关键部委的一系列政策文件中。这些政策旨在推动城市管理的现代化进程，加速信息通信技术与市政基础设施的集成，确立了智慧市政建设的宏伟蓝图及其核心任务。政策制定者同时对数据安全与个人隐私给予了高度关注，制定了严格的规范与保障措施，以确保智慧城市建设的健康发展和有序推进。总体来看，我国智慧市政政策构架清晰、目标明确，为城市管理的现代化转型和可持续发展提供了坚实的政策支持和制度保障。

智慧市政相关国家政策汇总于表 2-1 中。

智慧市政相关国家政策　　　　　　　　　　　　　表 2-1

颁布时间	颁布部门	政策名称	相关内容
2012 年 12 月	住房和城乡建设部	《关于开展国家智慧城市试点工作的通知》	智慧城市是通过综合运用现代科学技术、整合信息资源、统筹业务应用系统，加强城市规划、建设和管理的新模式
2013 年 8 月	国务院	《关于促进信息消费扩大内需的若干意见》	要加快智慧城市建设，并提出在有条件的城市开展智慧城市试点示范建设。各试点城市要出台鼓励市场化投融资、信息系统服务外包、信息资源社会化开发利用等政策。支持公用设备设施的智能化改造升级，加快实施智能电网、智能交通、智能水务、智慧国土、智慧物流等工程。鼓励各类市场主体共同参与智慧城市建设。在国务院批准发行的地方政府债券额度内，由各省、自治区、直辖市人民政府统筹考虑安排部分资金用于智慧城市建设。鼓励符合条件的企业发行募集资金用于智慧城市建设的企业债
2014 年 8 月	国家发展改革委、工业和信息化部等八部委	《关于促进智慧城市健康发展的指导意见》	城市有关财政资金要重点投向基础性、公益性领域，优先支持涉及民生的智慧应用，鼓励市政公用企事业单位对市政设施进行智能化改造

续表

颁布时间	颁布部门	政策名称	相关内容
2015 年 8 月	国务院	《促进大数据发展行动纲要》	加强顶层设计和统筹协调，大力推动政府信息系统和公共数据互联开放共享，加快政府信息平台整合，去除信息孤岛，推进数据资源向社会开放；通过促进大数据发展，加快建设数据强国，释放技术红利、制度红利和创新红利，提升政府治理能力，推动经济转型升级
2016 年 7 月	中共中央办公厅、国务院办公厅	《国家信息化发展战略纲要》	提升应用水平，主要是落实"五位一体"总体布局，对培育信息经济、深化市政管理、繁荣网络文化、创新公共服务、服务生态文明建设做出了安排，并首次将信息强军的内容纳入信息化战略
2016 年 9 月	国务院	《政务信息资源共享管理暂行办法》	加快推动市政信息系统互联和公共数据共享，增强政府公信力，提高行政效率，提升服务水平，充分发挥市政信息资源共享在深化改革、转变职能、创新管理中的重要作用
2016 年 12 月	国务院	《"十三五"国家信息化规划》	到 2020 年，"数字中国"建设取得显著成效，信息化发展水平大幅跃升，信息化能力跻身国际前列，具有国际竞争力、安全可控的信息产业生态体系基本建立。信息技术和经济社会发展深度融合，数字鸿沟明显缩小，数字红利充分释放
2017 年 5 月	住房和城乡建设部、国家发展改革委	《全国城市市政基础设施建设"十三五"规划》	发展智慧水务，构建覆盖供排水全过程，涵盖水量、水质、水压、水设施的信息采集、处理与控制体系；发展智慧管网，实现城市地下空间、地下综合管廊、地下管网管理信息化和运行智能化；发展智慧环卫，合理设计规划环卫管理模式，提升环卫作业质量；发展智慧能源，对能源供需实施精细化控制，促进节能减排，提高能源供应安全保障水平
2017 年 7 月	国务院	《"十三五"国家政务信息化工程建设规划》	到"十三五"末要形成共建共享的一体化政务信息公共基础设施大平台，总体满足市政应用需要；形成国家市政信息资源管理和服务体系；建成跨部门、跨地区协同治理大系统；形成线上线下相融合的公共服务模式
2018 年 6 月	国务院	《进一步深化"互联网＋市政服务"推进政务服务"一网、一门、一次"改革实施方案的通知》	深化"放管服"改革，进一步推进"互联网＋市政服务"，加快构建全国一体化网上政务服务体系，推进跨层级、跨地域、跨系统、跨部门、跨业务的协同管理和服务
2019 年 1 月	国家发展改革委	《智慧城市时空大数据平台建设技术大纲（2019 版）》	建设智慧城市时空大数据平台试点，指导开展时空大数据平台构建，鼓励其在国土空间规划、市政建设与管理、自然资源开发利用、生态文明建设以及公共服务中的智能化应用
2021 年 1 月	工业和信息化部	《工业互联网创新发展行动计划（2021—2023 年）》	培育一批系统集成解决方案供应商，拓展冷链物流、应急物资、智慧城市等领域规模化应用

续表

颁布时间	颁布部门	政策名称	相关内容
2021 年 2 月	交通运输部	《国家综合立体交通网规划纲要》	推动智能网联汽车与智慧城市协同发展，建设城市道路、建筑、公共设施融合感知体系，打造基于城市信息模型平台、集城市动态静态数据于一体的智慧出行平台
2021 年 4 月	国家发展改革委	《2021 年新型城镇化和城乡融合发展重点任务》	推进市政公用设施智能化升级，改造交通、公安和水电气热等重点领域终端系统。建设"城市数据大脑"等数字化智慧化管理平台，推动数据整合共享，提升城市运行管理和应急处置能力。全面推行城市运行"一网通管"，拓展丰富智慧城市应用场景
2021 年 6 月	工业和信息化部	《物联网新型基础设施建设三年行动计划（2021—2023）》	推动交通、能源、市政、卫生健康等传统基础设施的改造升级，将感知终端纳入公共基础设施统一规划建设，打造固移融合、宽窄结合的物联接入能力，搭建综合管理和数据共享平台，充分挖掘多源异构数据价值，推动智慧城市和数字乡村建设，提升社会管理与公共服务的智能化水平。推进基于数字化、网络化智能化的新型城市基础设施建设。推动智慧管廊智能表计、智慧灯杆等感知终端的建设和规模化应用部署，实现城市全要素数字化和虚拟化，构建城市公共治理新模式
2022 年 6 月	国务院	《"十四五"新型城镇化实施方案》	推进第五代移动通信（5G）网络规模化部署和基站建设，确保覆盖所有城市及县城，显著提高用户普及率，扩大千兆光网覆盖范围。推行城市数据一网通用，建设国土空间基础信息平台，因地制宜部署"城市数据大脑"建设，促进行业部门间数据共享、构建数据资源体系，增强城市运行管理、决策辅助和应急处置能力。推行城市运行一网统管，探索建设"数字孪生城市"，推进市政公用设施及建筑等物联网应用、智能化改造，部署智能交通、智能电网、智能水务等感知终端
2022 年 8 月	住房和城乡建设部、国家发展改革委	《"十四五"全国城市基础设施建设规划》	加强智慧水务、园林绿化、燃气热力等专业领域管理监测、养护系统、公共服务系统研发和应用示范，推进各行业规划、设计、施工、管养全生命过程的智慧支撑技术体系建设。推动供电服务向"供电＋能效服务"延伸拓展，积极拓展综合能源服务、大数据运营等新业务领域，探索能源互联网新业态、新模式。推动智慧地下管线综合运营维护信息化升级，逐步实现地下管线各项运维参数信息的采集、实时监测、自动预警和智能处置。推进城市应急广播体系建设，构建新型城市基础设施智能化建设标准体系

2.2.2　地方政策

在地方层面，智慧市政政策的主导方向与国家战略同频共振，同时充分考量地区特色与实际需求，制定切实可行的实施策略。这些政策着重于智慧城市基础设施的构建与完善，包括但不限于海绵城市系统的打造、综合交通网络的布局、水利防洪体系的加固、能源供应的智能化，以及生态环保设施的升级。同时，考虑到地方管理的便捷性，地方政策关注数据资源的整合与优化，旨在打破部门间、行业间的信息孤岛，实现数据的互联互通，提升城市管理的效率与精准度。

智慧市政相关地方政策及文件汇总于表 2-2 中。

智慧市政相关地方政策及文件 表 2-2

颁布省市	政策及文件名称	相关内容
上海市	《上海市"十四五"规划和二〇三五年远景目标的建议》	推进绿色法规、政策和标准体系建设，健全以排污许可证为核心的固定污染源管理制度，提升生态环境系统监测监控和智慧管理能力
辽宁省	《辽宁省国民经济和社会发展第十四个五年规划和二〇三五年远景目标纲要》	市政公用设施提档升级。着眼满足群众改善生活品质需求，推进市政交通和管网设施、配送投递设施、老旧小区更新改造和县城智慧化改造，加快县城数字化、网络化、智能化建设，提高市政公用设施运行管理水平
浙江省	《浙江省国民经济和社会发展第十四个五年规划和二〇三五年远景目标纲要》	加快智能化基础设施建设。全面推动交通、能源、水利、市政、文教卫体等传统基础设施改造升级，提升重点领域基础设施智能化水平。聚焦公共治理、生态环境、交通物流、清洁能源、幸福民生等方向，开展基础设施智慧化融合应用。构建高效能智慧水利网。着力提升信息感知、信息处理和社会服务能力，实现洪水实时预报、工程实时调度、供水实时管控、生态流量实时监测、问题及时诊断、风险及时预警。全面推行水利工程管理产权化、物业化、数字化
江苏省	《江苏关于制定国民经济和社会发展"十四五"规划和2035年远景目标的建议》	加快城市生态修复、空间修补、功能完善，建设海绵城市、韧性城市、智慧城市，构建城市幸福生活服务圈
四川省	《四川省"十四五"规划和2035年远景目标纲要》	夯实新型城镇化发展新基础，加快城市公共设施、建筑、环保等领域智能化改造，推进污染源智慧环境监测监控设施、智慧管廊综合运营系统建设
福建省	《福建省国民经济和社会发展第十四个五年规划和二〇三五年远景目标的建议》	实施智慧设施建设工程，打造"智慧城市"大脑，推动治理方式向精细化转型、配套资源向街道社区下沉
山西省	《山西省国民经济和社会发展第十四个五年规划和2035年远景目标纲要》	加快智慧城市建设。围绕城市公共管理、公共服务、公共安全等领域，建设"城市大脑"集群。推进智慧城市管理，促进市政公用设施、园林绿化、环境卫生、综合管廊等城市设施数字化展示、可视化管理
河北省	《关于制定国民经济和社会发展第十四个五年规划和二〇三五年远景目标的建议》	统筹推进启动区、起步区和重点片区建设，抓好智慧城市、海绵城市、交通路网、水利防洪、市政基础设施、生态环保、公共服务等领域重大工程项目

2.3　智慧市政相关标准规范

我国智慧城市标准体系是由国家层面建立的国家标准化管理委员会，以中央网信办和国家发展改革委牵头，住房和城乡建设部、工业和信息化部、科学技术部等多部门配合的统筹工作机制，通过顶层设计推进智慧城市建设。智慧市政作为智慧城市的一个子项，其标准体系遵循智慧城市的整体框架。根据标准类型的不同，智慧市政相关标准规范可分为技术标准和管理标准两大类。

2.3.1　技术标准

智慧市政相关技术标准体系架构是一个多层次、多维度的标准系统，旨在指导和规范智慧城市的建设和发展。目前，我国智慧市政标准体系主要针对各行业领域制定框架，如水务、环保、电力、通信、环卫、应急等。这些行业领域的标准规范，突出行业特点，同时为行业提供切实的指导。从技术内容上来看，智慧市政的标准通常包括分类与编码、采集与传输、存储与共享、支撑平台、模型算法、测试测评、信息安全等维度的规定，以促进多业务信息共享、互联互通，规范智慧市政智能感知、智慧决策行为的智慧化应用，详见表2-3。

智慧市政主要技术标准　　　　　　　　　　　　　　表 2-3

类别	专业	标准名称及编号	主要内容
总体性	通用性	《智慧城市　术语》 GB/T 37043—2018	基本术语、框架与模型、数据资源、基础设施与平台、支撑技术、风险与安全、管理与服务等术语定义
		《智慧城市　数据融合　第1部分：概念模型》GB/T 36625.1—2018	数据资产、数据采集、数据描述、数据组织、数据交换与共享、数据服务、开放共享要求
	水务	《城镇供排水管网智能化技术标准》DBJ33/T 1279—2022	基本规定、数据采集与管理、应用基础技术、智能应用、安全管理
	电力	《智能电网调度控制系统总体框架》GB/T 33607—2017	术语和定义、系统总体框架、基础平台、实时监控与预警类应用、调度计划与安全校核类应用、调度管理类应用、电网运行驾驶舱类应用、系统性能和指标
		《电力负荷管理系统技术规范》GB/T 15148—2024	系统架构、主站、数据传输通道、负荷管理装置、安全要求、检测
	燃气	《城镇燃气工程智能化技术规范》CJJ/T 268—2017	数据、信息平台及通信、应用基础技术、智能应用
	应急	《城市安全风险综合监测预警平台建设指南（2023版）》	风险监测（城市生命线工程、公共安全、生产安全、自然灾害）、分析预警、联动处置

续表

类别	专业	标准名称及编号	主要内容
总体性	应急	《智慧城市　突发公共卫生事件应急管理平台通用要求》GB/T 43581—2023	平台功能框架、数据支撑要求、服务要求、接口要求、运维要求、安全要求
		《油气储存企业安全风险智能化管控平台建设指南（试行）》	总体架构、系统功能、基础设施、数据交换与传输、信息系统安全、量化指标、系统集成
		《大型油气储存基础雷电预警系统基本要求（试行）》	基本功能、系统构成、技术指标、预警分级、运行维护
		《化工园区安全风险智能化管控平台建设指南（试行）》	总体架构、系统功能、基础设施、数据交换与传输、平台信息系统安全、量化指标、系统集成
		《危险化学品企业安全风险智能化管控平台建设指南（试行）》	总体架构、系统功能、基础设施、数据交换与传输、平台信息系统安全、量化指标、系统集成
分类与编码	通用性	《智慧城市　数据融合　第2部分：数据编码规范》GB/T 36625.2—2018	标识符编码结构、标识符编码规则
		《基础地理信息要素分类与代码》GB/T 13923—2022	分类编码原则、分类方案、编码方案以及分类与代码扩展原则
	水务	《城镇供水管理信息系统　基础信息分类与编码规则》CJ/T541—2019	信息分类与编码方法、分类与代码
		《水利对象分类与编码总则》SL/T 213—2020	编码原则、水利对象代码结构、水利对象分类代码、水利对象实例代码编码规则
	环保	《地表水环境质量监测点位编码规则》HJ 1291—2023	编码原则、编码方法和编码规则、监测点位设置、撤销和调整
	电力	《电力系统动态消息编码规范》DL/T 1232—2013	编码结构、数据类型、兼容 ASN.1 编码方式（M0）、带名字 ASN.1 编码方式（M1）、对象编码方式（M2）、类编码方式（M3）、类对象编码方式（M4）、基本编码规则、编码的应用
		《电网设备通用模型数据命名规范》GB/T 33601—2017	术语和定义、电网设备全路径名称、电网及调控机构命名、厂站命名、线路命名、输电网主要电力设备命名、配电网主要电力设备命名、电网二次设备命名、量测命名
	燃气	《工业互联网标识解析　燃气设备材料标识编码规范》AII/005—2022	数据项标识符及其对应数据的编码规则、缩略语、编码的组成、标识前缀、标识后缀
	通信	《电信网编号计划（2017 年版）》	E.164 编号计划、"＊/＃"号码的编号计划、七号信令点编码的编号计划、分组数据网的编号计划、E.212 编号计划
		《数字电视卫星传输信道编码和调制规范》GY/T 338—2020	符号和缩略语、传输系统描述、规范子系统、误码性能
		《通用寄递地址编码规则》GB/T 41832—2022	通用寄递地址编码的编码原则、编码规则和编码维护要求

续表

类别	专业	标准名称及编号	主要内容
采集与传输	通用性	《智慧城市　设备联接管理与服务平台技术要求》GB/T 40689—2021	平台总体框架、平台功能要求、平台接口要求
		《智慧城市　数据融合　第3部分：数据采集规范》GB/T 36625.3—2021	数据采集过程、数据采集内容、数据采集技术、数据采集质量控制、数据采集安全控制
		《面向智慧城市的物联网技术应用指南》GB/T 36620—2018	感知控制域、服务提供域、资源交换域、运维管控域、用户域、智慧城市IT基础设施（支撑域）
		《公共安全视频监控联网系统信息传输、交换、控制技术要求》GB/T 28181—2022	互联结构、传输要求、交换要求、控制要求、传输、交换、控制安全性要求、控制、传输流程和协议接口
	水务	《城镇供水管网漏水探测技术规程》CJJ 159—2011	流量法、压力法、噪声法、听音法、相关分析法、其他方法、成果检验与成果报告
		《城镇供水水质在线监测技术标准》CJJ/T 271—2017	水质在线监测、仪器与设备、安装与验收、运维维护与管理
		《城镇排水水质水量在线监测系统技术要求》CJ/T 252—2011	构成及功能、系统的总体要求、抽取水样单元、水样分配单元、水质水量检测单元、数据采集存储与传输单元、系统管理单元、系统辅助单元、系统运行环境、质量控制与质量保证
		《水文自动测报系统设备　遥测终端机》SL 180—2015	工作模式分类、要求、试验条件及方法、检验规则、标志和使用说明书、包装、运输、贮存
		《水资源水量监测技术导则》SL 365—2015	站网布设、水量监测、水量调查、特定区域水量监测、资料整理分析
		《基于NB-IoT的智能水表系统终端接口技术要求》YD/T 4434—2023	系统架构、终端技术要求、安全要求、通信协议、应用协议
	环保	《污染源在线自动监控（监测）数据采集传输仪技术要求》HJ 477—2009	技术要求、检测、标志
		《地表水自动监测技术规范（试行）》HJ 915—2017	地表水水质自动监测系统建设、地表水水质自动监测系统验收、地表水水质自动监测系统运行维护、质量保证与质量控制、数据采集频率与有效性判别
		《水污染源在线监测系统（COD_{Cr}、$NH_3\text{-}N$ 等）安装技术规范》HJ 353—2019	水污染源在线监测系统组成、建设要求、水污染源在线监测仪器安装要求、调试要求、试运行要求
		《环境污染源自动监控信息传输、交换技术规范（试行）》HJ/T 352—2007	交换信息XML描述、交换方式、交换用网络基础、交换频度、交换模型、交换流程、交换报文规范

续表

类别	专业	标准名称及编号	主要内容
采集与传输	环保	《地表水环境质量监测技术规范》HJ 91.2—2022	布点与采样、监测项目与分析方法、监测数据处理、质量保证与质量控制、原始记录
		《环境监测信息传输技术规定》HJ 660—2013	传输模式、数据类型与数据传输频度、传输流程、传输的数据文件格式
		《水生态监测技术指南　河流水生生物监测与评价（试行）》HJ 1295—2023	点位布设与监测频次、监测方法、质量保证和质量控制、评价方法
		《水生态监测技术指南　湖泊和水库水生生物监测与评价（试行）》HJ 1296—2023	点位布设与监测频次、监测方法、质量保证和质量控制、评价方法
		《非道路移动机械排放远程监控技术规范》HJ 1322—2023	一般要求、车载终端、企业平台、测试方法、标准实施
		《重点行业移动源监管与核查技术指南》HJ 1321—2023	运输管理、系统建设要求、核查技术
		《声环境质量标准》GB 3096—2008	声环境功能区分类、环境噪声限值、环境噪声监测要求、声环境功能区的划分要求、标准的实施要求
	电力	《电力能效监测系统技术规范　第1部分：总则》GB/T 31960.1—2015	术语和定义、系统描述、建设原则
		《电力视频监控系统及接口　第1部分：技术要求》DL/T 283.1—2018	视频监控系统、视频监控平台、前端系统、客户端/用户、基本接口、通信网络及图像质量要求、系统安全、供电、环境及电磁兼容要求
		《低压配电网馈线监测装置技术规范》T/CES 217—2023	一般要求、功能要求、性能要求
		《供电电压监测系统技术规范》NB/T 11317—2023	通用要求、主站功能要求（数据采集、数据统计、数据补召、数据锁定、数据存储、Web发布、数据查询、报表管理、数据共享、系统管理）、主站性能和安全要求、系统测试要求
		《电力能效监测系统技术规范　第1部分：总则》GB/T 31960.1—2015	概述、系统结构与功能、数据来源、接口体系、安全体系
		《三相智能物联电能表技术规范》Q/GDW 12178—2021	技术要求、试验项目、检验规则、运行质量管理要求
		《电力系统实时数据通信应用层协议》DL/T 476—2012	应用协议数据单元格式、服务原语、运行模式和控制序列、状态表

续表

类别	专业	标准名称及编号	主要内容
采集与传输	燃气	《物联网 面向智能燃气表应用的物联网系统技术规范》GB/T 41816—2022	系统结构和通用要求、主站、IoT连接管理平台、智能燃气表、安全、试验方法
		《湿天然气流量测量 第2部分：流量计测试和评价方法》GB/T 35065.2—2023	原理、测试装置和介质、测试条件、测试过程、数据处理、评价方法
		《燃气计量系统》GB/T 41248—2022	计量单位和缩写、计量系统、计量要求、计量系统技术、流量计、测量模块和辅助设备的技术要求、电子设备技术要求、计量管理
	应急	《城市生命线工程监测系统通用规范》T/CIITA 602—2022	系统功能（监测预警、应急指挥）、数据库组成、传输层接口和协议、感知层设备、命名规则、监测内容及指标样例
		《地质灾害风险监测仪器物理接口规定（试行）》T/CAGHP 016—2018	术语和定义、技术要求、验证测试要求
		《建筑工程施工现场视频监控技术规范》JGJ/T 292—2012	基本规定、捕影要求、传输要求、显示要求、系统验收、系统维护保养
存储与共享	通用	《智慧城市 数据融合 第1部分：概念模型》GB/T 36625.1—2018	数据资产、数据采集、数据描述、数据组织、数据交换与共享、数据服务、开放共享要求
		《智慧城市 数据融合 第5部分：市政基础设施数据元素》GB/T 36625.5—2019	总则、数据元素逻辑模型、数据元素分类与描述规则、数据元素目录（通用类、城市道路设施类、城市桥隧设施类、城市公共交通设施类、城市燃气设施类、城市供水设施类、城市排水设施类、城市供热设施类、城市照明设施类、城市环卫设施类、城市园林绿地设施类、城市管廊设施类）
		《城市运行管理服务平台数据标准》CJ/T 545	平台功能要求、数据库要求、数据交换接口、基础环境、平台实施和验收、平台运行维护
	水务	《城市排水防涝设施数据采集与维护技术规范》GB/T 51187—2016	数据采集、数据录入、数据校核、数据维护与使用
		《水利对象基础数据库表结构与标识符》	基本规定、对象名录表、对象基础信息表、对象关系表
	环保	《环境信息数据字典规范》HJ 723—2014	环境信息数据字典内容组成、环境信息数据字典内容属性、环境信息数据字典编写要求
		《环境数据集说明文档格式》HJ 722—2014	环境数据集说明文档内容要求、环境数据集说明文档格式要求

类别	专业	标准名称及编号	主要内容
存储与共享	环保	《环境空间数据交换技术规范》 HJ 726—2014	环境空间数据交换信息 XML 描述、环境空间数据交换模型、环境空间数据交换基础、环境空间数据交换流程、环境空间数据及其元数据交换质量要求、环境空间数据安全要求
		《环境信息元数据规范》 HJ 720—2017	环境信息元数据标准框架、描述约定、元数据项的元数据标准
		《生态环境信息基本数据集编制规范》 HJ 966—2018	内容结构、基本数据集的元数据、基本数据集相关数据元的元数据
		《生态保护红线监管技术规范　数据质量控制（试行）》HJ 1145—2020	质控原则、工作流程、质量审核、数据汇交
		《固定污染源基本数据集　第 1 部分：基础信息》	固定污染源基础信息数据集的元数据描述、基础信息数据集相关数据元的元数据
	电力	《电网运行与控制数据规范》 GB/T 35682—2017	电网运行控制数据分类、输变电运行控制数据、发电运行控制数据、配电网运行控制数据、用电运行控制数据、调度运行控制数据
		《电力可靠性管理信息系统数据接口规范　第 1 部分：通用要求》 DL/T 1839.1—2018	电力可靠性管理信息体系、数据接口规范基本要求
		《电力数据脱敏实施规范》 DL/T 2549—2022	数据脱敏概述、数据脱敏的实施流程
	环卫	《城镇环境卫生设施属性数据采集表及数据库结构》CJ/T 171—2016	术语和定义、代码和分类、生活垃圾收集点、生活垃圾收集站、生活垃圾生物处理收集站、垃圾中转站、生活垃圾处理（置）厂（场）、餐厨垃圾处置厂、建筑垃圾处理厂、粪便无害化处理厂（场）、公共厕所、化粪池、环卫工人作息场所、环卫停车场
	应急	《油气储存企业安全风险智能化管控平台数据接入与部省交换规范》	数据交换方式、省级系统功能设计、部省数据交换规范
		《危险化学品安全生产风险监测预警系统数据接入规范》	监测数据的分类、接入要求、接入安全要求、交换方式
		《化工园区安全风险智能化管控平台数据交换规范（试行）》	概述、数据交换方式、交换数据说明、安全基础管理、重大危险源安全管理、双重预防机制、特殊作业安全管控、封闭化管理、敏捷应急、易燃易爆有毒有害气体泄漏监测管控、公共管廊安全风险监测预警数据、公用工程安全风险感知、教育培训、在线监测报警

类别	专业	标准名称及编号	主要内容
支撑平台	通用	《智慧城市时空基础设施　基本规定》G/T 35776—2017	时空基准、时空大数据、时空信息云平台及支撑环境等
		《城市信息模型基础平台技术标准》CJJ/T 315—2022	基本规定、平台架构和功能、平台数据、平台运维和安全保障
	电力	《输变电工程三维设计建模规范　第1部分：变电站（换流站）》Q/GDW 11810.1—2023	一般规定、设备及材料、建（构）筑物及其他设施、水工及消防、暖通
		《输变电工程三维设计建模规范　第2部分：架空输电线路》Q/GDW 11810.2—2023	一般规定、材料及设备、其他设施
		《输变电工程三维设计建模规范　第3部分：电缆线路》Q/GDW 11810.3—2023	一般规定、材料及设备、建构筑物、其他设施
		《电力物联网数据中台技术和功能规范》Q/GDW 12104—2021	数据中台架构、功能要求、非功能性要求
模型算法	通用	《智慧城市　人工智能技术应用场景分类指南》GB/Z 42759—2023	民生服务中人工智能技术的应用场景、城市治理中人工智能技术的应用场景、产业经济中人工智能技术的应用场景、生态宜居中人工智能技术的应用场景
	水务	《城镇内涝防治系统数学模型构建和应用规程》T/CECS 647—2019	规程基本要求、模型构建和测试、参数率定和模型验证、模型应用和维护、成果编制和模型验收
	环保	《环境空气　颗粒物来源解析　化学质量平衡模型计算技术指南》HJ 1354—2024	模型原理和计算流程、数据准备、模型运算、模型诊断、穷举法、结果报告
		《煤矿（区）地下水管理模型技术要求》KA/T 10—2023	资料收集与调查、地下水数值模拟模型的建立、地下水管理模型的建立、成果报告编制
	电力	《电网通用模型描述规范》GB/T 30149—2019	符号和缩略语、用例、结构规范、差异模型、类定义模板 CIM/E Schema
		《电力人工智能自然语言处理模型评价规范》T/CES 246—2023	术语及定义、模型基础信息、评价指标与计算方法、评论流程与方法
测试测评	通用	《智慧城市　公共信息与服务支撑平台　第3部分：测试要求》GB/T 36622.3—2018	测试总则、测试环境与工具、测试管理、测试内容、测试方法、测试评价等
		《信息安全技术 政务网络安全监测平台技术规范》GB/T 42583—2023	概述、安全监测通用要求、安全监测扩展要求、通用要求测试评价方法、扩展要求测试评价方法
		《公共安全视频监控联网信息安全测试规范》GB/T 43026—2023	测试对象、测试类型及测试工具、测试环境、功能测试、性能测试

续表

类别	专业	标准名称及编号	主要内容
测试测评	电力	《电力调度数据网设备测试规范》DL/T 1379—2014	送检设备、检验要求及检验规则、整机性能测试、接口测试、协议及功能测试
	通信	《TD-LTE 数字蜂窝移动通信网家庭基站设备测试方法》YD/T 3931—2021	无线功能、互操作功能、射频性能、硬件要求、SON 功能、同步要求
信息安全	通用	《信息安全技术 智慧城市安全体系框架》GB/T 37971—2019	安全概述、安全战略、安全管理、安全技术、安全建设与运营、安全基础
		《信息安全技术 网络安全等级保护基本要求》GB/T 22239—2019	网络安全等级保护概述、第一级安全要求、第二级安全要求、第三级安全要求、第四级安全要求、第五级安全要求
		《信息安全技术 网络安全等级保护安全设计技术要求》GB/T 25070—2019	网络安全等级保护安全技术设计概述、第一级系统安全保护环境设计、第二级系统安全保护环境设计、第三级系统安全保护环境设计、第四级系统安全保护环境设计、第五级系统安全保护环境设计
		《信息安全技术 个人信息安全规范》GB/T 35273—2020	个人信息安全基本原则、个人信息的收集、个人信息的存储、个人信息的使用、个人信息主体的权利、个人信息的委托处理、共享、转让、公开披露、个人信息安全事件处置、组织的个人信息安全管理要求
		《信息安全技术 物联网数据传输安全技术要求》GB/T 37025—2018	物联网数据传输安全概述、基础级安全技术要求、增强级安全技术要求
		《信息安全技术 网络存储安全技术要求》GB/T 37939—2019	产品描述、安全功能要求、安全保障要求
		《信息安全技术 信息安全应急响应计划规范》GB/T 24363—2009	应急响应计划的编制准备、编制应急响应计划文档
		《公共安全视频监控联网信息安全技术要求》GB 35114—2017	公共安全视频监控联网信息安全系统互联结构、证书和密钥要求、基本功能要求、性能要求
	电力	《电力监控系统网络安全监测装置技术规范》Q/GDW 11914—2018	网络安全监视架构、技术要求、外观接口、功能要求、性能要求、安全要求、版本管理、标志、包装、运输、贮存

　　从智慧市政标准体系构建来看，空间地理信息作为智慧化管理的空间底板，其建设最为成熟，目前数字孪生、三维可视化技术的发展也相对成熟。智慧城市系列标准从总体上为智慧市政总集及各子系统提供了指导，如《智慧城市 数据融合 第 2 部分：数据编码规范》GB/T 36625.2—2018 规定了标识符编码结构和标识符编码规则，《智慧城市 数据融合 第 3 部分：数据采集规范》GB/T 36625.3—2021 提出了数据采集过程、内容、技术、质量控制和安全控制的管理要求，《智慧城市 人工智能技术应用场景分类

指南》GB/Z 42759—2023 分别从智慧环保、城市管理、智慧应急、智慧能源等领域提出了人工智能技术的应用场景。

从各专业领域的技术标准内容完整性和成熟度来看，电力、环保等行业在智慧化建设上相对领先。智慧环保的发展得益于近年生态环境垂直管理带来的污染源监管和生态环境质量考核的实际需求。智慧电力已由信息化建设转向智能化应用，如《电力人工智能自然语言处理模型评价规范》T/CES 246—2023 从电力人工智能模型开发语言、开发框架、模型版本、模型类型、模型用途、运行环境、训练数据集信息及模型文件等方面进行描述，并提出电力人工高智能自然语言处理模型评价指标及计算方法，为电力系统的自动化、智能化改造提供指导。

2.3.2　管理标准

在智慧市政建设中，技术标准主要提供总体框架和技术基础，而管理规范则确保这些技术的合理实施、运营和监督评估。当前，我国智慧市政相关管理标准主要是沿用了智慧城市领域的标准，主要关注顶层设计指导和评价体系的构建，如表 2-4 所示。如《智慧城市 顶层设计指南》GB/T 36333—2018 从基本过程、需求分析、总体设计、架构设计、实施路径规划等维度提供了智慧城市设计与实施的指南，同时也可兼容应用到智慧市政设计与建设中；《智慧城市 智慧多功能杆 服务功能与运行管理规范》GB/T 40994—2021、《变电站智能巡视运行管理规定（试行）》等分别从多功能杆、变电站等管理主体提出智慧市政运行管理的管理要求；《智慧城市基础设施 绩效评价的原则和要求》GB/Z 42192—2022 等评价体系类标准规范则从指标体系构成和指标计算、评价的维度提出智慧城市的评价方法，为不同城市、不同行业的智慧城市建设成效提供了依据，同时也可迁移应用于智慧市政领域。

智慧市政相关管理标准　　　　　　　　　　　　　　表 2-4

类别	标准名称及编号	主要内容
建设管理	《智慧城市　顶层设计指南》GB/T 36333—2018	基本过程、需求分析、总体设计、架构设计、实施路径规划
	《智慧城市数据中台建设规范》T/ZSA 203—2023	基本原则与体系架构、功能要求（数据集成、数据开发、数据治理、数据分析、资产管理、数据开放、运维监控）、数据安全平台、运维要求、一般建设流程
运行管理	《智慧城市　智慧多功能杆　服务功能与运行管理规范》GB/T 40994—2021	环境、人员、智能检测、节能、维护管理、应急管理、数据管理、运行档案管理、服务运行管理平台和运行单位变更
	《变电站智能巡视运行管理规定（试行）》	智能巡视管理、系统管理、效能分析、培训管理
评价体系	《智慧城市基础设施 绩效评价的原则和要求》GB/Z 42192—2022	通用方法、主要相关方、相关方的需求、绩效特征的要求、计量指标的要求

续表

类别	标准名称及编号	主要内容
评价体系	《新型智慧城市评价指标》GB/T 33356—2022	惠民服务、精准治理、生态宜居、信息基础设施、信息资源、产业发展、信息安全、创新发展、市民体验
	《智慧城市评价模型及基础评价指标体系 第4部分：建设管理》GB/T 34680.4—2018	机制保障、基础设施、社会管理、生态宜居等四个一级指标，涉及多规合一信息化平台业务集成度、规划数据业务支撑度、绿色建筑覆盖率、公共建筑运行能耗率等
	《智慧城市 城市运行指标体系 总体框架》GB/T 43048—2023	总体框架、指标分类及描述、指标元数据

2.4 智慧市政发展趋势

2.4.1 采集系统集约化建设

在城市化进程不断加速的背景下，智慧市政采集系统的集约化建设显得尤为重要。作为城市资源管理的神经中枢，该系统依托尖端的信息技术，全面感知并高效管理城市公共资源。其中，数据集成理念居于核心地位，依托大数据平台对市政数据进行集中分析，为决策制定提供了坚实的科学基础。同时，通过与云计算和边缘计算的深度融合，不仅显著提升了数据处理的速度与效率，还进一步推动了管理的智能化，从而优化了资源配置和服务效率。此外，统一的云平台使得市政管理更加信息化和可视化，物联网技术的应用则确保了市政设施的互联互通，大幅提高了管理效率。这些技术的综合应用与融合，不仅推动了智慧市政采集系统的集成化，还进一步促进了其智能化发展。诸如多功能智能杆、三表合一等集成应用的推广，大幅提高了城市管理的效率和质量，为实现城市的可持续发展贡献了重要力量。

1. 多功能智能杆

随着城市化进程的加快，城市道路红线区域内部署的架空线路、杆塔、设备箱等设施数量日益剧增。这些设施不仅侵占了有限的城市空间，对行人流动和城市景观美造成了不利影响，而且设施的重复建设与交错布局为城市管理带来了诸多挑战，同时也在一定程度上制约了其他后续项目的建设与发展。在这一背景下，多功能智能杆，作为承载物联网终端等设备的关键载体，已成为广州、深圳等城市新型基础设施建设的重要组成部分。

根据《智慧多功能杆发展白皮书（2022版）》的定义，多功能智能杆是由杆体、综合箱和综合管道等模块组成，可挂载两种及以上设备，与系统平台联网，实现或支撑实现智能照明、视频采集、移动通信、交通管理、环境监测、气象监测、应急管理、紧急求助、信息发布、智慧停车等城市管理与服务功能的新型公共信息基础设施，其主要结构如图 2-2 所示。

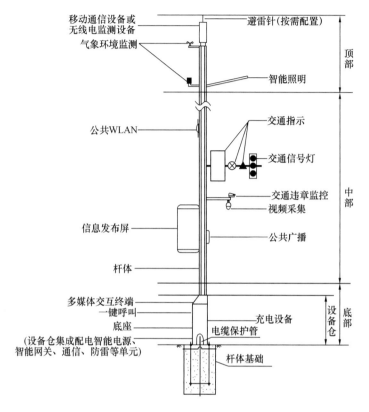

图 2-2　多功能智能杆示意图

图片来源：深圳地方标准《多功能智能杆系统设计与工程建设规范》DB4403/T 30—2019

多功能智能杆以其"多杆合一""多箱合一""多网合一"的特点而著称。其中，"多杆合一"体现在将各种采集系统的挂载载体合而为一，如通信基站、监控摄像头、雷达、广播、一键报警、LED 显示屏、充电桩、环境监测设备等；"多箱合一"则是指将各类采集设备箱体及其管理集成统一，通过整合交通监控、道路照明、公安监控、传感器等设备的箱体，减少箱体数量，从而美化城市空间，提高维护管理的效率；而"多网合一"指的是整合交通、交警、城管、公安等部门的需求，统一规划建设不同管理部门的传输网络需求和管道空间预留，以避免重复开挖和建设的现象。

2. 三表合一

水、电、气乃维系民生之三大基本服务，其服务范围广泛覆盖至每一户家庭，故而民用之水表、电能表与燃气表便成为与公众日常生活联系最为紧密的数据采集工具。2017 年，住房和城乡建设部正式发布了《民用建筑远传抄表系统》JG/T 162—2017，此标准明确了民用建筑中水、电、气等仪表及其传感器的数据采集与传输系统的技术要求，为相关行业的管理提供了坚实的技术支撑。此后，行业逐步迈入远传自动抄表的新时代，尤其是国家电网公司（国网）与南方电网公司（南网）在智能电表改造及用电信息采集系统建设方面所取得的显著成就，极大地提升了居民用户的便利性。

尽管如此，水、电、气三大行业之间的行业壁垒以及水表、电表、燃气表在智能化改造过程中所采用的通信协议不统一的问题依旧长期存在，导致"三表合一"的理念虽然提出已久，但在整合管理方面的进展却始终迟缓。值得注意的是，随着窄带物联网（NB-IoT）技术的推出和低压电力载波技术的全面成熟，这些技术难点正在得以逐步破解（图 2-3）。以武汉市为例，该市通过设计系统主站、集中器、采集器、Ⅰ型转换器、Ⅱ型转换器、用户表（水、电、气）的系统模型，成功实现了一个系统主站管理多个集中器，从而在最大限度利用现有设备的条件下实现三表合一集抄，可以全程远程操作，自动收集用户数据，从而更好地服务于居民用户。

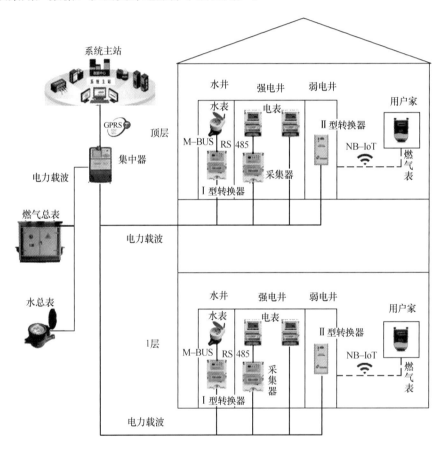

图 2-3　智能三表技术原理示意图

2.4.2　平台建设可视化展示

市政基础设施，尤其是管网设施，通常隐蔽于地下，这种不可见性导致管理活动往往呈现出被动性和盲目性，在规划、建设与运维等环节为管理者带来了诸多挑战。不过，随着地理信息系统（GIS）、建筑信息模型（BIM）、数字孪生、虚拟现实（VR）、混合现实（MR）等技术的迅速发展，智慧市政管理平台得以拥有一扇可视化的窗口。管理者可通过运用测绘技术、物联网感知技术，采集市政基础设施的空间信息、状态信息、视频监控等数据。借助数字孪生平台，可以对这些数据进行空间分析、时间分析和属性特征的展示，从而为管理者提供一种方便、快速、准确、全面的方式来查询相关情况和管理市政基础设施。这种可视化的展示方式不仅增强了管理的直观性和预见性，也提升了市政基础设施的运维效率和安全性。

1. 基于 BIM 的精细化管理

市政基础设施，尤其是市政管网项目，因其涉及众多专业领域、复杂的交叉线路以

及多变的地域环境，使得传统的图纸管理模式在规划、建设及运维等环节中显得力不从心。建筑信息模型（BIM，Building Information Modeling）技术是一种创新的解决方案，BIM 技术以其可视性、协调性、模拟性和优化性等核心特性，为市政设施管理带来了革命性的变革。BIM 技术能够综合集成市政设施的几何信息、物理属性、性能数据等多维信息，确保了市政设施信息的完整性，并实现

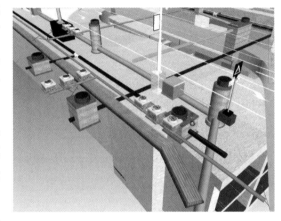

图 2-4　市政管线 BIM 管理（作者自绘）

了全方位的展示（图 2-4）。这种技术的应用，使得从设计到施工、从变更到竣工的整个项目生命周期中的信息和状态能够清晰呈现，极大地便利了空间冲突的检测和成本核算。因此，BIM 技术不仅为各层次管理人员提供了决策支持和实施便利，而且在推动市政设施精细化管理方面发挥着至关重要的作用。

2. 可视化运维

为确保市政基础设施的稳定与高效运行，电厂、水厂、泵站、燃气站等关键设施的运维人员面临着日益增长的工作负担。在传统的运维模式已显不足的情况下，保障厂站的安全运行与提供专业指导的同时，解决运维人力资源与不断增长的运维任务之间的矛盾，成为市政设施运维领域所面临的重要而紧迫的课题。

针对传统运维模式中存在的"距离远、手段有限、监控困难、响应迟缓"等问题，可视化运维已成为行业发展的重要趋势。以深圳宝安区智慧水厂为例，该水厂通过整合建筑信息模型（BIM）与增强现实（AR）技术，该水厂成功地将隐蔽管线和设备通过BIM模型进行了可视化监控。这一举措不仅实现了土建结构、机电、设备等全方位属性的展示，还与现实环境实现了叠加，使得运维人员能够基于空间关联查看图纸、操作

手册、维修指南等资料，极大地促进了水厂的可视化智能运维。通过这种创新的运维模式，不仅提高了运维效率，还增强了运维的精准性和响应速度，为市政基础设施的稳定运行提供了强有力的技术支持。

2.4.3 管理决策智能化应用

城市管理的核心在于依据既定的管理规范和评价体系，对城市的规划、建设和运作进行系统化、有序化的管理。智慧市政的构建，旨在整合跨部门及多空间场景的数据资源，包括结构化与非结构化数据。此外，借助深度学习、计算机视觉、知识图谱等前沿人工智能技术，智慧市政能够科学、高效地挖掘城市数据资产的内在价值，实现对城市空间的全面感知与实时监控预警。这一过程极大地增强了相关部门对于所辖区域内异常状态或事件的快速响应能力。随着人工智能技术的不断演进，城市管理决策的智能化应用得到了坚实的技术支撑。而《智慧城市 人工智能技术应用场景分类指南》GB/Z 42759—2023 的颁布，为城市管理、智慧应急、智慧能源、智慧环保等多个应用场景提供了明确的指导方针，为智慧市政的深入实施提供了强有力的推动力。

1. 市政问题的智能识别

在城市化进程不断加速的背景下，市政管理所面临的挑战也日趋复杂。为了提升城市管理的效率，减轻人工巡查的工作负担，并确保对各类市政违规事件做出及时响应，智能识别与判断技术已成为现代城市管理中不可或缺的技术手段。智能识别技术通过综合应用图像识别和视频智能分析技术，对市政道路的视频监控、车载监控视频以及人工巡查拍照上传的图像信息进行实时处理和分析。这一过程可有效识别出包括道路铺装破损、垃圾箱满溢、河流漂浮物等多种市政管理问题，并触发自动处理机制，从而实现管理的自动闭环（图 2-5）。

2. 智能微电网系统

在"碳达峰、碳中和"目标引领下，光伏发电、风力发电等新能源技术迅速崛起，与此同时，新能源汽车行业的蓬勃发展也带动了居民用电需求的稳步增长。在此背景下，智能微电网系统应运而生，成为集分布式电源、储能装置、能量转换装置、相关负荷及监控、保护装置于一体的微型发配电网络。该系统能够实现自我控制、自我保护及自我管理，既可无缝对接外部电网运行，亦可独立运作。

智能微电网系统的主要优势在于其智能优化发电单元和智能管理能力（图 2-6）。基于数据采集和监控系统，自动控制系统负责实施实时控制策略和自动化管理，从而显著提升分布式电源的能量利用率。该系统可适用于工业园区、城市片区、农村、海岛等多种供电应用场景，能够高效满足用户不断增长的用电需求，最大化利用清洁能源，并推动相关技术创新。

图 2-5 人行道铺装问题 AI 识别（作者自绘）

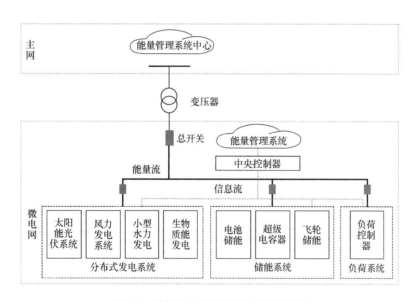

图 2-6 智能微电网示意图（作者自绘）

2.4.4 厂站运维自动化管理

随着云计算、边缘计算、人工智能技术的发展，智慧市政的厂站运维自动化管理正在向更加智能化、集成化和实时性的方向发展，以提高城市管理的效率和居民的生活质量。随着技术的不断进步，未来的智慧市政将更加注重数据的深度利用和智能决策的支持，如无人值守厂站、无人机巡检等建设，可以在降本增效的同时实现智能化管理，成为市政设施运维的发展方向。

1. 无人值守厂站

随着水务、电力、燃气等行业的迅猛发展，场站设备的数量和规模日益扩大，且需提供24h不间断的服务，这对传统的运维管理模式提出了严峻挑战。信息技术的进步，尤其是物联网、大数据和人工智能技术的发展，使得无人值守模式逐渐成为行业发展的新趋势。

无人值守模式的核心在于实现"无人化"的双融合运营机制，即促进人员与机器、业务流程与数字化技术深度融合。通过自动化和智能化的手段，替代传统的人工运维作业，从而将运维人员从繁琐、重复的工作中解放出来，使其能够专注于创新和增值活动。此外，通过总结专家经验、规则制定、算法模型训练以及运营流程的优化，进一步提升运维效率和管理水平。

以深圳光明甲子塘水厂为例，该厂采用矾花图像AI识别技术和神经网络算法，优化了水厂化学药剂的投加过程。同时，通过建立泥量数学模型和水泵搭配模型，实现了沉淀池的精准排泥和送水泵的运行优化，从而推动了水厂无人值守模式的构建和发展。无人值守模式的应用，不仅提高了场站运维的效率和安全性，也为行业的可持续发展和技术创新注入了新的活力。

2. 无人机巡检

市政管网，尤其是电网输电线路，因其分布广泛且线路漫长，传统的巡检方式依赖于巡线人员的徒步巡查，通过目测和望远镜等手段进行。然而，输电线路往往穿越地形复杂多样的区域，这导致传统的巡检方法不仅效率低下，消耗大量的人力和时间，而且存在较大的局限性，为输电线路的运行维护工作带来了诸多困难。无人机作为一种现代化的航空设备，具有成本低廉、机动性高、时效性强、高概率视距信道和高定准精准等优势，这些特点恰好满足了电网巡检的需求，使其成为目前众多电网巡检工作的首选工具（图2-7）。无人机的应用，不仅显著提升了电网巡检的效率和安全性，也为电力行

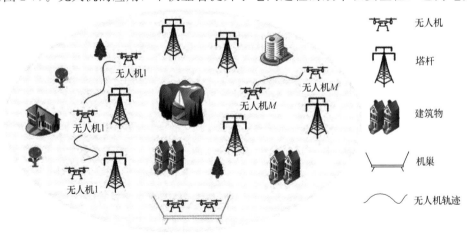

图2-7　多无人机输电线塔杆巡检系统

业的智能化、自动化提供了强有力的技术支持，推动了行业的可持续发展和技术创新。

2.4.5　市民需求贴心式服务

随着智慧城市理念的深入人心，市政服务正逐步向更加智能化、个性化的方向发展。智慧市政的核心目标是满足市民的多样化需求，提供便捷、高效、贴心的服务。一方面，便民服务的数字化转型正逐步深化。市民可通过各地水务公司、电力公司公众号或小程序，轻松查缴水电燃气等生活费用，这一过程的自动化和智能化，不仅减少了市民的出行需求，也极大提升了缴费的效率和安全性。另一方面，信息查询服务的实时性和准确性得到了显著提升。通过物联网技术与大数据分析，能够实时监测并预测城市关键区域的水位变化，及时向市民发布气象灾害、易涝点等信息预警信息，帮助市民规避潜在的风险，确保出行安全。

展望未来，在以市民需求为核心的牵引下，智慧市政的建设将不断优化，为市民营造更加美好的生活环境。随着技术的不断创新和应用的深入，智慧市政有望在提升城市管理效率和生活质量方面发挥更加重要的作用。通过智能化、个性化市政服务的实现，智慧市政将更好地满足市民的多元化需求，提升市民的幸福感和满意度（图 2-8）。

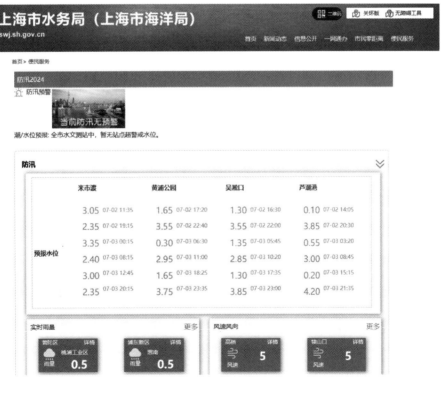

图 2-8　上海水务局便民服务

第 2 篇

技术篇

技术篇将详细介绍智慧化转型所依赖的核心技术。物联网技术使得市政基础设施能够实现互联互通，大数据分析帮助我们从海量数据中提取有价值的信息，云计算提供了强大的数据存储和计算能力，而人工智能则赋予了系统自我学习和优化的能力。我们将探讨这些技术如何与市政基础设施相结合，实现数据的高效采集、处理和应用，以及如何保障隐私安全和信息的安全性与可靠性。同时，我们也将关注新兴技术的发展趋势，如 5G 通信、边缘计算等，分析它们如何为市政基础设施的智慧化转型带来新的可能。

本篇详细介绍了智慧市政的总体框架，包括测绘地理信息、物联网、大数据、专业模型、人工智能模型、自动化控制、数字孪生、信息安全等关键技术。这些技术是智慧市政建设的基石，它们相互支撑、相互促进，共同构成了智慧市政的技术体系。

第 3 章　智慧市政的总体框架

3.1　智慧市政平台设计

智慧市政是一个综合的概念，既要覆盖水务、环保、电力、燃气、环卫、通信、应急等多个专业工程子系统，又需要满足住建、水务、环保、城管、工信、应急等多个城市部门及专业机构管理的诉求，因此要解决子系统内、子系统间的数据采集、信息通信、资源共享等问题，避免政府各部门间、政府与企业、公众之间形成一个个的"信息孤岛"，造成市政基础设施协同管理障碍和瓶颈及资源上的浪费。为推动全社会市政信息资源的开发利用，促进城市市政基础设施在政府信息化、企业信息化、社会信息化等平台的应用，需要利用物联网、网络通信、计算与存储、数字孪生、人机交互、人工智能等技术，实现市政资源数字化、业务管理高效化和决策指挥智能化。

智慧市政平台设计与实现包括业务架构、应用架构、系统架构、数据架构、网络架构、物理架构等。其中，应用架构、系统架构是关键，两者相互关联、相互影响，关系到智慧市政平台的稳定性、可扩展性和可维护性。应用架构针对需求分析和设计阶段，关注智慧市政管理的业务需求、功能需求，说明平台有哪些应用系统及系统间如何集成；系统架构针对软件系统和硬件设施的设计和实现阶段，关注智慧市政的技术实现和组件间关系逻辑，说明平台所含的硬件、软件、网络及相互依赖关系。

3.1.1　应用架构

城市的市政基础设施具有由多个专业工程系统构成、多个政府部门及专业机构管理的特点，其规划阶段的合理性、建设阶段的质量和运维阶段的效果，直接影响到生态环境品质、城市管理效率、公共服务水平和居民生活质量。

智慧市政的用户主要包括行政主管部门、规划设计单位、建设管理单位、运营管理单位和社会公众等。在市政系统的日常工作及管理中，普遍存在家底不清、档案不全、养护不足、隐患严重等管理难点，导致实际管理中出现"管线打架"、反复开挖、漏损严重、事故不断、损失严重等现象。此外，管理部门、相关单位和居民用户等在工作中使用传统人工、线下手段时，也存在效率低下、精度不够、应急困难等问题。本书根据主要用户对于市政基础设施的主要业务需求进行梳理（图 3-1），并将功能进行拆解和合并。智慧市政系统主要包括市政数据资源管理、规划与建设管理、工程运行管理、监测评估与风险预警、行业监管与应急处理、公众服务等主要功能，具体如下：

（1）市政数据资源管理：构建水务、环保、电力、燃气、环卫、通信、应急等所有子系统的市政数据资源库，并以一张图的形式进行二维或三维的空间可视化展示，支持通过地图和表格的信息查询、空间分析和统计分析等。

（2）规划与建设管理：利用计算机辅助技术协助市政专业设计人员完成规划、可研、初设、施工等成果设计，对设计图纸智能校审及成果线上统一管理。在市政工程建设阶段，全流程对投资、进度、质量、安全进行统一管理。

（3）工程运行管理：市政设施设备的日常养护通过工单进行统一管理，厂站运行的状况通过视频和数据分析进行监控，定期评估各类市政子系统的运行效率等指标。

（4）监测评估与风险预警：将物联网监测数据关联到设施一张图进行融合展示，根据设计值、经验值和趋势分析，生成各类市政子系统的风险预警。水务、环保、电力、燃气、环卫、通信、应急等各子系统根据各自业务需求分别制定专题分析。

（5）行业监管与应急处理：基于评价标准通过监测数据、检查等对市政工程建设进行质量、安全等监督，对工程运行进行评价。在发生紧急事件时，利用平台进行综合决策和指挥调度。

（6）公众服务：将市政工程规划、建设、运行的信息进行适时公开，公众可便捷查询及投诉建议。根据统一的用户编码实现水、电、气等费用的查询和缴纳。

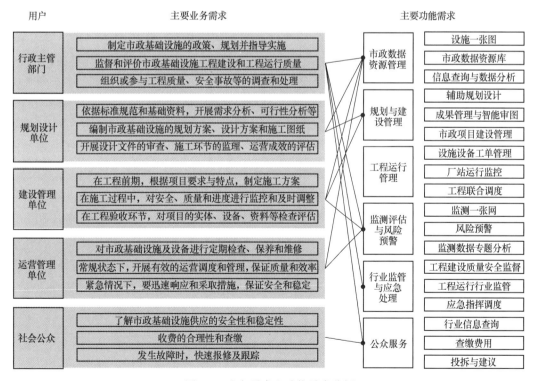

图 3-1 业务需求和功能需求分析

根据各子系统间的依存关系，形成智慧市政平台的应用架构，如图 3-2 所示。在各子系统间，上层对其下层具有依赖关系，即市政数据资源管理、监测评估与风险预警两个系统为其他系统提供基础地图、监测地图、静态数据资源、监测数据资源、信息查询、空间分析工具、统计分析工具、风险预警和监测数据专题分析等功能。规划与建设管理、工程运行管理主要为涉及市政基础设施全部系统或各子系统的规划设计、工程建设、工程运行企业使用，提供辅助规划设计、智能审图、工地管理、工单管理、厂站监控、工程联合调度等功能。行业监管与应急处理、公众服务主要是行政主管部门在前述功能的基础上，利用基础数据、监测数据和业务数据进行智能监管，在出现应急事件时进行指挥调度，同时为居民公众提供服务。

图 3-2   智慧市政平台的应用架构

3.1.2   系统架构

在城市高质量发展的背景下，城市市政基础设施的信息化管理不断发展，数据量呈爆发式增加，已有系统众多且相互独立、用户对于系统的体验要求也日益升高，智慧市政建设面临着数据采集复杂、数据处理和分析需求增多、安全和隐私要求增高、展示界面和交互设计日益重要等新的挑战。因而，在软件系统设计模式上，面向服务的技术架构（Service Oriented Architecture，SOA）和通用标准（如 XML 和 SOAP）成为主流；在硬件物理对象管理上，更高性能、更大规模和更可靠的统一物联网平台成为设备连接和数据处理的管理平台。同时，智慧市政的架构设计需要满足大数据（Big Data）、人工智能（Artificial Intelligence，AI）、城市信息模型（City Information Modeling，CIM）等技术的可拓展性、高性能、可靠性、安全性等要求。此外，云计算正成为信息技术的标配，智慧市政平台的建设不管是服务于政府部门、管理企业或是设计单位，都需要考虑到云环境的部署运行，一般要按云原生的架构进行设计。

智慧市政平台的总体架构如图 3-3 所示，包括"五横三纵"，横向层次包括基础设施层、数据层、平台服务层、应用服务层和表现层，纵向包括标准规范体系、信息安全体系和运维保障体系。横向层次的上层对其下层具有依赖关系，纵向体系对于相关层次具有约束关系。

图 3-3　系统架构图

1. 基础设施层（IaaS）

主要包括信息化基础设施和物联感知设备。其中，信息化基础设施是指支撑项目建设的软硬件基础环境设施、存储设施及支撑稳定运行并对外提供稳定服务的网络通信服务的设备，包括网络基础设施、算力基础设施、新技术基础设施及保障这些硬件设施正常运行的软件系统，如操作系统、网络监控软件等。物联感知设备是指对给水、排水、电力、通信、燃气、能源、环卫、消防、应急、海绵、生态等管网、厂房、泵站等对象进行信息采集的各种物联终端，包括传感器终端、执行器终端、控制器终端、摄像头终端、RFID读卡器等。

2. 数据层（DaaS）

数据层主要提供数据存储、计算、管理等服务，是整个智慧市政的数据资源中心。一般以 API 的方式提供各种数据服务，以便于用户进行各种数据操作和处理。从内容上，数据层包括基础地理数据、自然资源数据、规划与建设数据、人口数据、空间管控数据、市政专题数据等数据资源。从功能上，数据层包含元数据管理、数据采集、数据治理、大数据分析、数据服务等能力，助力市政数据资源转化成资产、资产转化成为业务能力，满足系统间数据使用、交换、共享等需求。

3. 平台服务层（PaaS）

平台服务层为智慧市政提供支撑框架和底层通用服务。从功能上实现技术支撑平台、业务支撑平台和数据支撑平台的能力，其中技术支撑平台能力是为系统提供统一的技术组件，为业务应用提供快速、安全的接入能力；业务支撑平台能力是为业务应用场景提供统一、平台化的专项业务能力，避免重复开发，保证系统统一；数据支撑平台是对系统的数据进行统一管理，整合场景化数据，为场景化应用提供全平台数据支持。从内容上，平台服务层包括地图服务、数据服务、专业模型服务、人工智能模型、应用支撑和微服务中心，其中地图服务为系统提供统一的地图数据、GIS 地图服务、BIM 平台服务和三维可视化服务能力；数据服务为系统提供统一的数据管理和数据分析能力；专业模型服务为系统提供统一的专业模型服务，促进模型融合；人工智能模型服务为系统提供统一的自然语言处理、语音识别、图片识别、视频识别等能力。

4. 应用服务层（SaaS）

应用服务层是为用户提供可以直接使用的应用程序和服务，从专业上可以划分为智慧水务、智慧环保、智慧电网、智慧燃气、智慧环卫、智慧通信、智慧应急，从功能上包括市政数据资源管理、规划与建设管理、工程运行管理、监测评估与风险预警、行业监管与应急处理、公众服务，以便于用户进行各种业务操作和处理。

5. 表现层

表现层提供了智慧市政应用门户，为用户进行信息查询和信息互动提供统一的入口和展示，该层主要提供用户与平台之间的交互界面，包括大屏、Web 浏览器、移动应用、VR/AR/MR、便民服务一体机等，以便于用户进行各种操作和查询。

6. 标准规范体系

标准规范体系包含了系统的标准规范体系内容，应与国家及市政各行业数据标准、技术规范衔接。

7. 信息安全体系和运维保障体系

信息安全体系是智慧市政的安全规范，应按照国家网络安全等级保护相关政策和标准要求建立，并指导系统各部分功能的建设。该层主要提供安全保障措施，如数据加密、访问控制、防火墙等，以确保平台的安全性和可靠性。

运维保障体系是为系统建立运行、维护、更新与安全保障体系，保障系统网络、数据、应用及服务的稳定。

3.2 系统主要组成

3.2.1 基础设施层（IaaS）

1. 信息化基础设施

1）网络基础设施

智慧市政系统的建设根据服务主体的不同，会涉及通信方式，因此需要不同类型的网络基础设施进行支撑，以满足计算机与计算机、计算机与终端以及终端与终端之间的数据信息传递。根据市政系统用户和场景使用的不同，平台网络分别有政务内网、政务外网、行业企业专网、公众信息网等不同类型，不同的功能应用需要部署在不同网络环境，如图3-4所示。其中，政务内网和政务外网主要服务于行业主管部门；行业企业专网主要用于水务、电力、燃气等市政子系统内部，特别是市政系统的运营企业；公共信息网一般采用互联网。根据业务应用场景和安全需求的不同，不同功能要部署在不同网络内，并根据交换需求通过网盘、网闸、交换机等进行信息资源交换。

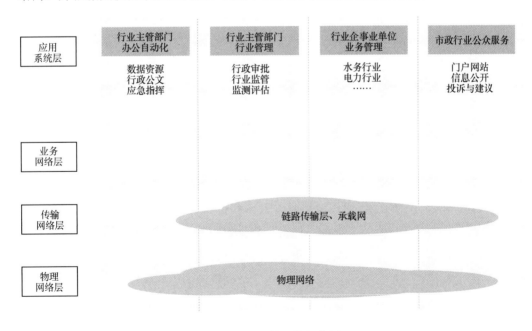

图 3-4 网络整体架构图

2）算力基础设施

算力，顾名思义就是计算能力，包括计算的速度、算法和存储能力等维度。算力基础设施是通过处理数据，实现特定结果输出能力的设备与系统。中央处理器（Central Processing Unit，CPU）和图形处理器（Graphics Processing Unit，GPU）是决定计算速度的核心硬件，分别负责处理数据和图形显示。根据数据中心物理实体的不同，算力基础设施主要有云计算、边缘计算、端计算三种类型，其中云计算主要对整个市政系统的通用模型进行计算，边缘计算主要是针对各感知设备的监测数据等进行专业性计算，而端计算主要是开展个性化计算。随着智慧市政系统建设的内容增多、复杂增加，云—端融合、云—边—端融合、云网融合逐渐成为行业的趋势。此外，也有在前沿的超算、量子计算领域的探索，主要用于大型模型的运行处理。

（1）端计算：

端计算指在终端设备上进行的计算，如手机、电脑、平板等，通常用于处理一些轻量级的计算任务，如文档编辑、图片处理等，其优点是可以离线使用、速度快、安全性高、隐私保护性强等。

（2）边缘计算：

边缘计算是在靠近物联终端的一侧，采用合适的网络、计算、存储硬件或服务能力，就近为物联感知数据提供近端服务，对感知数据进行初步的处理运算再传输到数据中心。据统计，我国各行业数据存储量的30％来自物联网设备接入，如果全部传输到数据中心进行处理和存储将产生巨大的数据传输量，而且数据处理统计相对复杂和低效。智慧电网、智慧燃气、智慧水务等的预警、调度场景要求低延迟的数据传输，导致网络带宽既要保证数据传输速度和质量，又要满足稳定性和可靠性，挑战较大。在此背景下，边缘计算成为最近几年比较流行的一种技术，在面对大量的物联感知设备数据时，使用边缘计算技术可以有效降低对网络带宽的消耗，提高数据传输的安全性，降低延误，也减轻了数据中心的存储压力。

（3）云计算：

在云计算领域，CPU 和 GPU 等硬件资源被虚拟化，以提供弹性、可扩展的计算能力。当前政务领域、行业领域也逐步涌现上云趋势。根据服务范围的不同，云计算可以划分为私有云、公有云和混合云。根据服务主体和行业的不同，云计算可以分为政务云、水务云、电力云等，根据行业的不同特征提供定制的云服务。私有云是在政府或企业内部私有化部署，为企业内部提供云服务，其主要目的是充分利用自有物理服务器资源，更加安全便捷地获取云服务。市政行业由于数据资源的公共属性，对保密和安全性要求高，涉及的数据资源管理和应用也通常采用私有化部署。公有云是当前最为大众所熟知的云服务提供方式，其特点是集群规模很大，拥有百万级别的服务器，全球多区域部署的数据中心，可以向全球用户提供云服务。当前最大的公有云厂商主要有 AWS、微软、Google 和阿里云。混合云是公有云和私有云的结合，如将数据资源等对安全要求比较高的服务部署在私有云，将对外流量较大的服务部署在公有云，以同时满足安全和弹性的要求。在管理混合云时，一般会定制一套混合云管理系统，同时对接私有云和公有云的 API。

3）新技术基础设施

随着市政行业智慧化转型探索的深入，虚拟现实（Virtual Reality，VR）、增强现实（Augmented Reality，AR）、混合现实（Mixed Reality，MR）等新技术在行业内进行试点应用，需要相应的硬件和软件基础设施支撑。

2. 物联网

物联网是指利用感知装置，将物体的信息进行识别、传输到指定的信息处理中心，实现"万物互联"，促成"万物赋能"，其基础能力包括感知、计算、通信三方面（图 3-5）。在建设智慧市政平台时，需要根据专业、行业标准的要求，开展监测布点、设备选型、监测频次等设计。

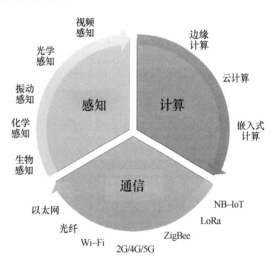

图 3-5　物联网的三大基础能力

1）感知能力

感知能力是利用传感器检测和测量物体的物理量、化学量和生物量，如温度、湿度、光线、声音、振动、水质、空气质量等，将这些非电指标量转换为电信号或其他形式的信息输出，再利用执行器将收集到的信息按照预先设定的规则或算法转译成对应的数据。

2）计算能力

物联网一般包括嵌入式计算、边缘计算和云计算三种计算类型。嵌入式计算通常采用微控制器或微处理器进行数据处理，一般负责数据采集和预处理；边缘计算是使用边缘设备或网关对数据进行处理，一般负责数据分析，如 AI 识别、规律分析等；云计算是利用云平台进行数据处理，一般用于大规模监测数据的统一存储和分析处理。

3）通信能力

物联网网络分为有线网络和无线网络，其中有线网络包括以太网、光纤等，无线网络包括 Wi-Fi、2G/4G/5G、ZigBee、LoRa、NB-IoT 等。在选用网络时，需要根据感知设备的功能、传输需求和应用场景进行综合考虑。同时，还要关注网络的覆盖范围、信号稳定性、通信速率、功耗等因素，以确保物联网系统的稳定运行和数据传输的准确性。

3.2.2　数据层（DaaS）

由于市政系统的庞杂性，导致其数据管理面临数据量庞大、类型多样、来源分散、数据价值密度低等挑战，如市政管网数据既有来源于管线普查，也有电子图形数据导入和纸质竣工图纸录入，来源分散且规则不一。而市政基础设施作为城市的"生命线"，直接关系到城市居民的正常生产、生活和城市发展，又对数据的实时性、安全性和开放共享性提出了高要求。

为满足实用性、可扩展性、安全性和性能等要求，智慧市政系统的数据架构一般采用分布式架构，将分散在省、市、区不同层级，住建、水务、环保、应急等不同部门，水务、环保、电力等不同市政子系统的相关数据进行整合，通过统一的分类、代码、编码等收集、处理、存储、应用等环节的标准规范，依托数据治理平台，通过数据采集、数据汇聚、数据存储和数据应用，建立多源异构数据统一汇聚、统一共享的数据中心，数据架构如图 3-6 所示。

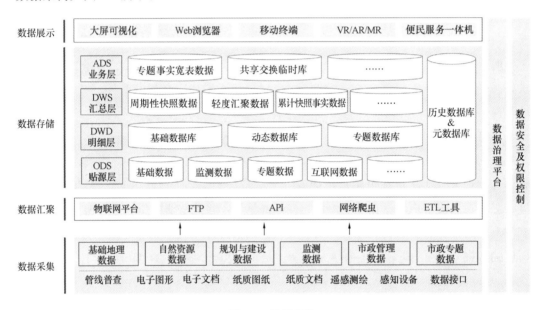

图 3-6　数据架构

1. 数据采集层

数据采集层是智慧市政平台数据架构的基础，是整个数据中心的"数据源"。通过管线普查、电子图形、电子文档、纸质图纸、纸质文档、遥感测绘、感知设备、数据接口等多种途径收集智慧市政平台建设所需的基础地理数据、自然资源数据、规划与建设数据、监测数据、市政管网数据和市政专题数据等。

2. 数据汇聚层

将不同来源的数据通过物联网平台、FTP、API、网络爬虫、ETL 工具等进行统一汇聚。具体来说，物联网平台主要是收集远程设备和传感器的水务、环保、燃气、电力、消防等实时监测数据和监控数据；FTP 主要用以传输和共享市政系统相关的文本、图片、音频、视频等文件；API 用于对接及从其他应用程序获取市政系统相关的基础数据、监测数据、业务数据；网络爬虫用于获取行业相关网页数据；ETL 工具用于对不同数据源数据进行提取、清洗、转换和加载到统一的数据存储和管理系统中，实现数据统一集成。

3. 数据存储层

从数据内容和特点上，数据存储层包括贴源层（Open Data Storage，ODS）、明细层（Detail Layer Data Warehouse，DWD）、汇总层（Data Warehouse Summary Layer，DWS）和业务层（Application Data Store，ADS）。其中，贴源层用于存储各类基础数据，明细层用于存储初步处理和清洗的详细数据，汇总层用于存储经过进一步处理和汇总的报表、视图和指数等统计数据，业务层用于存储支持各种业务场景和应用的数据分析结果、模型分析结果和算法结果等。此外，这些存储技术通常与数据处理框架（如 Hadoop、Spark）和数据分析工具（如 Hive、Pig、Presto 等）结合使用，以实现对数据的高效处理和分析。

4. 数据展示层

数据展示层是将数据产品通过大屏、Web 浏览器、移动终端、VR/AR/MR、便民服务一体机等载体，以地图、图表、报表等可视化的形式展示给用户，可以使用 Tableau、PowerBI、ECharts 等各种可视化工具和技术。

3.2.3　平台服务层（PaaS）

1. 业务支撑平台服务

业务支撑平台为智慧应用提供统一的开发、运行和集成环境，其基于共性剥离、柔性扩展、融合共享的思路，按微服务及流程化生产的技术路线统一搭建，打造智慧市政业务基础能力共享的大中台。

1）统一认证

包括单点登录和统一权限管理，实现管理用户、角色、功能权限等实体信息，以及为用户分配角色，为角色定义权限，为权限配置对应功能地址，并能够给用户分配部门/组织，让用户管理部门/组织内的用户权限角色等关系信息，解决用户在不同业务系统重复注册的问题。

2）统一工作流

针对智慧市政的业务流程管理要求，搭建统一的工作流管理平台，提供可配置、可自定义的灵活的工作流管理；支撑统一业务流程管理、统一事务处理、可视化的流程展现、流程状态集中监控、故障集中处理工作流程等。

3）统一消息

对不同的消息来源进行统一的存储和管理。结合统一信息门户、统一移动门户进行任务、邮件、电话等信息展现和提醒通知，使用户无须在不同设备之间选择切换，即可在任何时间、任何地点通过任何一种通信设备发送与接收信息。

4）统一报表

包括自定义分析报表、自定义分析报告、自定义分析流程、自定义分析规则、指标导航、信息发布与个性化定制等功能，支撑智能数据分析和展现需求。

2. 地图服务

建立市政平台统一的地图服务能力，包括：

1）GIS 地图服务

用户可以通过地图界面进行交互，如缩放、平移和查询等，以及空间数据分析、编辑和处理等分析功能。

2）BIM 服务

包括 BIM 模型的展示、查询和分析等功能，可以与 GIS 和 CIM 集成。

3）CIM 服务

包括 CIM 模型的展示、查询和分析等功能，可以与 GIS 和 BIM 集成。

3. 专业模型服务

提供各专业模型的分析、结果导出等服务。

4. 人工智能模型服务

提供各种机器学习和人工智能模型的开发、训练、部署和管理服务。

3.2.4 应用服务层（SaaS）

应用服务层覆盖水务、环保、电力、燃气等方面，分别按业务管理提供各类应用系统，满足各业务部门及各业务维度的管理需求；基于大数据分析应用结果，各业务部门通过指挥中心，进行专题管理。按照应用建设的不同，分为以下三种：

1. 现有系统整合

以往大量的信息系统以分散建设为主，导致现有系统间信息共享和业务协同难以满足业务发展的新需求，在协同服务总线（ESB）的多服务集成、服务事件和管理支持等功能的基础上对现有系统的业务流程进行整合，使现有系统实现与其他系统数据共享、业务协同，是市政信息系统集成的重要内容之一。

基于 SOA 架构（面向服务的架构，Service Oriented Architecture）对不同开发平台、不同架构设计的应用系统进行分析，将不同系统的业务流程重新包装形成不同的服务，通过对系统进行改造实现不同系统对相同服务的调用，从而实现系统的松散耦合。

2. 现有系统的改造和重建

要以业务系统来支撑办公自动化的决策，以办公自动化系统提升公共服务水平，支撑政府职能转变为创建服务型和科学决策。已有业务系统的功能和业务办理流程等都需要改变，需要对系统进行改造或重建以满足业务发展变化的需求。

系统改造：通过对现有系统进行评估，对于目前运行良好的应用系统按新的业务需求进行更新优化，基于微服务架构，重新对系统业务流程进行梳理，采用工作流、可视化定义等技术对业务流程进行重新定制，构建新的业务流程，从而实现对现有系统的改造。

系统重建：通过对现有系统进行评估，对目前设计理念、系统功能、运行效率等都与新形势下的业务需求、技术架构要求相差较大，或改造成本过高的系统进行业务需求的重新梳理、业务流程的重新定制，在新的数据架构、资源共享服务平台的服务环境下重建新的系统。

3. 新建系统

新建系统的总体要求：新建应用系统均采用微服务架构，在设计和建设时应具备良好的扩展性、互操作性，以及与现有系统的兼容性，避免新"异构"系统的出现，减少集成问题，降低集成难度。

3.2.5　标准规范体系

按照信息化、智慧化的标准体系研究定位，充分考虑标准体系的纵横关系，提出市政标准体系架构，如图 3-7 所示。

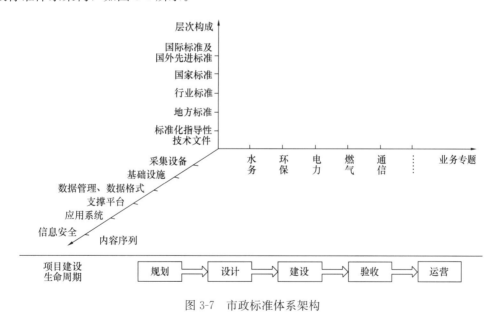

图 3-7　市政标准体系架构

（1）通用性标准和总体标准为智慧市政信息化标准提供指南和框架，以及通用性、基础性的信息化术语定义，包括标准化指南、术语标准这两个二级类目。

（2）采集设备标准规范，包括水情、水质、工情以及视频感知的技术要求，要求贯穿于智慧市政智能感知采集的全过程，确保规范、高效共享、集约建设与充分利用智能感知传感设备和信息。

（3）基础设施标准规范，包括智慧市政基础设施、网络、物联网及计算存储的建设、运行、维护和管理的技术要求与业务管理要求，确保市政信息化基础设施的互联互通、高效利用和规范使用。

（4）数据管理与数据格式标准，统一市政信息数据库的库表结构、数据表示方法和标识，规范市政数据库建设和管理，促进数据共享，满足市政数据处理、交换、存储、维护和信息发布等需要。

（5）支撑平台标准规范，贯穿于智慧市政业务全流程，确保在采集、传输、分析、加工、存储、发布、应用等业务环节"数据语言"一致性，方便数据高效流通和模型服务的高效应用，支撑各业务环节的应用功能建设及上下游衔接，确保智慧市政应用之间高效互联互通、共享协同，确保信息与数据的横纵贯通、分级共享。

（6）应用服务（应用系统）标准规范，包括智慧市政应用系统的基础功能、技术架构和信息流程，规范实现智慧市政业务应用敏捷开发以应对业务快速变化、灵活扩容、应用整合需求。

（7）信息安全标准是智慧市政信息系统安全运行的重要保障，可确保信息和系统的保密性、完整性和可用性，为智慧市政信息化建设提供各种安全保障的技术和管理方面的标准，涵盖物理安全、网络安全、系统安全、数据安全、应用安全等各个层面。

3.2.6　信息安全体系和运维保障体系

安全体系架构以统一规划、统一部署、分级分域、管到终端为指导思想，对市政相关部门内部所有信息系统的应用、数据、集成和基础设施进行全面管控。安全架构根据实际应用确定信息安全等级保护的级别，并采取技术手段、策略、组织和运作体系紧密结合的方式，保障物理、网络、主机、应用和数据的安全，如图 3-8 所示。

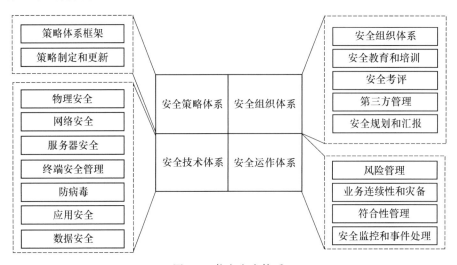

图 3-8　信息安全体系

（1）安全策略体系是整个信息安全体系的核心，为整个信息安全体系提供指导和支持，包括信息安全的目标和愿景、方针、策略、规范、标准、流程和指南等，并通过在组织内对安全策略进行发布和落实，来保证对信息安全的承诺与支持。

（2）安全组织体系保证策略体系、运作体系和技术体系在组织内部顺利开展和实施，是整个安全体系的管理基础，包括安全组织结构建立、安全角色和职责划分、人员安全管理、安全培训和教育等。

（3）安全运作体系是整个安全体系的执行环节，保证安全体系的有效性和可操作性，是整个安全体系的实施基础，包括在业务和管理各个方面、在信息系统建设的各个阶段，采取的所有安全措施和操作。

（4）安全技术体系提供安全体系的技术手段和工具，是整个安全体系的技术基础，包括物理安全、网络安全、终端安全、服务器安全、防病毒安全、应用安全和数据安全等。

建立完善的运维体系保障，是确保信息化平台稳定运行和高效服务的关键，需要各级管理人员、运维团队、技术人员、设备提供商、资金支持等多方面的合作与配合，共同实现信息化平台的安全、可靠、高效运行。

1. 管理制度保障

建立完善的信息化平台管理制度，明确各级管理人员的职责和权限，规范运维流程和操作规范，确保运维工作的标准化、规范化和制度化。

2. 人员保障

建立专业的运维团队，对团队成员进行培训和考核，确保他们具备必要的技能和知识，能够及时、准确地处理各种运维问题。

3. 技术保障

采用先进的技术手段，对信息化平台进行监控、管理和维护，包括网络监控、系统日志分析、备份恢复、安全防范等，确保平台的稳定运行和数据安全。

4. 设备保障

为信息化平台提供可靠的硬件设备支持，包括服务器、存储设备、网络设备等，确保设备的正常运行和及时更新。

5. 资金保障

为运维工作提供必要的经费支持，包括人员工资、设备购置和维护费用、技术支持费用等，确保运维工作的顺利开展。

6. 应急预案保障

制定应急预案，对可能出现的各种突发事件进行预测和规划，确保在突发情况下能够快速响应和处理，最大限度地保障信息化平台的正常运行。

7. 监督与改进保障

对运维工作进行监督和评估，及时发现和解决问题，不断改进运维工作的质量和效率，提高信息化平台的服务水平和用户满意度。

第 4 章　测绘地理信息

4.1　概述

4.1.1　定义

数据是智慧城市的基础，基于地理实体的地理空间数据是智慧城市的底座。传统的基础地理信息数据包括"4D"数据产品，即数字线划地图（Digital Line Graphic，DLG）、数字栅格地图（Digital Raster Graphic，DRG）、数字高程模型（Digital Elevation Model，DEM）和数字正射影像图（Digital Orthophoto Map，DOM），通常使用测绘地理信息技术。其中，测绘是对地理空间数据的获取，其核心是测量和坐标系统，运用测量、制图、遥感、全球定位系统（Global Positioning System，GPS）等技术和方法，对地球表面的地形、地貌、土地利用、建筑、市政管网等信息进行采集、处理、分析和表达的过程，包括地形测绘、地籍测绘、矿山测绘、工程测绘等。地理信息系统是以测绘收集到的空间数据为基础建立空间数据库，将空间数据进行处理、分析和可视化展示，支撑基于空间的各类应用。在智慧市政系统中，一般需要将数据采集和加工成平台功能较易利用的产品，主要包括基础地形（地貌）调查、市政管线调查和市政设施调查。

4.1.2　基本框架

在智慧市政系统建设中，基础数据获取的来源既有现成的行政区划、地籍等已有的结构化数据，也需要利用图纸数字化、扫描数字化将纸质材料进行信息化处理，同时也需要利用基础测绘技术进行数据获取。不同来源的数据经过空间处理和拓扑生成等流程后，再关联形成平台所需的基础地理信息数据库。基础地理数据处理流程如图 4-1 所示。

1. 数据获取

利用全站仪、GPS、激光雷达等测绘仪器，以及图纸数字化、扫描数字化等技术，获取智慧市政系统建立所需要的空间数据。

2. 数据处理

对空间信息的采集、编辑、编码、压缩、管理、分析计算等，如几何纠正、投影变

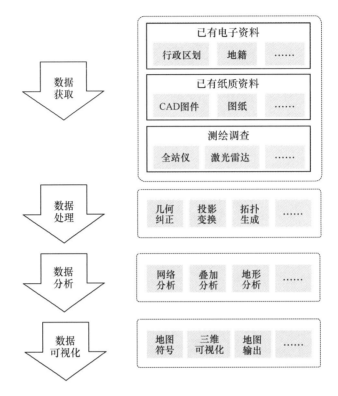

图 4-1　基础地理数据处理流程

换、节点匹配、拓扑生成、求交计算等。

3. 数据分析

缓冲区分析、网络分析、叠加分析、地形分析、统计查询量等分析。

4. 数据可视化

地图符号库管理、专题符号软件、地理符号化处理、地形三维可视化、地图输出软件。

4.2　关键技术

4.2.1　极坐标测量技术

极坐标测量技术是一种基于极坐标系（以测站点为极点，以测站点到目标点的距离为极径的坐标系）的测量方法。在极坐标测量技术中，全站仪是一种常用的测量仪器。全站仪全称为全站型电子速测仪（Electronic Total Station），是集传统的水平仪测高程、红外线测距离、经纬仪测角度等诸多功能于一体的高技术测绘仪器。因其一次安置仪器就可完成该测站全部测量工作，所以称之为全站仪。全站仪测量系统通常由电源部分、测角系统、测距系统、数据处理部分、通信接口及显示屏、键盘等组成。

全站仪通过测量目标点相对于仪器的方位角、俯仰角及斜距，直接计算出目标点相对于仪器的三维坐标值。测量坐标系原点为全站仪三轴（方位轴、俯仰轴、光轴）相交的中心点 O，以右手螺旋准则生成测量坐标系，仪器方位旋转所构成的平面为 XOY 平面，定义仪器方位角度 0°方向为 Y 轴正方向，以 Y 轴为基准在 XOY 平面向上的轴线为 Z 轴正方向（图 4-2）。

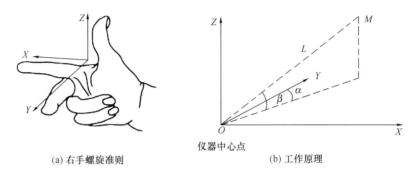

(a) 右手螺旋准则　　　　　　　　(b) 工作原理

图 4-2　坐标确定及工作原理

1. 测距原理

高精度全站仪采用相位法测距。全站仪拥有同轴化的视准轴、测距波发射轴、测距波接收轴，仪器对准目标后发出连续正弦电磁波，电磁波到达目标点并被反射回全站仪接收系统，与此同时为实现精确测距，仪器内部还存在一路光路系统，通过分光棱镜系统中的光导纤维将由光敏二极管发射的调制红外光送给光电二极管接收，利用测得的相位差、光的传播时间及电磁波测距公式，可计算出仪器到被测物体的斜向距离。

2. 测角原理

全站仪系统的最高角度精度与最高精度经纬仪相同，其轴系结构与电子经纬仪基本相同。全站仪通常采用光电扫描测角系统，其类型主要有编码度盘测角系统、光栅盘测角系统及动态（光栅盘）测角系统三种。编码度盘是全站仪较为常用的角度编码方式，编码盘的角度分划通常采用二进制码，在码区度盘上分布有若干宽度相等的同心圆环，圆环被称为度盘的码道，在码道数目一定的情况下，度盘又被分成数目一定且均分的扇形区，称为度盘的码区。在同一码区中各码道根据是否透光、导电等特性按二进制码的方式处理成 1 和 0，从而构成二进制区度盘。每一码区对应度盘分划中的某一角度值，通过读取及编译二进制码，可实现角度度数的读取和显示。

4.2.2　卫星定位测量技术

卫星定位测量即全球导航卫星系统（Global Navigation Satellite System，GNSS）定位测量，是以卫星为基础的无线电导航定位系统，具有全球性、全天候、高效率、多功能、高精度等特点。卫星导航系统最早用于军事领域，20 世纪 60 年代，美国为了提高军事领域的精确定位和导航能力，开始了全球定位系统（Global Positioning System，GPS）的研发，主要通过卫星信号提供位置、速度和时间等信息。1993 年，GPS 正式向民用领域开放，随着技术的成熟和普及，逐渐成为测绘领域的主要技术手段之一。同时，其他国家和地区也开始研发自己的卫星导航系统，如俄罗斯的格洛纳斯（GLO-NASS）系统、欧洲的伽利略（Galileo）系统以及我国的北斗（BDS）系统，我国自主研发的北斗卫星导航系统也在测绘领域逐渐崭露头角。

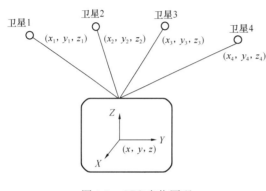

图 4-3　GPS 定位原理

1. GPS 系统

GPS 的定位原理是通过在特定点接收高空 GPS 卫星发送的导航信号，从中获取卫星坐标信息，同时测量待定点与卫星间的距离，利用空间后方距离交会的原理，解算待定点三维空间坐标，如图 4-3 所示。

GPS 系统集合了空间技术、微电子技术、通信技术、计算机技术，是一个极其复杂的系统，按功能划分，可以分为空间部分、地面监控部分和用户设备部分（图 4-4）。

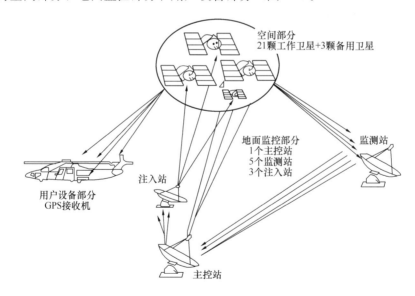

图 4-4　GPS 系统组成

1）空间部分

空间部分由 24 颗卫星组成，包括 21 颗工作卫星和 3 颗备用卫星，这些卫星均匀分布在倾角为 55° 的 6 个轨道上，各轨道间相距 60°，轨道平均高度 20200km，大约 12h

可绕地球一周。这样的 GPS 卫星空间配置，保证了地球上任何地点、任何时刻都能同时观测到 4 颗以上 GPS 卫星，以满足精密导航和定位的需要。

GPS 卫星发送的导航信号由两种调制波组成，一种调制波组合了卫星导航电文、L_1 载波和两种测距码（C/A 码和 P 码）；另一种调制波组合了卫星导航电文、L_2 载波和一种测距码（P 码）。卫星导航电文是用户用来导航和定位的基础数据，其内容包括卫星星历、时间信息和卫星钟差参数、信号传播延时改正、卫星工作状态信息等。载波是一种周期性的余弦波，根据波长不同分为载波 L_1（波长为 19cm）和载波 L_2（波长为 24cm）。C/A 码可作为一种公开码，但测距精度较低，相应的测距误差范围为几米到几十米。P 码测距精度高于 C/A 码，测距误差范围在几十厘米以内，但属于保密码，只提供给特许用户使用。

2）地面监控部分

GPS 系统的地面控制部分主要由分布在全球的 9 个地面站组成，包括 5 个监测站、1 个主控站和 3 个信号注入站。监测站的功能是在主控站的直接控制下，对 GPS 卫星进行连续观测和收集有关的气象数据，进行初步处理并储存和传送到主控站，用以确定卫星的精密轨道。主控站负责协调和管理所有地面监控系统的工作，推算各卫星的星历、钟差和大气延迟修正参数，并将这些数据和管理指令送至注入站。注入站在主控站的控制下，将主控站传来的数据和指令注入相应卫星的存储器，并监测注入信号的正确性。

3）用户设备部分

卫星和地面控制系统是 GPS 定位系统的基础，但用户实现定位是通过用户设备——GPS 信号接收机来实现的。根据不同用途，接收机可分为不同的类型，但仅就实现定位功能的接收机来说，可分为导航型和测地型两类。

（1）导航型，特点是使用 C/A 码测距，结构简单、价格低、定位精度低，定位方法属于实时定位。

（2）测地型，特点是测距不使用测距码，而是采用与载波相位测距仪测距相似的原理，利用 L_1 或 L_2 载波进行测距。测地型接收机定位精度高，但是技术复杂、价格高昂。

GPS 在测绘工作中可用于控制测量、地形测量、变形测量等。

2. 北斗系统

北斗卫星导航系统是我国自主研制、独立运行的全球卫星导航系统，随着 2020 年 6 月 23 日最后一颗卫星升空，我国北斗卫星导航系统完成了全球组网。北斗卫星导航系统由空间部分、地面部分和用户部分组成。

1）空间部分

北斗卫星导航系统空间星座由 30 颗卫星组成，包括 3 颗地球静止轨道卫星（CEO）、3 颗倾斜地球同步轨道卫星（IGSO）、24 颗中圆地球轨道卫星（MEO）。

2）地面部分

北斗卫星导航系统的地面部分包括 1 个主控站、2 个注入站和 30 个监控站，是导航系统的控制、计算、处理和管理中心。

3）用户部分

用户部分既可以是专用于北斗卫星导航系统的信号接收机，也可以是同时兼容其他卫星导航系统的接收机。北斗卫星导航系统的用户终端不仅可以为用户提供卫星无线电导航服务，而且具有位置报告及短报文通信功能。相对于 GPS，北斗系统既能使用户知道自己所在位置，还能告诉主控站自己的位置，适用于需要导航与移动数据通信场所，如地理信息实时查询、调度指挥等。

4.2.3　三维激光扫描技术

三维激光扫描技术是测绘领域中继全站仪、全球定位系统后出现的又一次技术革命，它突破了传统的单点测量方法，具有高效率、高精度的独特优势。三维激光扫描是利用激光测距的原理，通过高速激光扫描的方法快速记录和获取观测对象表面的纹理、反射率和三维坐标等信息，从而快速复建出被测目标的三维模型及线、面、体等各种图件数据。由于三维激光扫描系统可以密集地大量获取目标对象的数据点，因此相对于传统的单点测量，三维激光扫描技术也被称为从单点测量进化到面测量的革命性技术突破。

三维激光扫描仪的工作原理（图 4-5）是通过激光发生器发射激光至旋转式镜头中心，通过镜头的高速旋转逐行扫描，发射出的激光一旦接触到物体会发射回扫描仪，由记录器记录反射信号的强度并计算出激光发射点至目标的距离，根据扫描光束的水平和垂直方向角，按设定的采样间隔精确得到每个网格点的三维坐标。三维激光扫描仪的测量原理与激光全站仪类似，与全站仪不同的是，全站仪只能测量单个点的三维坐标，而激光扫描仪通过逐行扫描可以得到大量点的三维坐标，扫描得到目标表面采样点的三维坐标数据的集合称为点云（Point Cloud）。一般仅需数分钟就可以完成一次测量过程或

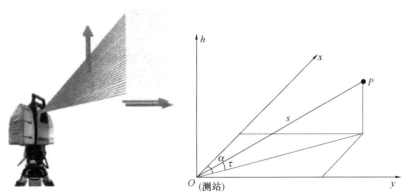

图 4-5　三维激光扫描仪的工作原理

一次完整的 360°旋转扫描，并可以获得 100 万个以上的扫描点。

4.2.4　地下管网探测技术

地下管网探测的对象是已埋设但尚未进行竣工测量以及情况不明的各种地下管线，其可对地下管线的平面位置、高度、埋深、走向、规格、性质、敷设年代、产权单位等进行查明并制成地下管线平面图、断面图。根据探测任务的性质和范围，可分为市政及公用管线探测（即综合管线探测）、厂区或住宅小区管线探测、施工场地管线探测和专用管线探测四类。根据管网的特点常用探查方法包括明显管线点实地调查、隐蔽管线的物探探查和开挖调查。

1. 明显管线点实地调查

对所出露的地下管线及其附属设施进行详细调查、量测和记录，查清一条管线的情况，并填写管线点调查表，必须采用物探方法进行探测。明显管线点包括接线箱、变压器、水闸、消火栓、人孔井、阀门井、检修井、仪表井及其他附属设施。

实地调查应查清各种地下管线的权属单位、性质、材质、规格（对地下管道，应查清其几何断面尺寸）、附属设施名称；对不明电力电缆，应查明其电压；对排水管道，则应查明其流向。同时，量测明显管线点地下管线的埋深，以及附属设施中心位置与地下管线中心线的地面投影之间的垂直距离，即偏距。埋深的量测应根据不同管类或要求进行，应量测到地下管线的不同位置。地下管线的埋深一般分为内底埋深和外顶埋深，内底埋深是指管道内径最低点到地面的垂直距离，外顶埋深是指管道外径或直埋电缆最高点到地面的垂直距离。在市政及公用管线探测时，一般情况下地下沟道或自流的地下管道，量测其内底埋深；而有压力的地下管道、直埋电缆和管线量测其外顶埋深。针对地下隧道工程而进行的地下管线探测，主要是为了防止地下顶管施工时引起管线的破损，所以为保证安全可靠应量测所有管线的外顶埋深。

2. 隐蔽管线的物探探查

对隐蔽管线采用物探方法进行探查，应使用专用管线仪或其他物探仪器，对埋设于地下的管线进行搜索、追踪、定位和定深，将地下管线中心位置投影至地面，并设置管线点标志。管线点标志一般设置在管线特征点上，在无特征点的直线段上也应设置管线点，其设置间距以能控制管线走向为原则，具体应根据探测目的确定。对市政公用管线探测，其设置间距应该按照《城市地下管线探测技术规程》CJJ 61—2017 执行，也可根据实际或业主要求设置。当管线弯曲时，至少在圆弧的起讫点和中点上设置管线点，当圆弧较大时应增加管线点，设置的密度以保证其弯曲特征为准。管线特征点是指管线交叉点、分支点、转折点、起讫点、变坡点、变径点及管线上的设置设施中心点。

地下管线的探测是使用仪器，通过测量各种物理场的分布特征来确定管线的位置。地下管线的材质、埋深和地球物理条件不同，采用的探测方法也不同。根据探测原理的不同，地下管线常见的物探技术方法主要包括电磁法（频率域电磁法、时间域电磁法、探地雷达法）、磁法、地震波法、直流电法、红外辐射法等。其中，频率域电磁法和探地雷达法是地下管线定位定深的主要技术方法，前者主要用于探查金属管线，后者主要用于探查非金属管线。

电磁法所采用的探测设备一般是由电磁波发射机和接收机两部分组成，其原理是以地下管线与周边介质的导电性及导磁性差异为基础，利用金属管线和电缆在一次电磁场的作用下产生感应电流，通过接收机测量在管线周边产生的二次电磁场的强度和分布，来探测确定地下金属管线和电缆的平面位置和埋深（图 4-6）。

探地雷达法主要是利用介质间的介电性、导电性、导磁性差异，借助于高频电磁波以宽频带短脉冲形式，由发射天线送入地下，经地下不同的地层或目标物反射回地面，被信号接收天线接收而送入信号采集系统，从而记录下各目的物对脉冲波的反射特征。反射回地面的电磁波脉冲的传播路径、电磁场强度与波形随所通过介质的电性质及几何形态而变化。因此，从接收到的雷达反射波走势、幅度与波形资料，可以推断地下介质的结构，从而定性和定量地测定地下不同的探测对象，其原理如图 4-7 所示。

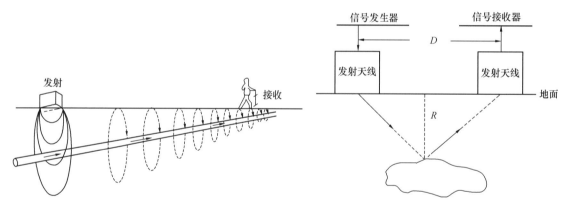

图 4-6　电磁法工作原理示意图　　　　　图 4-7　探地雷达法工作原理示意图

3. 开挖调查

开挖调查是最原始和效率最低，但最精确的方法，即采用开挖方法将管线暴露出来，直接测量其埋深、高程和平面位置。开挖调查一般只在由于探测条件太复杂，现有物探方法无法查明管线敷设状况及为验证物探精度时才使用。

4.2.5　管道探漏技术

地下管网长期埋设于地下，经过长时间的运行，受管材质量、施工、土壤及其他外界因素的影响，会出现管道泄漏现象，特别是以传输液体和气体的给水管道、排水管道、燃气管道和热力管道，其中又以给水管道的漏损最为普遍，是当前管道探漏的重点。

供水管线探漏技术可分为明显管线探漏和隐蔽管线探漏。

1. 明显管线探漏

明显管线的探漏一般不需要特殊设备和仪器，可直接通过观察法观察管道渗水、漏水等情况，从而确定漏水位置。

2. 隐蔽管线探漏

为了保护管道免遭外力破坏，使城市更美观，大部分市政管线都是隐蔽管线，探漏难度也随之加大，目前已有多种隐蔽管线探漏技术被开发应用，主要可分为直接法与间接法。

1）直接法

常见方法包括管网压力测量法、电缆法、导电高聚物法以及听音法等。

（1）管网压力测量法是通过选择一些重要的、具有代表性的节点进行监测，并对测压点的位置进行合理的布置，进行高水压监测来反映管道是否泄漏。

（2）电缆法是通过电气方法进行探漏的一种，是通过其阻抗的变化测得渗漏的大致位置。

（3）对于绝缘管道的探漏，可使用导电高聚物法，通过将电缆包裹在导电高聚物中，可以检测到电缆中水蒸气的存在，即使没有发生泄漏，也会因为腐蚀作用发出警报。

（4）听音法是地埋管探漏中运用较多的一种方法，例如利用阀栓听音探测可以发现阀栓漏水等异常情况；路面听音探测技术可用于发现漏水区域的异常，从而定性分析漏水发生的可能性以及漏水点位置。

2）间接法

隐蔽管线的间接探漏法主要是通过对管网压力的测量来进行，通过分析压力在空间、时间上的分布及其变化规律，可以确定漏水的重点区域，具体实施方法有水力坡降法、质量平衡法以及分段密封法等。

（1）水力坡降法是根据上、下游流量参数得出上、下游阀门的压力参数坐标图来预测泄漏点的方法。

（2）质量平衡法是一种相对粗略的方法，需要根据上游阀门的测量参数与下游阀门测量参数之间的差值，判断管段是否发生泄漏。

（3）分段密封法则通常在管道未处于运行状态的时候使用，通过将管道高压密封，检测管道内不同点的压力，压力较小的地方就是可能发生泄漏的地方。

目前使用较多的管网探漏是结合管网分区计量进行漏损定位。给水管网分区计量是把供水管网分级划分为多个可计量区域，以便对每个分区进行流量和压力监测，对管理区域内流进的自来水总量和实际售水量实施量化的一种管理方法。

4.2.6 管道状况检测技术

随着城市管网运行时间的增加，需要对管道定期进行检测，以了解管道状况，评估是否需要修复以及采用何种工法进行修复。对于人员可以进入的大口径管道、综合管廊等，从经济上考虑可以由工作人员直接进入检查记录；而对于人员无法进入的管道，须采用其他方法。

根据管道检测设备所处位置的不同，管道检测可分为管道外检测和管道内检测，前者主要是用来检测管道的防腐层和水下埋深等情况，后者是将检测器放在管道内以收集管道情况信息，从而了解管道内部的锈层、结垢、腐蚀、穿孔、裂纹等状况，以判别管道的结构缺陷程度和功能缺陷程度。常用的管道内检测技术包括：管道闭路电视检测系统（Closed-Circuit Television，CCTV）、声纳法（Sonar）、潜望镜法（Quick View，QV）、红外线技术（Infrared Thermography System）、透地雷达技术（Ground Penetrating Radar Technique）。

1. CCTV 检测

CCTV 技术最早用于煤气管道的内窥检测，后来也广泛应用于给水排水管道检测中。CCTV 系统有自走式和牵引式两种。其中，自走式系统较为常见，即 CCTV 操作人员在地面远程控制 CCTV 检测车的行走，并进行管道内录像拍摄，再由相关技术人员基于检测录像对管道内部状况进行判读与分析。CCTV 的基本设备包括摄像头、灯光、电线（线卷）及录影设备、摄像监视器、电源控制设备、承载摄像机的支架、爬行器、定位装置（或长度测量仪），由于工作环境的特殊性，对于防护等级要求较高，一般要达到 IP68 等级。

在进行 CCTV 检测前，一般需要进行管道清洗工作，通常采用高压清洗车进行并排干管道中的液体，保证拍摄到效果良好的视频录像。CCTV 检测作业通常是从上游窨井向下游窨井方向进行，检测车在进入管道后由地面控制人员控制其行走和拍摄工作。拍摄过程中发现的异常情况，需在异常点位置停留片刻，将异常点的位置、方位以及异常现象的种类按相关标准规范的分类、定义方法通过监视屏上的界面录入电脑，并拍照存档。

2. 声纳法

当管道内部为充满状态时，能见度几乎为零，无法使用 CCTV 检测，这种情况可以采用声纳法检测。声纳检测系统包括水下声纳检测仪、连接电缆及声纳处理器。在作业时，将水下声纳检测仪浸入水中，声纳头对管道内侧进行声纳扫描，快速旋转探头发射声纳波，声纳处理器接收管壁或管中物发射的信号，经计算机处理后形成一个管道内的声纳扫描图。根据声纳信号受探测对象反射度的影响的情况，声纳扫描图可以显示不同的反射性，用于判断管道内的淤泥、破损、变形等情况。

3. QV 检测

QV 为便携式视频检测系统，由操作人员将设备的控制盒和电池挎在腰带上，使用摄像头操作杆（一般可延长至 5.5m 以上）将摄像头送到窨井内的管道口，通过控制盒来调节摄像头和照明，获取清晰的录像或图像。数据图像可在随身携带的显示屏上显示，同时可将录像文件存储在存储器上，从而快速收集检查井和管道内部的功能性缺陷或结构性缺陷，并同步验证各检查井上下游的拓扑关系。

4.2.7　遥感测量技术

遥感测量是在摄影测量学基础上发展的一门新兴技术（图 4-8），指从远距离、高空乃至外层空间，利用可见光、红外光、微波等电磁波段，通过摄影或扫描等方式，对地面目标的信息进行感应、传输和处理，从而确定地面目标的位置、识别地面目标的性质和运动状态。遥感可分为被动式和主动式两种形式，其中被动式遥感是指遥感装置接收的信号直接来自目标物，主动式遥感是指由遥感装置主动发射电磁波且又接收目标物反射波信号。

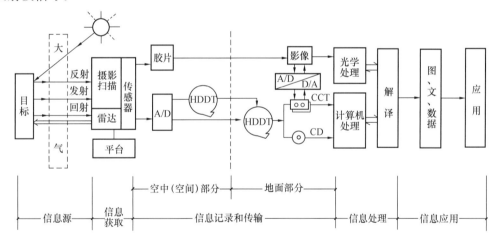

图 4-8　遥感的基本原理

典型的遥感系统由遥感平台、传感器（载荷）、信息传输系统、地面处理系统等组成。

1. 遥感平台

遥感平台是指遥感过程中搭载传感器的工具，主要的遥感平台有卫星、飞船、高空气球、有人或无人驾驶飞机、地面观测平台等。

2. 传感器（载荷）

传感器是获取遥感数据的关键设备，安装在遥感平台上，是远距离感测地物辐射或反射电磁波的仪器，包括光学摄影机、红外/紫外摄影机、多光谱扫描仪、侧视雷达、成像光谱仪等。在卫星遥感中，传感器也称为载荷。

3. 信息传输系统

信息传输是飞行器和地面间传递信息的工具，通常通过地面站接收卫星发射的电磁波信号。

4. 地面处理系统

地面处理系统是对接收到的遥感图像信息进行处理，如几何校正、滤波等，以获取反映地物性质和状态的信息。

4.3 市政领域典型应用

4.3.1 地下管网普查

随着城市的发展，城市地下空间由单一、简单的管线形式发展到多类型、多权属和布局复杂的地下管网组织。城市地下管网具有纵横交错、结构复杂、不可视性、信息量及查询量大等特点。以往城市管网大多以原始的图纸、图表等形式记录保存，主要由人工进行管理，存在资料现势性差、管线埋设混合，以及设计、施工、测绘部门协调管理不够等问题。

为适应现代化城市发展要求，获取准确的管线数据，需要开展城市地下管网普查工作，实现以下目标：

（1）对所有埋设于地下的给水、排水（雨水、污水）、燃气、热力、电力、电信等市政和公共管线进行探查、测量。通过调查、探测，查明各类地下管线的埋深、走向（流向）、性质、管径（规格）、材质、埋设时间和权属单位等信息，最终形成地下综合管线图。

（2）对所探测的管线点（特征点及附属设施中心）进行平面坐标和高程测量。

（3）编绘地下管线图及编制成果表。

利用最新探测成果，按要求的格式，录入数据库，建立城市地下管线信息系统。主要工作步骤如下：

1. 地下管线探测、调查

市政管线主要包括线性体、金属管材和非金属管材三类，其中线性体主要是电力电缆、通信电线等，金属管材主要是钢质燃气管、铸铁给水管等，非金属管材主要是污水管、雨水管、PVC 管等，探测时一般首选电磁法。

地下管线探测应遵循从已知到未知、从简单到复杂的原则。当管线长度较长、无特征点时，应在其直线段上适当增设直线点，以控制管线走向。当管线弯曲时，至少在圆弧起点和中点上设置管线点；当圆弧较大时，应适当增设管线点，以确保能准确表达其弯曲特征，对进墙、进室和自由边缘处均应设置管线点。

对金属地下管线的探测，可利用探地雷达以剖面方式进行工作，根据地下管线的大致走向布置测线，使测线方向尽可能地与所要探测的管线走向垂直。在探测过程中，为了减少侧边地表金属物的干扰，必须使天线板与地面保持良好的接触，以便天线与地下介质形成良好耦合。当探地雷达发现管道时，接收其回波，将图像在屏幕上显示出来，通过判读确定地下管道的位置及深度。实际工作中许多地方需要检测人员下到检查井中查看。探查各管线点号应做到实地、手图、探测记录和测量手簿四统一，管线点号必须是唯一的。各管之间的相对位置必须正确、清楚。管线的连接关系必须正确、清楚，管线密集地段或连接关系复杂的地段应在图边或图面允许的地方画出放大示意图。对相邻图幅同一种属性管线，其规格、材质、颜色等内容必须一致，对存在问题的须现场调查修正。地下管线调查是地下管线探测的一个重要部分，各专业管线图、所探测管线的设计图、施工图、竣工图（含变更图等）及技术说明资料的收集要尽可能全面、完善。实地调查应查明每一条管线的性质和类型、材质及各种建（构）筑物及附属设施。明显管线点（包括接线箱、变压箱、人孔井、阀门井、各种表井等附属设施）的各种数据应直接开井量测。地下管道及管（缆）沟应量测其断面尺寸，圆形断面应量测其内径，矩形断面应量测其内壁的宽和高。

2. 地下管线测量

平面控制测量和高程控制测量，可利用全站仪或 GPS 技术进行。

3. 地下管网数据库建立

以"数字准、情况明、责任清"为宗旨，将专业 GIS 应用软件和 AutoCAD 等专业应用相结合，从而对地下管线原始数据进行检查、编辑和修改等处理。同时，应对属性进行提取，建立拓扑关系，对基础参考数据（原始地形图）、各类地下管线数据和档案数据等进行统一整合，形成统一格式、统一数据分类和编码标准，最终建立起集地下管线数据与基础地形数据、空间数据和非空间数据为一体的共享型数据库。

4.3.2　变电站三维建模

变电站是电力系统中的重要环节，承担着将高压电能转换为适合用户使用的低压电能的重要功能。传统的变电站运维主要依靠图纸和人员经验，运维效率和质量不高。建立变电站三维模型有助于运维人员直观、清晰地了解变电站的设备布局和结构，有针对性地进行设备维护和检修。

激光点云建模的方法有两种：一是点云数据表面模型制作，通过构造三角网格逼近扫描物体表面来构建实体的三维模型；二是几何模型制作，通过分割点云数据来提取实体的几何轮廓从而进行模型重建。第一种方法常用于复杂曲面的精细化表达，如地形模拟、佛像重建、古建筑保护等方面。变电站三维建模主要是通过第二种方法，即根据点云数据提取实体几何轮廓逆向建模，技术流程如图 4-9 所示。

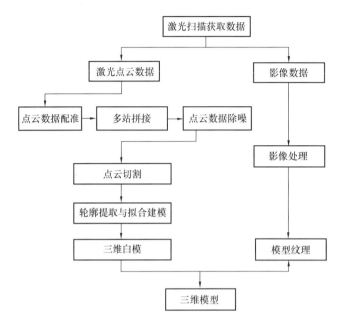

图 4-9　变电站激光点云建模流程图

变电站三维建模，是利用移动三维激光扫描仪及数码相机等设备对变电站建（构）筑物进行激光扫描，采集物体表面的三维空间位置信息和纹理信息，对建（构）筑物内部细节进行拍照、还原、展示融合，然后利用 Cyclone、Kubit 以及 Point Cloud 等专业软件构建三维模型，最终实现从实景到模型的等比例、同位置仿真还原，主要有五个步骤：

（1）现场勘探与方案布设，根据现场情况以及设计资料进行数据采集方案布设。

（2）外业数据采集，利用激光扫描仪器及数码相机等开展数据采集工作。

（3）点云数据处理，包括多站点数据配准、拼接、除噪、重采样等处理。

（4）点云数据建模，根据不同的点云特征，建立变电站三维空间数据模型。

（5）纹理映射，将现场采集到的纹理映射到三维模型上，形成模型的真实纹理。

某变电站激光点云和三维模型如图 4-10 所示。

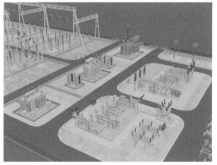

图 4-10　某变电站激光点云和三维模型

第 5 章 物 联 网

5.1 概述

5.1.1 定义

物联网的概念最初来源于美国麻省理工学院于 1999 年建立的自动识别中心。该中心提出的网络无线射频识别（Radio Frequency Identification，RFID）系统，旨在通过射频识别等信息传感设备将所有物品与互联网连接起来，实现智能化识别和管理。随着技术的发展，物联网的概念已经得到扩展。狭义上，物联网指连接物品到物品的网络，以实现物品的智能化识别和管理。广义上的物联网，则可以看作是信息空间与物理空间的融合，将一切事物数字化、网络化，在物品之间、物品与人之间、人与现实环境之间实现高效信息交互方式，并通过新的服务模式使各种信息技术融入社会的行为，是信息化在人类社会综合应用达到的更高境界。

5.1.2 基本框架

万物互联时代下，物联网各组成部分紧密相连，结合多种连接方式，物联网已形成感知层、网络层、平台层、应用层的分层体系架构（图 5-1）。

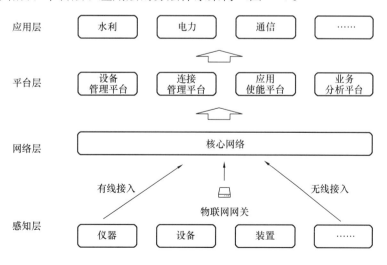

图 5-1 物联网分层体系架构

感知层是物联网感知和采集信息的关键部分，包括终端和接入两个子层。终端子层由多类型终端设备组成，实现对人或物的信息采集和/或执行操作，并通过联网进行通信。根据终端联网通信方式的不同，可将物联网终端分为有卡终端与无卡终端。有卡终端即蜂窝物联网终端，接入方式是通过插入基础电信企业的物联网卡，经窄带物联网（Narrow Band Internet of Things，NB-IoT）、大规模机器通信（Massive Machine Type Communication，mMTC）等授权频段的蜂窝移动网络进行通信，如智能电表、智能手表等。无卡终端的接入方式是通过内嵌无线通信模块，经 Wi-Fi、蓝牙、ZigBee 等自组织网络进行通信，或直接通过有线方式接入通信，如智能家居、智能工厂摄像头等。同时，终端也可以先接入物联网网关，再转接至网络层，完成感知层与网络层的连接及不同类型通信协议的转换。

网络层是感知信息传递的核心支撑部分，分为接入网和核心网，网络形态包括固网、移动通信网等。网络层在提供物联网设备连接能力的同时，也要支持物联网信息的双向传输和控制、移动性管理、互联互通等能力。根据网络服务对象的不同，物联网网络可分为公共网络和专用网络。公共网络适用于智慧城市、新媒体、智能交通等场景，具有服务范围广、灵活性高、成本低、建设周期短等优势；专用网络适用于高精制造、军队、电力等专属需求大、安全要求高、业务连续性要求高等场景。

平台层是为提升物联网终端管理效率、简化上层物联网应用开发复杂度而提供的共性管理能力与基础服务支撑。按照功能可将物联网平台分为设备管理平台（Device Management Platform，DMP）、连接管理平台（Connectivity Management Platform，CMP）、应用使能平台（Application Enablement Platform，AEP）和业务分析平台（Business Analytics Platform，BAP）。其中，DMP 提供物联网设备升级、配置、重启、关闭、数据查询、报警等设备管理功能；CMP 提供面向终端的可连接性管理、优化，以及维护等功能，AEP 为开发者提供快速开发部署物联网应用服务的工具、接口、中间件等功能；BAP 通过大数据、人工智能、机器学习等方法实现对物联网数据的深度解析，提供物联网业务发展预测及设备预防性维护等功能。

应用层是物联网分层体系架构模型中的最顶层，为公众、行业用户等对象提供不同的应用服务。其中，面向公众服务的应用可满足用户在日常生活中的物联网设备操作需求，如智能摄像头应用、智能音箱应用、可穿戴设备应用等；面向行业用户的应用是根据行业特征与场景需要，提供支撑行业业务正常运行开展的软件或系统，如智能交通态势感知应用、智慧工业设备管理应用等。

5.2 关键技术

5.2.1 "物"的标识：RFID 技术

识别技术涵盖物体识别、位置识别和地理识别，对物理世界的识别是实现全面感知的基础。物联网标识技术是以二维码、RFID 标识为基础的，对象标识体系是物联网的一个重要技术点。从应用需求的角度来看，识别技术首先要解决的是对象的全局标识问题，需要研究物联网的标准化物体标识体系，进一步融合及适当兼容现有各种传感器和标识方法，并支持现有和未来的识别方案。

RFID 位于物联网架构中的感知层，是物联网的最底层，也是与"万物"连接的媒介之一。一套完整的 RFID 系统，是由阅读器（Reader）与电子标签（也就是所谓的应答器）及应用软件系统三个部分所组成，其工作原理是阅读器发射一特定频率的无线电波能量，用以驱动电路将内部的数据送出，此时 Reader 便依序接收解读数据，送给应用软件系统做相应的处理。

RFID 技术的基本工作原理：电子标签进入阅读器后，接收阅读器发出的射频信号，凭借感应电流所获得的能量发送出存储在芯片中的产品信息（Passive Tag，无源标签或被动标签），或者由标签主动发送某一频率的信号（Active Tag，有源标签或主动标签），阅读器读取信息并解码后，送至中央信息系统进行有关数据处理。

从 RFID 卡片阅读器及电子标签之间的通信和能量感应方式来看，其大致上可以分为两种：感应耦合及后向散射耦合。一般低频的 RFID 大多采用第一种方式，而较高频大多采用第二种方式。阅读器根据使用的结构和技术不同可以是读或读/写装置，是 RFID 系统信息控制和处理中心。阅读器通常由耦合模块、收发模块、控制模块和接口单元组成。阅读器和标签之间一般采用半双工通信方式进行信息交换，同时阅读器通过耦合给无源标签提供能量和时序。在实际应用中，可进一步通过 Ethernet 或 WLAN 等实现对物体识别信息的采集、处理及远程传送等管理功能。RFID 技术是一种便于操控、方便实用且非常适配于自动化控制的灵活应用技术，可实现全程自动识别，它不但支持只读工作模式也可支持读写工作模式，而且无须接触；它可以在各种恶劣环境下工作，短距离射频产品不会受到灰尘粉末污染等恶劣环境的影响。

RFID 射频技术所带来的价值是相当大的，它的特点也很鲜明：

（1）效率高。由于自动识别，无须接触和瞄准，就可简化数据手动上传这一步骤，并且由于 RFID 技术的特性，不易受环境影响，识别范围较大，识别速度也灵活。

（2）易管理。由于 RFID 在物联网中应用大部分采取中央服务器统一管理的特点，可以通过中央服务器对物品统一操作、检测和追踪，方便大规模管理。

（3）传输快。由于物联网网关对于不同感知网络之间的协议转换，网关能够将每种类型的物联网流量路由到目的地，因此可以将多个中央服务器中的数据互联互通，真正实现万物互联。

（4）更安全。标签可做成不同形状、大小，更安全且便于携带。同时，还可以用它作为一种工具来检测和记录各种数据的变化情况。另外，在印刷过程中，由于其使用方法简单而容易操作，因此被广泛用于包装行业。

5.2.2 "物"的感知：传感器技术

物联网的体系架构一般由感知层、网络层、平台层和应用层组成。感知层主要由传感器、微处理器和无线通信收发器等组成。传感器处于整个物联网的最底层，是数据采集的入口，物联网的"心脏"，未来将迎来巨大的发展空间。传感器是物联网的"神经末梢"，是物联网感知世界的终端模块，但同时也会受到恶劣环境的考验。

智能传感器是一种具备感知、计算和通信能力的设备，能够实时地感知环境中的物理量或事件，并将其转化为可用于分析、控制或通信的数字信号。传感器变得越来越先进，关键在于物联网传感器技术的创新，包括更高的计算能力和从多个离散传感元件检测信号的能力，业界将这些更先进的设备称为"智能传感器"。智能传感器不是简单地将传感器信号传递给价值链中的下一级，而是可以直接处理信号，从而使得传感器成为边缘设备。

智能传感器融合了传感器技术、微处理器和通信技术，使其能够在传感和处理数据的同时进行智能决策和与外部系统的交互。通常包括以下几个关键组件：

（1）传感器：智能传感器通过内置的传感器组件感知环境中的物理量，例如温度、湿度、压力、光照等。传感器可以采用各种不同的技术，如光学、电子、声波等，用于感知不同类型的信息。

（2）微处理器：智能传感器内置微处理器或微控制器，用于处理从传感器获取的原始数据。微处理器具有计算能力，可以执行算法和逻辑操作，从而对数据进行处理、分析和决策。

（3）存储器：智能传感器通常配备了一定的存储器，用于存储采集到的数据、配置参数以及软件程序等。存储器可以是闪存、RAM（随机访问存储器）等形式。

（4）通信接口：智能传感器通常具备与其他设备或系统进行通信的能力。这些接口可以是有线接口（例如以太网、串行接口等）或无线接口（例如 Wi-Fi、蓝牙、LoRa等），使得传感器能够与网络或其他设备进行数据交换以及实现远程控制。

（5）能源管理：智能传感器需要能源供应，以提供所需的功能和运行条件。能源管理模块包括电池、电源管理电路和低功耗设计等，以实现长时间的自主运行或低功耗操作。

5.2.3　"联"的方式：网络与通信

网络是物联网信息传递和服务支撑的基础设施，通过泛在的互联功能，实现感知信息的高可靠性、高安全性传送。常见的物联网通信技术可以分为有线通信技术和无线通信技术。

1. 有线通信技术

有线通信技术指的是通过物理导线（如铜线、光纤等）来传输数据的技术，这种通信方式通常提供稳定、高速的数据传输能力，并且因为信号是通过导线传输，所以不容易受到外界电磁干扰，主要有以太网和 M-Bus 技术两种。

1）以太网

以太网结构分为两大层：

PHY（Physical Layer）——物理层，主要作用是把数字信号变成在可支持的传输媒介上传输的模拟信号。它定义了数据传输的电气信号、符号、线的状态和时钟要求、数据编码和数据传输的连接器。

MAC（Media Access Control）——媒介存取控制，它对应 OSI 7 层模型的是数据链路层。数据链路层是由两部分组成，即媒介存取控制和逻辑链路控制（LLC, Logical Link Control），其中媒介存取控制负责发送和接收数据，逻辑链路控制负责对数据传输进行同步，并识别错误及控制数据的流向。

2）M-Bus 技术

M-Bus（Meter Bus）——户用仪表总线，它是一种专门为消耗测量仪器和计数器传送信息的数据总线设计的。M-Bus 在建筑物和工业能源消耗数据采集方面有着广泛的应用。

M-Bus 总线的提出满足了公用事业仪表的组网和远程抄表的需要，同时它还可以满足远程供电或电池供电系统的特殊要求。M-Bus 的设计不仅确保了组网的低成本特性，而且能够在数公里的传输距离上，稳定连接数百个从属设备，从而为公用事业提供了一种经济高效的解决方案。

2. 无线通信技术

无线通信技术是通过无线电波、红外线、光波等无线媒介来传输数据，不依赖于物理导线，这种技术具有安装灵活、扩展性强的特点，适用于移动设备和难以布线的场合，主要有蓝牙、Wi-Fi、ZigBee、NB-IoT、LoRa 和 eMTC 等形式。

1）蓝牙

蓝牙（Bluetooth）是一种无线技术标准，可实现固定设备、移动设备和楼宇个人域网之间的短距离数据交换（使用 2.4~2.485GHz 的 ISM 波段的 UHF 无线电波）。蓝牙技术最初由电信巨头爱立信公司于 1994 年创制，当时是作为 RS232 数据线的替代方案。蓝牙可连接多个设备，克服了数据同步的难题。其速率快、低功耗，安全性高，但网络节点少，不适合多点布控。

2）Wi-Fi

Wi-Fi 是一种允许电子设备连接到一个无线局域网（WLAN）的技术，通常使用 2.4G UHF 或 5G SHF ISM 射频频段。其覆盖范围广，数据传输速率快。但其传输安全性及稳定性较差，功耗略高，组网能力较差。

3）ZigBee

ZigBee 是基于 IEEE 802.15.4 标准的低功耗局域网协议。根据国际标准规定，Zig-Bee 技术是一种短距离、低功耗的无线通信技术。其特点是近距离、低复杂度、自组织、低功耗、低数据速率，主要适用于自动控制和远程控制领域，可以嵌入各种设备。简而言之，ZigBee 是一种便宜的、低功耗的近距离无线组网通信技术。

4）NB-IoT

NB-IoT（窄带物联网，Narrow Band Internet of Things）构建于蜂窝网络，只消耗大约 180kHz 的带宽，可直接部署于 GSM 网络、UMTS 网络或 LTE 网络，以降低部署成本、实现平滑升级。NB-IoT 支持待机时间长、对网络连接要求较高设备的高效连接。NB-IoT 设备电池寿命可以提高至少 10 年，同时还能提供非常全面的室内蜂窝数据连接覆盖。

5）LoRa

LoRa（Long Range，简称 LoRa）无线传输，是由美国 Semtech 公司推出的一种基于扩频技术的低功耗窄带远距离通信技术，LoRa 使用线性调频扩频调制技术，保持了低功耗的同时增加了通信距离和网络效率，并消除了干扰，即使用相同频率同时发送数据也不会产生相互干扰，能并行接收、处理多个节点数据。在同样的功耗条件下比其他无线通信方式传播的距离更远，实现了低功耗和远距离的统一，在同样的功耗下比传统的无线射频通信距离扩大 3～5 倍。

6）eMTC

eMTC（Enhanced Machine-Type Communications），是基于蜂窝网络进行部署，其用户设备通过支持 1.4MHz 的射频和基带带宽，可以直接接入现有的 LTE 网络。eMTC 支持上下行最大 1Mbps 的峰值速率，可以支持丰富、创新的物联应用。

5.2.4 "网"的价值：云计算与边缘计算

边缘计算则是从云计算发展出来的产物（图 5-2）。云计算是将数据传到远程的云端进行计算与处理，相对而言，边缘计算则是在靠近数据源头的网络边缘完成计算和资源存储，边缘计算应用程序在边缘侧发起，能产生更快的网络服务响应。

云计算层：接收来自边缘层的数据进行分析处理，可执行复杂的计算任务。

边缘层：对终端设备上传的数据进行计算和存储，或对收集的数据进行预处理，再

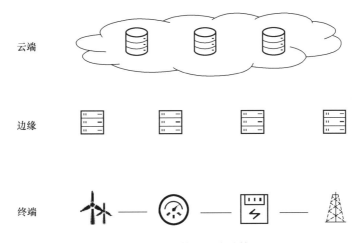

云端

边缘

终端

图 5-2　云计算与边缘计算

把预处理的数据上传至云计算层。

终端层：收集原始数据，并上传至边缘层进行计算和存储。

云计算无法满足万物智联的所有场景，边缘计算是推动万物互联迈入万物智联的关键技术，可以优化云计算架构的时延、带宽、连接、安全等瓶颈问题。边缘计算和云计算是相辅相成的技术，两者并不是替代的关系，而是共同促进的过程。

1. 时延

传统云计算的架构中，从设备到中心云是多跳网络，时延、抖动都无法保证。在万物智联的场景中，工业物联网、智慧医疗对时延非常敏感，需要边缘计算提供现场毫秒级的低时延服务才能解决问题。

2. 带宽

万物智联时代，海量设备会产生海量的连接及数据。如果所有数据都上云端进行处理，这将消耗大量的带宽，也会对中心云的容量造成极大的压力。目前，运营商的整体网络架构无法满足万物智联的设备全部上云处理的需求，这时候就需要边缘计算。

3. 连接

设备连接方式各种各样，可以通过有线、Wi-Fi、4G/5G 移动通信等的方式上网，但难以保障设备连接一直处于高可靠的状态。在弱网、断网的情况下保证业务是连续而稳定运行时，需要通过边缘计算的边缘自治、离线处理能力先保证本地业务可以持续运行，然后在网络连接恢复后再迅速完成云边协同的快速重建。

4. 安全

受国家法规和企业自身安全性要求等影响，数据上传到云端受到一定限制。如果希望在限制条件下，使用云端能力实现业务闭环，则可以通过边缘计算将云端业务下沉到本地进行处理实现本地化闭环，或是在本地将数据脱敏后上传到云端，从而较好地满足信息安全的要求。

5.3 市政领域典型应用

5.3.1 用户场景：仪表监测

通过 5G、AIoT、物联网等技术，深度融合管网巡查、场站监测等业务应用，实现"一网承载业务，一图感知全局"，全方位保障城市生命线安全供应。

1. 内涝积水监测

综合运用物联网、云计算、大数据、自动化控制等先进技术，通过积水监测系统，基于电子地图，以积水点监测数据为基础，整合积水点基础数据、监测数据、告警数据、积水点地图分布等信息，对积水点异常状态进行处理督办，打造一套集实时监测、自动上传、预警发布于一体的城市防涝感知协同系统。

2. 井盖隐患监测

通过井盖信息化管理，建立井盖数据库，将前端感应装置与 GIS 地图结合，方便管理部门判断被监控对象的位置与状态，以便在出现问题时可及时调动相关工作人员，解决故障、消除安全隐患。

3. 结构安全监测

对城市道路、桥梁、隧道进行变形、沉降、倾斜、振动等结构安全性监测，并对监测数据进行分析，发现问题、及时预警，保障道桥隧运行安全。

4. 燃气异常诊断

部署智能远传燃气表、压力监测、泄漏监测等智能感知终端，基于 5G＋AIoT 信息技术实现燃气管网健康诊断、市民用气异常分析，全面提升居民用气安全。

5. 自动远程抄表

对于水、电、气等日常家庭设施，基于智能远传表，实现远程自动抄表，通过在线平台推出足不出户自助缴费充值服务，全力提升市民使用体验。

5.3.2 传输场景：管网监测

市政排水管网是城市的地下生命线，具有流量变化大、流态复杂、水质恶劣、设备安装环境差等特征。考虑到市政管网的特殊性，需要根据实际需要，尽最大可能降低设备维护工作量和成本。

1. 管道缺陷定位

市政排水管道中常见的结构性缺陷有破裂、变形、腐蚀、错口与渗漏，通过将采集卡安装在便携机内、将环状传感阵列安装在管道需要监测的位置，实现信号线与采集卡的连接。上位机控制整个系统工作，对检测到的数据进行处理，实现对多种管道缺陷的高精度定位监测。

2. 管道泄漏探测

当管道发生泄漏时，需要对漏点进行快速处理修复。地下管网智能探测传感器能够更快速地找到泄漏点，获取管道缺陷处的准确位置并生成清晰图像，以此确保管道的安全运行，避免不必要的经济损失。

3. 管网巡查监测

通过物联网技术对于不同管网内部的流速、流量、压力、温度等参数进行监测，确定管网处在正常运行的区间值。一旦数据异常，可迅速派出维修人员进行故障排查维修，化被动为主动，防止严重的管网事故发生，防患于未然。

4. 管网分布查看

录入现实世界的管网模型以及相关属性信息，包括地下管线的坐标、走向、埋深、高程、管径、材质、规格、所在道路、建设年代等。系统可对这些管网信息进行实时存储、查看、统计分析以及数据更新，实现管网场景的可视化展示。这样一来，用户足不出户即可更直观便捷地查看管网的分布状况。

5. 管网运行可视

集成物联网、人工智能等智能识别技术，对压力、流量、流速等关键参数进行实时监测分析，及时了解设备运行状态，智能预测设备异常情况；支持设备详细信息查询、远程巡检，辅助运维人员精确直观掌握设备运行状态，提高运检工作效能。

6. 资源管理优化

结合专业分析模型，综合区域历史用电、供电能力、供电质量、电网负荷等多维度数据，对储能、放能、调节等能源管理业务进行科学分析研判，辅助管理者制定合理的能源管理策略，例如充放电策略、峰谷平衡、与电网的互动等，有助于储能电站实现更高的运行效能。

5.3.3 厂站场景：设备监测

厂站物联网系统建设包含设备状态监测、生产环境监测、设备综合管理和设备健康分析四大主要组成部分。通过数采网关，穿透厂、管网、泵站及泵站群、泵闸、闸门群控等监测与管理，实现全业流程实时监测、统计分析、告警管理、收费管理、巡查管护等，保障安全生产，提升维护效率。

1. 设备状态监测

通过微型数采网关实现主要电气设备的运行温度在线监测、变压器局部放电监测、柜门开关状态在线监测等，以及分析设备状态历史及设备健康趋势分析和诊断等功能。

2. 生产环境监测

通过微型数采网关对厂内的泵房、变压器室、开关柜室等区域的温湿度进行实时采集，监测气体的密度情况，同时部署烟感、水浸等传感器可以监测生产区安全。

3. 设备综合管理

帮助厂站建立设备资产巡检体系，同时对重点安全区域进行标记，执行安防巡检，提升厂站安全管控水平。

4. 设备健康分析

根据设备状态监控信息，建立厂站设备的故障分析逻辑和推理模型，实现对故障告警的分类和维护指导，评估设备劣化趋势和健康状态。

5. 运行状态监控

可直观监控厂站整体环境状态、设备分布、运行情况（图 5-3）；并可结合厂站实时运行数据和历史数据、资源预测、使用需求等多种因素指标，科学分析设备状况、制定优化运行策略，调整设备工作效率、降低运营成本。

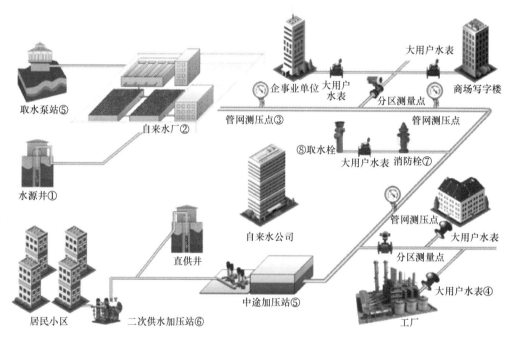

图 5-3　供水过程监测对象

5.3.4　集成场景：多功能杆

多功能杆，具有布设数量多、取电方便、位置极佳、易于扩展等优势，是智慧城市建设的最佳载体。以路灯杆为载体，通过安装在路灯杆上的各类现场传感器、摄像头及无线路由器，采集并传输道路上的所有 IoT 物联数据，包括视频、图片、音频、天气、尾气、报警、人流、物流、地下管线传感器、地理位置和交通远程监控、公安远程监控、无线视频监控、污染物远程监测、大气质量远程监测、气象环境远程监测、医疗救助信息、Wi-Fi 覆盖信息、公共广播信息、LED 信息、充电桩信息、5G 基站信号等各种数据，进而形成"多功能灯杆"，即"智慧灯杆"。

智慧照明：通过无线路由器，依托 4G/3G 无线通信网络，实现对路灯的远程集中控制与管理，具有根据车流量自动调节亮度、远程照明控制、故障主动报警、灯具线缆防盗、远程抄表等功能，能够大幅节省电力资源，提升公共照明管理水平，节省维护成本。

Wi-Fi 覆盖：无线路由器具有 4G 转 Wi-Fi 功能。Wi-Fi 覆盖距离达到 150m，协助智慧灯杆实现公共 Wi-Fi 覆盖。

微环境监测：利用路灯杆，实现全城市覆盖的环境大数据监测，包括 PM2.5、扬尘、烟雾、光照、温湿度等。传输器采集的数据通过无线路由器发送到各政府管理部门，实现同步传输。

视频监控：在路灯杆上安装视频监控、特定安全监测传感器，实现城市级的安全监控。无线路由器，内置工业级高速处理器，是视频、图片等大数据量传输首选。监控抓拍的视频、图片、声音等信息及时传输到公安等管理部门，让城市管理更高效。

LED 发布：安装 LED 信息发布屏，实现城市级各类信息的发布，包括广告、交通流量、公共交通信息、停车库引导信息等。管控平台需发布的信息，可以通过无线路由器发送到各路灯杆的 LED 屏，实现远程发布、集中发布、实时发布等。

公共广播：用于发布新闻、发送信息信号、提供背景音乐以及用于寻呼和强行插入灾害性事故紧急广播等。

一键报警：如遇突发情况，可迅速拨通 110 报警电话，利用无线路由器具有的 GPS 定位功能，可以协助公安部门根据 GPS 定位即刻知道报警地点。

智能充电桩：通过无线路由器，为充电桩的平台统计管理和远程管理，App 付费充电，第三方付费接入等提供稳定的无线通信支撑。

5G 智能微基站：路灯杆可搭载移动、联通、电信的微基站，实现通信中继覆盖。通过无线路由器，可对基站状态进行监测，实现基站信息化、智能化。

第6章　大　数　据

6.1　概述

6.1.1　定义

大数据被定义为："大数据技术描述了新一代的技术和架构体系，通过高速采集、发现或分析，提取各种各样的大量数据的经济价值。"大数据的特点可以总结为"4V"，即 Volume（体量浩大）、Variety（模态繁多）、Velocity（生成快速）和 Value（价值巨大但密度很低）。这种 4V 定义得到了更广泛的认同，这种定义指出了大数据最为核心的问题，就是如何从规模巨大、种类繁多、生成快速的数据集中挖掘价值。自此之后，业界对大数据的解读越来越全面，相继把大数据的基本特征扩展到了 5V、7V，甚至 11V，扩充了 Veracity（真实性）、Validity（有效性）、Variability（易变性）、Viability（存活性）、Volatility（波动性）、Visibility（可见性）、Visualization（可视性）等新维度。

从"数据"到"大数据"，不仅仅是数量上的差别，更是数据质量的提升。传统意义上的数据处理方式包括数据挖掘、数据仓库、联机分析处理等，而在"大数据时代"，数据已经不仅仅是需要分析处理的内容，更重要的是人们需要借助专用的思想和手段从大量看似杂乱、繁复的数据中，收集、整理和分析数据足迹，以支撑社会生活的预测、规划和商业领域的决策支持等。

6.1.2　基本框架

大数据总体技术框架如图 6-1 所示。

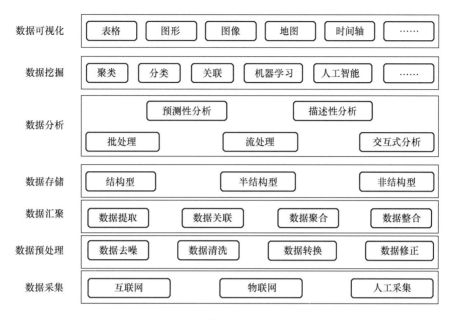

图 6-1　大数据总体技术框架

6.2　关键技术

大数据处理的关键技术主要包括：数据采集与预处理、数据汇聚与存储、数据分析与挖掘、数据可视化等，即数据经过一系列的加工和处理，最终以有价值的信息形式到达用户手中。

6.2.1　数据采集与预处理

大量数据在数据采集与预处理中被清理、集成和变换（图 6-2），大大提高了数据分析的质量，提高了分析的速度与准确性，成为合格的数据，从而被进一步分析与利用。

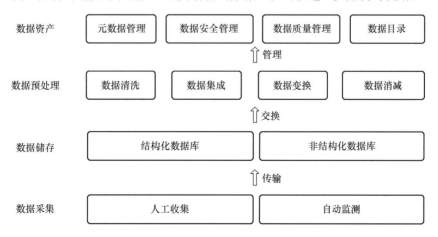

图 6-2　数据采集与预处理结构

数据的采集是指主要从传感器网络、社交媒体等数据源中获取结构化、半结构化和非结构化数据。将数据主体进行预处理与存储是大数据环境下处理与分析数据的基础。数据预处理技术主要包括数据清洗、数据变换、数据集成及数据消减。

1. 数据清洗

数据清洗可以去掉噪声数据以及异常数据，纠正数据中的不一致。处理过程通常包括填补遗漏的数据值、平滑有噪声数据、识别或除去异常值，以及解决不一致问题。有问题的数据将会误导数据挖掘的搜索过程。

2. 数据变换

数据变换可以改进涉及距离度量的挖掘算法的精度和有效性，将不同度量下的数据归一化，使得数据的应用更有意义，是对数据进行的规格化操作。在正式进行数据挖掘之前，尤其是使用基于对象距离的挖掘算法时，如神经网络、最近邻分类等，必须进行数据规格化，也就是将其缩至特定的范围之内。

3. 数据集成

数据集成可以将来自不同数据源的数据合并成一致的数据存储，如数据仓库。市政数据通常还涉及时间序列和空间坐标的统一标准化。

4. 数据消减

数据消减的目的是在基本不影响数据挖掘结果的前提下，缩小所挖掘数据的规模，主要方法有数据聚合、消减维数、数据压缩、数据块消减等。

6.2.2　数据汇聚与存储

市政部门数据涵盖实时的消息类数据、各类结构化的报表数据和属性类数据、非结构化的文本图片、各类的视频语音的流式数据等数据类型，需根据实时性要求进行多源异构数据汇聚。

1. 结构化及文本图片类数据

根据源系统数据类型，不同的数据交换协议汇聚不同数据来源的信息，可通过 JDBC、ODBC、Kafka、Sdoop、FTP、ETL、XML、JSON 等方式与数据源连接，数据汇聚至平台后进行清洗、去重、去噪等预处理，再利用元数据映射机制，将多类型异构系统数据资源映射到规范的逻辑空间，以构建数据共享服务体系。在不改变原始数据的前提下，实现结构化及文本图片类数据与业务应用的耦合。

2. 消息流式数据

对于实时性要求高的各类消息流式数据，通过分布式消息队列进行收集，采用流式大数据处理框架对实时数据进行交互式处理和分析。平台每隔固定时间接收一批时序数据，将收到数据映射成二维关系表，进行变换并转成内存列式存储。

3. 视频流式数据

视频类数据的处理方式主要涵盖视频镜头分割、关键帧提取以及特征提取。安防设备可借助前端汇聚设备、直连摄像机或隔离转换设备接入实时视频流。接入的视频流经流媒体转发、视频分析以及视频结构化等服务处理后，将数据存储于分布式文件系统。

4. 数据存储技术

数据存储底层依托分布式文件存储系统来实现数据存储，并且配备分布式 NoSQL 实时数据库，为高并发场景下的索引分析和事务处理提供平台支撑。通过构建多种索引，能够支持海量数据的多维度毫秒级全局索引、全文索引以及组合索引等检索查询操作。平台存储层兼容各类结构化、半结构化和非结构化海量数据的低成本存储需求，具备高并发、低延时的检索能力，可对外提供高性能的数据访问服务，从而为海量历史数据的存储与使用奠定基础支撑。

5. 数据共享技术

面向不同部门、不同应用和不同业务之间的共享需求，平台根据数据类型、数据单位、数据实时性要求、数据安全等级要求、数据是否加密要求等数据需求，开通不同权限，保证资源的统一调配和权限的管控，包括数据的查询、上传、同步、下载、分析、模板等。

针对共享需求、数据特性和业务场景，采用不同的数据服务方式。对于数据量大、实时性要求不高、业务逻辑简单，采用 FTP 方式进行数据共享；对于内部系统不同数据库数据共享，采用数据库直连的方式进行；对于实时、动态类的流式数据，采用分布式消息系统实现不同应用、服务器之间的数据共享；对于跨编程语言和跨操作系统平台的远程调用，采用网络服务技术相互交换数据；对于网络不通或有安全性等要求的情况，采用拷贝、邮件、网络抓取等方式进行数据共享。

6.2.3 数据分析与挖掘

数据分析与挖掘是从海量数据中提取有用信息和模式的过程，包括数据的收集、提取、分析和统计，也被称为知识发现的过程，即从数据或数据模式分析中进行知识挖掘。这是一个寻找有用信息以找出有用数据的逻辑过程。数据挖掘的对象包括文本数据源、多媒体数据库、空间数据库、时态数据库等。

数据挖掘的流程可以分为问题定义、数据获取、数据处理、数据挖掘、结果分析五个部分（图 6-3）。

图 6-3 数据挖掘流程

常用的五种数据挖掘方法包括统计分析、聚类分析、关联规则、分类、预测。

1. 统计分析

在数据库字段项之间存在两种关系：函数关系和相关关系，对它们的分析可采用统计学方法，即利用统计学原理对数据库中的信息进行分析。可进行常用统计、回归分析、相关分析、差异分析等。

2. 聚类分析

聚类是数据挖掘中最古老的技术之一。聚类分析是识别彼此相似的数据的过程，这将有助于理解数据之间的差异和相似之处。聚类技术有时被称为分段，能够允许用户了解数据库中正在发生的事情。

3. 关联规则

关联规则技术有助于找到两个或多个项目之间的关联，并了解数据库中不同变量之间的关系。这项技术包括两个过程，即查找所有频繁出现的数据集和从频繁数据集创建强关联规则，主要包括多层关联规则、多维关联规则、数量关联规则三种类型。

4. 分类

分类是通过一组预先分类的样本来创建一个可以对一大组数据进行分类的模型。此技术有助于获取有关数据和元数据（有关数据的数据）的重要信息。

5. 预测

预测性分析结合了多种高级分析功能，包括特别统计分析、预测建模、数据挖掘、文本分析、实体分析、优化、实时评分、机器学习等。

6.2.4　数据可视化

可视化技术作为解释大数据最有效的手段之一，最初是被科学与计算领域运用，它对分析结果的形象化处理和显示在很多领域得到了迅速而广泛应用。数据可视化技术是指运用计算机图形学和图像处理技术，将数据转换为图形或图像在屏幕上显示出来，并进行交互处理的理论、方法和技术。

1. 交互式报表

区别于传统图表静态的表现形式，交互式图表并不仅仅停留在信息展示层面，而是通过图表增加交互效果，增强重点信息或者整体画面的表现力。用户可以与图表产生交互，获取更深层次的分析和信息。交互式图表能让用户更有操控感，提供足够便捷的过滤筛选组件，配合鼠标悬停、点击、框选等操作，方便用户查看更多数据信息，快速定位感兴趣的内容，根据特定变量对数据进行排序、突出、降维处理等。

2. 热图

作为目前最常见的一种可视化手段，热图因其丰富的色彩变化和生动饱满的信息表达被广泛应用于各种大数据分析场景。热图用颜色渐变来表示数据值的强度，提供了一种快速直观的方法来识别热点、聚类和异常值。

3. 网络图

网络图表示实体之间的关系和连接。网络图可以直观地展现多维数据集，查看哪些变量具有相似的值、变量之间是否有异常值，适用于查看哪些变量在数据集内得分较高或较低，可以很好地展示性能和优势，特别适合展现某个数据集的多个关键特征，或者展现某个数据集的多个关键特征和标准值的比对，一般适用于比较多条数据在多个维度上的取值。它们可以方便地可视化社交网络、组织结构或复杂系统。通过可视化节点和边，来发现隐藏的模式和依赖关系。

4. 空间可视化

空间可视化涉及将数据映射到地理区域，提供用于分析的空间上下文。按地区显示，空间可视化可以提供表格数据中不明显的见解。

5. 时间序列可视化

时间序列可视化对于分析不断变化的数据至关重要。时间序列可视化是指将同一统计指标的数值按其发生的时间先后顺序排列而成的数列，其主要目的是根据已有的历史数据对未来进行预测。经济数据中大多数以时间序列的形式给出，根据观察时间的不同，时间序列中的时间可以是年份、季度、月份或其他任何时间形式。折线图、面积图和堆积图是用于展示特定时期内的趋势、季节性模式和数据波动的常用技术。

6. 树形图

树形图是一种分层可视化技术，将数据表示为嵌套矩形。它们对于显示数据集中的层次结构和比例非常有效。通过利用不同的颜色和大小，树状图可以轻松比较和识别模式。

树形图以树的形式描绘数据，其分支和子分支一目了然，通过一组复杂的数据准确地传达部分与整体的关系。树形图擅长获取大量原始数据，并以视觉上吸引人、紧凑且易于阅读的方式对其进行描绘，使用户能够辨别出模式并快速进行比较。当同时显示大量的主要类别和子类别时，它的作用将非常突出。

7. 词云

词云提供了一种视觉上吸引人的方式来表示文本数据。通过形成"关键词云层"或"关键词渲染"，对网络文本中出现频率较高的"关键词"进行视觉上的突出。它们通过改变单词的大小或颜色来突出单词的频率或重要性，对于总结文本数据和识别关键主题或趋势非常有用。

8. AR

增强现实（Augmented Reality，AR）是一种新兴技术，可将虚拟可视化叠加到现实世界中。通过使用 AR 设备，用户能以更加身临其境和情境化的方式与数据交互并探索数据。这项技术可以通过将数据直接引入物理环境来彻底改变数据可视化。

6.3　市政领域典型应用

6.3.1　市政数据中心建设

智慧市政大数据中心建设应在国家、省、市有关智慧城市政策指导下，基于现有信息化建设成果，利用互联网、物联网、云计算、大数据等先进信息技术，打造一个安全可靠、数据融合、资源统一、高速互联的云计算大数据中心，实现服务于市政基础设施智慧化管理的最终目标。

1. 数据资源中心

数据资源中心着力建设公共基础数据库、主题业务数据库两大市政公共信息资源库，积累和沉淀城市数据信息资源，形成内容丰富、结构合理的数据资源池，为智慧市政应用开发和运营提供数据支撑。

2. 数据交换中心

建设数据交换平台，制定数据交换中心的标准规范和运行机制，建立信息共享交换的长效机制，完成各委、办、局的数据接入。

在数据集中建设中，通过部署各部门前置机交换系统，搭建各个单位与云计算大数据中心的共享交换通道，完成共享目录内各个单位的共享实施工作，实现各单位间的数据共享和交换，满足各成员单位的信息共享需求，并为数据交换服务提供运行监控，保障交换服务正常运行。

3. 数据容灾迁移

将生产数据中心和容灾数据中心使用以太网络进行互联。支持异地备援功能，可以将虚拟机或虚拟机备份数据排程从一个数据中心复写至另一个数据中心进行容灾。

4. 应用支撑中心

通过应用支撑平台的建设，打造开发流水线框架，打通 CI/CD 全流程自动化。通过中间件服务，提供分布式消息、缓存、负载均衡、分布式数据库等通用中间件及第三方服务。

支持微服务治理框架，为应用提供自动注册、发现、治理、隔离、调用分析等一系列分布式/微服务治理能力，屏蔽分布式系统的复杂度。

支持运维监控，通过对各种系统资源进行实时监控，提供阈值警报和资源的自动弹性伸缩能力，应用 KPI 监控、数据库 SQL 监控以及调用链分析，帮助开发快速完成问题定位，提升应用 KPI。

5. 云管运维中心

为各种应用搭建平台级服务，建立云计算大数据中心的运维管理体系，可以更好地为智慧市政应用提供高效管理。

数据中心运维管理针对的主要问题有资源利用率低下、运维效率低下、维护成本高、业务上线慢、系统故障频发等。为此需要实现的主要目标是运维自动化、便捷化、低成本、高效率，以及高可靠和高可用。

数据中心运维管理平台将物理数据中心资源整合为逻辑统一的资源池，把计算、存储、网络等基础架构资源作为云服务向用户提供，实现了用户自助服务；同时，对数据中心物理资源和虚拟资源进行统一调度、自动化控制与部署，以流程化、标准化的方式对云服务进行统一监管维护。

6.3.2　市政数据可视化

可视化技术将城市资源管理数据（如水、电、气等）进行可视化展示，帮助城市管理者了解城市资源使用情况，及时调整资源分配策略，保障城市正常运行。建立"可感知、有思维、云统筹、泛连接"的整体式城市市政服务体系，实现信息采集、科学决策、智慧巡养、实时监控、应急指挥等功能，可为政府和管理部门提高城市科学化、精细化、智能化管理水平提供支撑。

1. 信息建库

规范各种信息的统计标准，进行标准化采集和录入，形成统一的数据库，借助大数据可以检测关键性能指标、分析处理重大市政问题和预测相关政策功效。其中，基础信息包括静态信息与动态信息，静态信息为属性信息及附属设施等，动态信息为巡查、检测、施工和档案信息等。

2. 供水管理

目前很多自来水公司都有调度监测系统，由于不同时期建设、不同供应商提供而且有不同的监测指标，这就需要有监测数据整合的过程。数据整合需要建立各子系统的数据提取接口，将数据完整、正确、及时、安全地传送到生产调度数据中心，按统一规范存储，为供水系统应用建立基础。供水管理由测控终端、数据采集传输、数据接收、数据 GIS 展示为一体的监控系统组成。主要包括管网监测点运行监控、供水泵站运行监控、水厂运行监控等内容。

3. 供热管理

将锅炉房、换热站等实时监控信息接入供热监管系统。同时，为更好地监管供暖效果，避免热能浪费，在特定用户家中安装远程测温等设备，将实时温度数据上传至中心服务器，为工作人员有效调控各换热站的设备运行状态提供依据，及时进行设备启停控制。

4. 燃气管理

燃气管网和相关设施（包括门站、调压站、阀门、聚水井等）是燃气输送环节中的重点。为确保燃气管网安全、稳定、经济运行，提高燃气管理效率，实现燃气管网现代化管理水平，采用燃气管网无线监控系统对燃气管网进行集中监控和量化管理。

系统通过接入燃气系统关键信息，实时关注燃气企业关键设备的运行状况，并在设备发生异常时（如压力超过预警值、温度超过预警值、流量超过预警值）通知监控中心，确保政府管理部门能第一时间了解燃气企业关键管理位置的管理情况，开展协同处置。

5. 路灯管理

建立路灯设施管理系统，实现远程数据采集、远程开关控制、实时故障预警，全面提升路灯管理水平。将物联网技术应用于路灯管理，结合远程数字化管理、电力载波、GPRS/CDMA 无线通信等技术，根据季节和天气变化，以及不同地段、不同时段的实际照明需求，监督路灯公司运营管理是否真正做到合理节能运行，是否实现分区、分路、分时控制，从而逐渐真正实现情景照明，减少无效照明，实现路灯的高度智能化和精确化管理，大幅节能减排，实现绿色照明。

6. 智能井盖

对部分重要井盖（优先选取井盖丢失情况严重或威胁安全的管线井盖）安装智能监测设备，建立智能管理模式，对井盖的移位、丢失、损坏或浸水状态进行自动报警，生成相关案件，派遣至相关责任单位及时进行处置，防止安全事故的发生。建立综合管理平台，实现井盖智能管理，整个系统由三部分组成：井盖触发器、井盖监控预警系统、移动巡检终端。

7. 防洪排涝管理

城市防洪排涝建设和管理问题已经受到社会各界的普遍关注，管理手段的先进性直接体现一个城市基础设施的建设和管理水平。从信息采集发布、洪水预报、灾情分析，到水情调度、抢险调度、命令发布等方面，为各级领导防汛指挥调度提供快速、可靠、科学的决策依据；结合水情、工情信息，实现实时的水情信息、工情信息查询与展示，提供更加生动、形象直观的决策参考。监控内容包括积水点监测、雨水管检查、井水位监测、内河水位监测、管道流量监测和雨量监测。

8. 污水处理管理

由污水排放监测点和监测中心站组成，实现对企业废水和城市污水的自动采样、流量的在线监测和主要污染因子的在线监测；实时掌握企业及城市污水排放情况，实现监测数据自动传输；监测中心站的计算机控制中心进行数据汇总、整理和综合分析。

9. 环卫综合管理

立足于环卫业务管理的需要，实现对生活垃圾的全过程（垃圾收集、垃圾清运、垃圾中转、垃圾处置等）的监管考核，环卫作业保洁全过程（机械化作业车辆保洁、人工保洁）监管考核，实现环卫整体业务综合监控指挥调度等。

第 7 章 专 业 模 型

7.1 给水专业模型

7.1.1 发展历程

市政给水模型的发展是多学科交叉融合、不断演进的过程，主要依托数学物理方程、数值方法以及计算机技术。其核心在于构建能够精准描述给水系统水力和水质参数的数学模型，并运用数值方法求解，从而实现对给水系统性能的科学评价与优化设计。

追溯到 20 世纪 50 年代，随着信息技术兴起，给水模型开启了现代化进程。在此之前，1909 年哈扎恩（A Hazen）提出哈扎恩公式（Hazen Formula），率先描述了管道中水流速度与摩擦损失的关系，为后续水力模型搭建奠定了重要基础。1933 年，威廉姆斯（J Williams）和哈兹（R Hazen）在哈扎恩公式基础上，充分考虑雷诺数对摩擦系数的影响，提出威廉姆斯—哈兹公式（Williams-Hazen Formula），使水力模型的计算精度得到显著提升。

到了 20 世纪 70 年代，麦克莱恩（D McQuivey）和基尔戈尔（R Kilgore）于 1973 年提出麦克莱恩—基尔戈尔公式（McQuivey-Kilgore Formula），该公式简洁地描述了管道中水流速度与管道直径、水压和水量之间的关系，为水力模型的实际应用提供了更为简便的参考。

在软件发展方面，20 世纪 90 年代迎来重要突破。1993 年罗斯（L Rossman）开发出 EPANET 软件，这是一款专门用于模拟给水管网水力和水质行为的计算机程序，凭借其全面的功能和科学的模拟方法，成为后续给水模型软件的典范。此后，各种类型和规模的给水模型软件如雨后春笋般涌现，像知名的 MIKE、WATERCAD 等，国内也有自主开发的 WATERNET、WATERMAN 等，极大地推动了市政给水模型在实际工程中的应用与发展。

7.1.2 计算原理

给水模型的计算原理主要是基于质量守恒、能量守恒和动量守恒等物理定律，以及水力学、水质学和优化理论等学科知识，建立给水系统的数学模型，包括节点、管道、泵站、水池、阀门等元件的特性方程和关联方程，然后利用数值方法求解模型，得到给水系统的水力和水质参数，如压力、流量、速度、浓度等。给水模型计算公式汇总于表 7-1 中。

给水模型计算公式

表 7-1

类别	公式	说明
节点流量方程	$\sum_{i=1}^{n} q_i = Q_j$	节点流量守恒，即流入节点的流量之和应等于流出节点的流量之和
	$Aq = Q$	矩阵形式，A 为管网图的关联矩阵，q 为管段流量列向量，Q 为节点流量列向量
管段压降方程	$h_i = H_{F_i} - H_{T_i}$	管段能量守恒，任意管段两端节点水头差应等于该管段压降
	$Ah = H$	矩阵形式，A 为管网图的关联矩阵，h 为管段压降列向量，H 为节点水头列向量
环能量方程	$\sum_{i=1}^{m} b_{ki} h_i = 0$	环能量守恒，即任意环路中各管段压降之和应等于零
	$Bh = 0$	矩阵形式，B 为管网图的回路矩阵，h 为管段压降列向量
泵站特性方程	$H_p = H_b - sQ^2$	泵站扬程与流量之间的关系，H_p 为泵站扬程，H_b 为泵站流量为零时的扬程（称为静扬程），s 为泵站摩阻系数（与泵站类型和转速有关），Q 为泵站流量
管道摩阻方程	$h_f = \lambda \dfrac{L}{D} \dfrac{v^2}{2g}$ 或 $h_f = f(Q) \dfrac{L}{D}$	达西—魏斯巴赫公式或其他经验公式，h_f 为管道摩阻损失，λ 为摩阻系数（与雷诺数和相对粗糙度有关），L 为管道长度，D 为管道直径，v 为管道流速，g 为重力加速度，$f(Q)$ 为与流量相关的函数

7.1.3 重点模型简介

1. EPANET 模型

EPANET 是一个由美国环境保护署（US EPA）开发和分发的免费软件（图 7-1），可以模拟给水管网中的压力驱动或需求驱动的稳态或动态水力和水质行为，包括管道流量、压力、头损失、浓度、反应速率等。EPANET 最初于 1993 年发布，当时只有一个命令行界面，没有图形化界面。2000 年 6 月 1 日，EPA 发布了 EPANET 2.00.05 版本，这是第一个正式发布的 EPANET 2 版本。EPANET 2 相比于 EPANET 1 有了很大的改进，如增加了图形化界面、压力驱动分析、泵曲线编辑器、数据报告器等功能。2000—2008 年，EPA 发布了 6 个重要的更新版本，分别是 2.00.06（2000 年 9 月 11 日）、2.00.07（2001 年 3 月 20 日）、2.00.08（2001 年 7 月 16 日）、2.00.09（2001 年 10 月 15 日）、2.00.10（2003 年 5 月 8 日）和 2.00.11（2008 年 3 月 20 日）。这些更新版本主要修复了一些软件错误，并增加了一些新功能，如需求分类、泵效率曲线、管道反应速率系数等。2018 年 10 月 1 日，EPA 发布了 EPANET 2.00.12 版本，这是最后一个由 EPA 维护的版本。这个版本主要修复了一些软件错误，并增加了一些新功能，如支持 Windows 10 操作系统、支持多国语言界面、支持多种单位制等。2020 年 7 月 23 日，EPA 发布了 EPANET 2.2 版本，这是第一个由开源社区维护的版本。这个版本主要修复了一些软件错误，并增加了一些新功能，如支持 64 位操作系统、支持并行计算、支持 JSON 格式输入输出等。目前，EPANET 仍在不断地发展和完善中，其源代码和问题反馈都托管在开源网站上，任何人都可以参与贡献或提出建议。该模型成为目前使用最为广泛的给水模型。

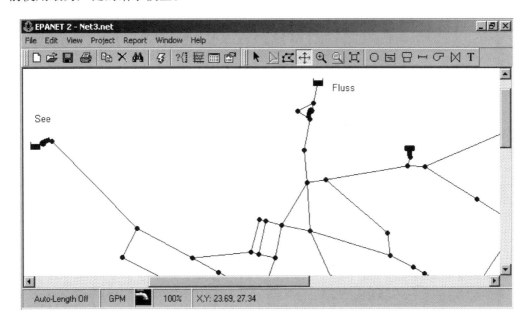

图 7-1　EPANET 软件界面

EPANET 的主要功能有：分析给水系统的水力和水质性能，评估管网扩展、改造、再利用等方案，支持供水管理和决策；模拟水源、储罐、泵站、阀门等管网元件的运行状态和控制规则；模拟水质污染物的运移和衰变过程，追踪水龄和来源；计算泵站的能耗和成本；提供图形化界面和可视化工具，方便建立模型和查看结果；提供编程工具包（API），允许用户自定义扩展模块或与其他软件集成。

2. MIKE URBAN 模型给水模块

MIKE URBAN 最初是基于 DHI 开发的一系列模型（图 7-2），如 MOUSE（用于模拟城市排水系统）、WADISO（用于模拟给水分配系统）、WATNET（用于模拟给水输配系统）等。1997 年，DHI 发布了第一个集成了 MOUSE 和 WADISO 的 MIKE URBAN 版本，提供了一个统一的图形化界面和 GIS 集成功能。2000 年，DHI 发布了第一个集成了 MOUSE、WADISO 和 WATNET 的 MIKE URBAN 版本，提供了一个完整的城市供排水系统建模平台。2020 年，DHI 发布了 MIKE URBAN＋版本，作为 MIKE URBAN 的下一代产品。MIKE URBAN＋采用全新的架构和界面设计，并提供更高效、更灵活、更稳定、更易用、更智能、更开放的城市供排水系统建模解决方案。

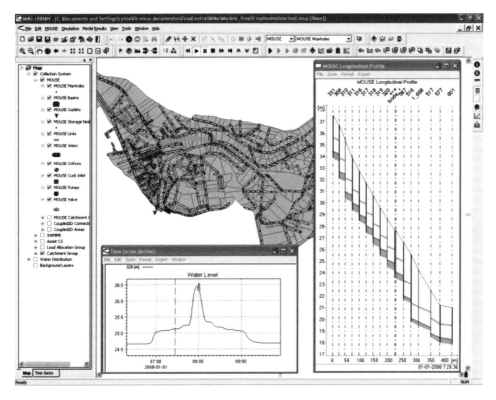

图 7-2　MIKE URBAN 软件界面

MIKE URBAN 中给水模型主要包括 WADISO 和 WATNET 模块两部分。WADI-SO 是一个用于分析和优化给水分配系统的模块，它最初是由美国科罗拉多州立大学的 Johannes Gessler 教授为美国陆军工程兵水道实验站开发的公共领域模型。模块的主要功能有：模拟给水管网中的稳态或动态水力和水质行为；优化给水管网中的管道尺寸和清洗方案；提供图形化界面和可视化工具。WADISO 模块后来被 DHI 公司集成到 MIKE URBAN 软件中，作为给水系统建模的核心引擎。WATNET 模块是一个用于分析和优化给水输配系统的模块，它最初是由 DHI 公司开发的一个独立的软件。模块的主要功能有：模拟给水输配系统中的稳态或动态水力和水质行为；优化给水输配系统中的泵站参数和运行策略；提供图形化界面和可视化工具。WATNET 模块也被 DHI 公司集成到 MIKE URBAN 软件中，作为给水系统建模的一个可选组件。

3. WaterGEMS 模型

WaterGEMS 模型是一款由 Bentley Systems 公司开发和销售的商业软件（图 7-3），主要针对供水系统推出的水力和水质建模解决方案，它具备先进的数据互用性功能、地理信息模型构建功能，以及优化工具和资产管理工具。它可以帮助研究人员分析、设计和优化供水系统，提高水资源利用效率，降低能源消耗和投资成本，管理和减少漏损，评估消防水耗和水质状况，制定冲洗计划和管道更新方案等。

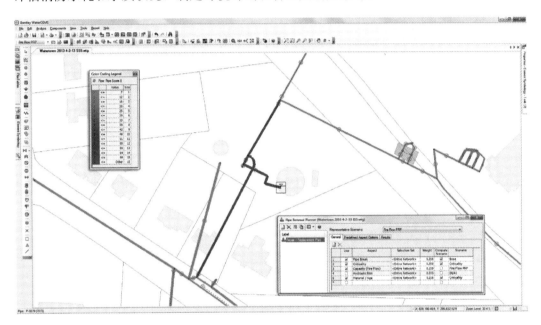

图 7-3　WaterGEMS 软件界面

WaterGEMS 模型可以独立运行，也可以与 3 种平台（MicroStation、AutoCAD 和 ArcGIS）集成，实现数据的快速导入和共享。它还可以与 SCADA 系统相连接，实现实时模拟和监控。WaterGEMS 模型包含了 6 个模块，用于优化运营规划和自动化模型校准，这些模块是：管道更新规划器（Pipe Renewal Planner）、达尔文设计器（Darwin Designer）、达尔文校准器（Darwin Calibrator）、达尔文比较器（Darwin Compare）、达尔文计划器（Darwin Scheduler）、SCADA 连接器（SCADA Connect）

7.2　排水专业模型

7.2.1　发展历程

排水专业模型是指利用数学和计算机技术，对城市排水系统的运行和管理进行模拟和优化的方法。排水专业模型的发展历程可以分为以下几个阶段：

1. 排水专业模型的萌芽期（1950—1970 年）

在 20 世纪中叶，随着计算机技术的初步发展，排水专业模型开始萌芽。这些早期模型基于线性规划、动态规划和最优控制等理论，主要针对单一目标的排水系统设计和运行问题。这些模型虽然简单，但为后续模型的演变提供了重要的理论基础和实践起点。

2. 排水专业模型的发展期（1970—1980 年）

随着城市化的加速，城市排水系统面临内涝、污染和能耗等日益复杂的挑战。在这一时期，排水专业模型开始采用非线性规划、多目标规划和随机规划等更高级的理论，以解决多目标、多约束和不确定性条件下的排水系统优化问题。这些模型在复杂性和精确性上均有显著提升，但同时也带来了求解难度和应用挑战。

3. 排水专业模型的完善期（1980—1990 年）

环境保护意识的提升促使城市排水系统的设计和运行不仅要追求经济效益，还要兼顾生态和社会效益。在这一背景下，排水专业模型开始融合生态工程、系统动力学和人工智能等跨学科理论，以实现城市排水系统与自然环境和社会环境的和谐共生。这些模型在全面性和灵活性上取得了显著进步，但验证的复杂性也随之增加。

4. 排水专业模型的应用期（1990—2000 年）

信息技术和网络技术的迅猛发展为城市排水系统的实时监测和远程控制提供了可能。在这一时期，排水专业模型开始整合数据库、地理信息系统和智能控制等技术，以应对城市排水系统的实时管理和智能调度需求。这些模型在实用性和效率上有了显著提升，但同时也对数据质量和网络安全提出了更高要求。

5. 排水专业模型的创新期（2000 年至今）

面对气候变化和城市化的双重压力，城市排水系统正面临前所未有的挑战和机遇。在这一时期，排水专业模型开始探索基于气候变化适应、海绵城市构建和智慧水务管理等前沿理念，以解决排水系统的适应性、可持续性和智能化问题。这些模型在前瞻性和创新性上达到了新的高度，但同时也带来了更高的复杂性和不确定性。

7.2.2 计算原理

排水专业模型的工作原理是利用数学和计算机技术，对城市排水系统的运行和管理进行模拟和优化。城市排水系统包括雨水系统和污水系统，分别负责收集、输送、处理和排放雨水和污水。以下简单介绍排水专业模型的主要部分原理。

1. 径流模块计算原理

径流模块是指对城市各个子流域的降雨、径流和污染负荷进行计算的部分。径流模块需要考虑各种影响因素，如降雨特性、土地利用类型、土壤类型、植被覆盖、蓄水设施等。径流模块的主要计算公式如表 7-2 所示。

径流模块计算公式 表 7-2

计算内容	计算公式	说明
雨强	$i = \dfrac{P}{t}$	i 雨强，P 为降雨量，t 为降雨强度
雨量	$P = \sum_{j=1}^{n} i_j t_j$	P 为雨量，i_j 为第 j 个时间段雨强，t_j 为第 j 个时间段的时间
雨强频率曲线	$i = a T^b$	i 为雨强，T 为重现期，a、b 为经验系数
雨强—时长—频率曲线	$i = k T^{-m} t^{-n}$	i 为雨强，T 为重现期，t 为时长，k、m、n 为经验系数
产流系数法	$Q = C_i P A_i / 3600$	Q 为径流量，C_i 为第 i 个子流域的产流系数，P 为降雨量，A_i 为第 i 个子流域的面积
污染物负荷	$L = Q t / 1000$	L 为污染物负荷，Q 为径流量，t 为时间

2. 汇流模块计算原理

汇流模块是指对城市排水管网和河道系统的水量和水质进行传输和变化的部分。汇流模块需要考虑各种影响因素，如管道几何形状、粗糙度、连接方式、阀门、泵站、蓄水设施、河道形态、边界条件等。汇流模块的主要计算公式如表 7-3 所示。

汇流模块计算公式 表 7-3

计算内容	计算公式	说明
欧拉公式	$Q = A \sqrt{2g(H-h)}$	Q 为管道出口流量，A 为管道出口面积，g 为重力加速度，H 为管道出口出的压力头，h 为管道出口出的损失水头
摩擦损失	$h_f = f \dfrac{L}{D} \dfrac{v^2}{2g}$	h_f 为摩擦损失水头，f 为摩擦系数，L 为管道长度，D 为管道直径，v 为流速，g 为重力加速度
局部损失	$h_l = K \dfrac{v^2}{2g}$	h_l 局部损失水头，K 为局部损失系数，v 为流速，g 为重力加速度
曼宁公式	$v = \dfrac{1}{n} R^{2/3} S^{1/2}$	v 为流速，n 为曼宁糙率系数，R 为水力半径，S 为水力坡度
库仑公式	$Q = Av = \dfrac{A}{n} R^{2/3} S^{1/2}$	Q 为流量，A 为过水面积，其他符号同上
圣维南方程	$Q = CA \sqrt{2gH}$	Q 为流量，C 为出流系数，其他符号同上
污染物浓度	$h_l = k_1 C - k_2 C^2 + q(t)$	C 为污染物浓度，t 为时间，k_1、k_2 为一阶和二阶反应速率常数，$q(t)$ 为外源输入项

3. 圣维南方程求解

圣维南方程（Saint-Venant Equations）是一组描述不可压缩流体在管道中流动的偏微分方程。这些方程由法国工程师克劳德-路易·马里·圣维南（Claude-Louis Marie Henri Navier）和爱尔兰工程师威廉·约翰·麦克夸恩（William John Macquorn Rankine）于 19 世纪提出。圣维南方程组可以用于求解许多排水模型中的基本问题，如流速、压力和水位等。在排水系统中，这些方程通常用于分析管道中的水流特性、水力损失和设备性能。通过求解圣维南方程组，可以优化排水系统的设计和运行，提高系统的效率和可靠性。

圣维南方程组包括以下三个方程：

（1）质量守恒方程：描述流体在管道中流动时，单位时间内通过任意截面的质量是恒定的。

（2）动量守恒方程：描述流体在管道中流动时，单位时间内通过任意截面的动量变化是恒定的。

（3）能量守恒方程：描述流体在管道中流动时，单位时间内通过任意截面的能量变化是恒定的。

$$\begin{cases} \dfrac{\partial Q}{\partial x} + \dfrac{\partial A}{\partial t} = q \\[3mm] \dfrac{\partial Q}{\partial t} + \dfrac{\partial \left(\alpha \dfrac{Q^2}{A} \right)}{\delta x} + gA \dfrac{\delta h}{\delta x} + \dfrac{gQ \mid Q \mid}{C^2 AR} = 0 \end{cases} \tag{7-1}$$

式中，Q 为流量，$\mathrm{m^3/s}$；q 为侧向流量，$\mathrm{m^3/s}$；A 为过水面积，$\mathrm{m^2}$；h 为水位，m；R 为水力半径，m；C 为谢才系数；a 为动量修正系数。

在排水模型中，圣维南方程组的求解可以通过数值方法实现，如有限差分法（FDM）、有限元法（FEM）和有限体积法（FVM）等。这些方法可以将偏微分方程离散化为代数方程组，从而实现求解。在实际应用中，圣维南方程组的求解为排水模型提供了重要的理论基础和计算支持。

7.2.3　重点模型简介

1. SWMM (Storm Water Management Model)

SWMM 是由美国环保局（EPA）和美国佐治亚理工学院（Georgia Institute of Technology）于 1971 年开发的，旨在帮助城市规划者和工程师设计、评估和管理雨水排水系统。自那时以来，SWMM 经历了多次更新和改进，现已成为全球最广泛使用的排水专业模型之一。

SWMM 是一个综合性的排水模型，可以模拟雨水、污水和固体废物等多种污染物的输移、转化和去除过程（图 7-4）。它采用时间步进方式进行计算，可以模拟各种复杂场景，如城市排水系统、土地开发、道路、屋顶、水池等。SWMM 还具有较强的扩展性，可以根据用户需求添加各种特殊功能。SWMM 具有较强的通用性和适应性，可以应用于各种规模和类型的排水系统。模型的求解器效率高，计算速度快，能够处理大量数据。

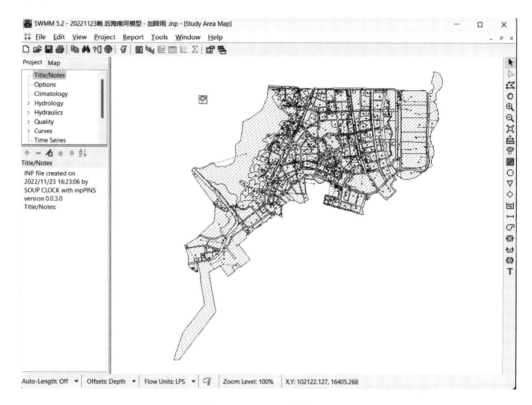

图 7-4　SWMM 软件界面

2. HEC-RAS（Hydrologic Engineering Center River Analysis System）

HEC-RAS 是由美国陆军工程兵团（US Army Corps of Engineers）的水利工程中心（Hydrologic Engineering Center）开发的，旨在为河流、洪水和排水系统提供分析和设计工具（图 7-5）。自 1975 年首次发布以来，HEC-RAS 已经经历了多个版本的更新，成为排水专业模型中的重要工具。

HEC-RAS 主要关注河流和水道的水文过程，包括流量、水位、波浪、水质等。它可以模拟河道整治、桥梁涵洞、水坝、溢洪道等工程设施对水文过程的影响。HEC-RAS 采用二维或三维数学模型，可以模拟复杂的水文场景。HEC-RAS 具有较强的专业性和针对性，特别适用于河流和水道工程的设计和分析，模型求解速度快，易于上手。

3. Infoworks（Infrastructure Modeling and Analysis for the Water Industry）

Infoworks 是由美国 Infrasense 公司开发的一款排水专业模型，专为水务行业提供

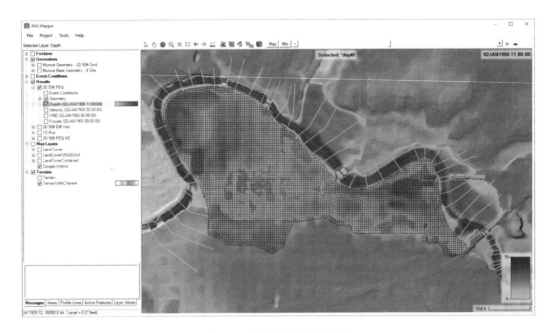

图 7-5　HEC-RAS 软件界面

基础设施建模、分析和设计工具（图 7-6）。自 2001 年首次发布以来，Infoworks 已经广泛应用于全球各地的排水项目。

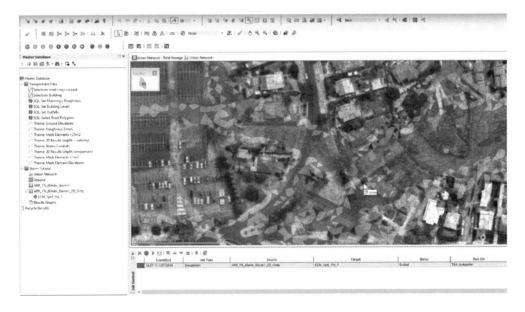

图 7-6　Infoworks 软件界面

Infoworks 集成了多种排水模型，包括 SWMM、HEC-RAS 等，用户可以根据需要选择合适的模型进行分析。它还提供了丰富的扩展功能，如地理信息系统（GIS）集成、水力计算、设备选型等。Infoworks 采用可视化界面，便于用户操作和查看结果。

Infoworks 具有强大的集成能力和灵活性，可以满足不同项目的需求。

4. DHI MIKE 模型

DHIMIKE 排水模型是由丹麦 DHI 集团开发的一系列用于模拟和分析城市排水系统及相关水问题的专业工具（图 7-7）。MIKE 系列软件集成了水文、气象、水质、沉积物等多种模型，拥有强大的数据处理能力，采用模块化设计，用户可根据需求灵活选择模块 。它具备诸多功能，能模拟水动力、水质、泥沙输移等过程，可用于水分配、收集系统、河网以及洪水等多方面的分析与规划。其中，MIKE URBAN 是专门针对城市排水系统进行模拟的模块，可模拟雨水管网、污水管网和合流制管网等情况；MIKE 11 主要用于模拟河流一维水动力、水质和沉积物运输；MIKE 21 用于二维水动力、水质和沉积物运输，适用于河口、湖泊和海岸等区域；MIKE FLOOD 则用于模拟洪水演进过程，评估洪水风险，这些模块在城市排水功能方面发挥着重要作用。

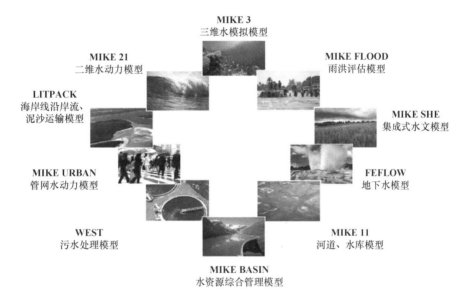

图 7-7　DHI MIKE 软件模块

MIKE URBAN：是用于城市排水与防洪的模拟系统（图 7-8）。可模拟分流制管网的入流或渗流、合流制管网的溢流等情况，还能考虑受水影响、在线模型、管流监控等多方面的城市排水问题。能够帮助工程师和规划者评估城市排水系统在不同降雨条件下的运行状况，预测内涝风险，为城市排水系统的设计、改造和管理提供科学依据。

MIKE 11：是 MIKE 系列一维水动力学模拟的计算模块（图 7-9）。可模拟河流、渠道等水体中的水流运动，精确计算水位、流量、流速等关键水动力参数，还能对水质变化、泥沙输移等过程进行模拟分析，考虑了水流与河床的相互作用、污染物的扩散与降解等多种物理化学过程。能够帮助水利工程师和研究人员深入了解河流水系的运行规律，为水资源规划与管理、防洪减灾工程设计、水环境治理等提供可靠的技术支持和科学依据。

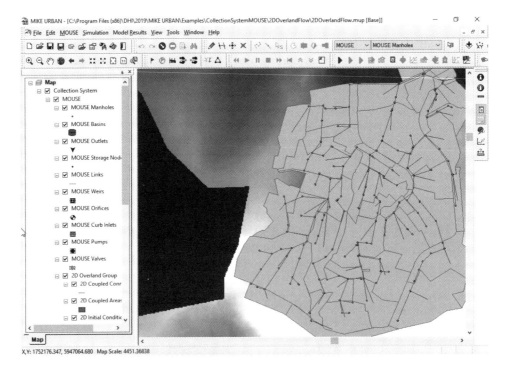

图 7-8　MIKE URBAN 模块示意

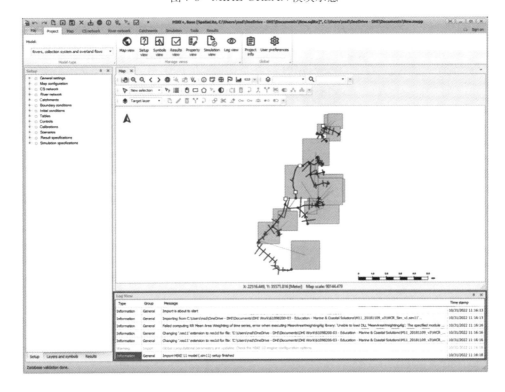

图 7-9　MIKE 11 模块示意

MIKE 21：是 MIKE 系列软件二维水动力学模拟的计算模块（图 7-10）。基于二维平面的建模理念，可对地表径流、河流、湖泊、河口、海岸及海洋等水域进行精确模拟。在地表径流产汇流模拟方面，MIKE 21 通过划分精细网格，结合地形数据与土地利用信息，精准计算不同区域的降雨入渗、地表径流产生过程，以及径流在复杂地形中的汇集与流动路径，能直观呈现洪水演进情况，为城市雨洪管理、防洪规划、流域水资源调配等工作提供关键数据支持与决策依据。

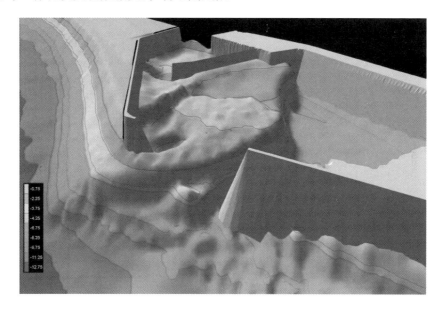

图 7-10　MIKE 21 模块示意

MIKE FLOOD：可以从河流洪水到平原洪泛，从城市雨洪到污水管流，从海洋风暴潮到堤坝决口，模拟实际的洪水问题（图 7-11）。该模型整合了一维和二维的水动力

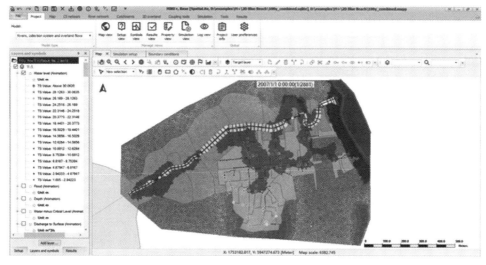

图 7-11　MIKE FLOOD 模块界面

模拟，能够精确地模拟洪水在复杂地形和城市环境中的演进过程，包括洪水的淹没范围、深度、流速等关键参数，可用于制定洪水应急预案、评估洪水对城市基础设施和生态环境的影响等。

7.3　环保专业模型

7.3.1　发展历程

20 世纪 60 年代，环保专业模型在发达国家对环境问题的重视中应运而生，主要应用于环境影响评价、污染物排放控制、生态系统保护等领域。其发展历程可整合为以下几个关键阶段：

1. 初步探索与理论奠基期（1960—1980 年）

20 世纪 60—70 年代，环境科学兴起，公众对环境问题的关注度不断提高，学者们开始系统性研究环境污染物的传播、转化及对生态系统的影响，为环保专业模型的构建奠定理论基础。20 世纪 70 年代，计算机技术飞速发展，环境科学研究者引入数值模拟方法，数值模型大量涌现，如美国数学家 John Von Neumann 提出的 Monte Carlo 模型在大气扩散模拟中广泛应用，极大地推动了对环境过程的理解，为环境管理提供了新手段。

2. 体系构建与应用拓展期（1980—2000 年）

20 世纪 80 年代，环境问题的复杂性促使研究者将多个过程和环境介质关联起来，构建系统性环境模型。美国环保局研发的 CORA 模型用于城市和区域环境质量评估，标志着环保模型从单一走向综合。到了 20 世纪 90 年代，环保专业模型广泛应用，多模型集成趋势明显，气象—环境耦合模型 WRF 等的发展，将气象预测与环境影响评价紧密结合，拓展了环保模型的应用范围。

3. 深化创新与完善发展期（2000 年至今）

进入 21 世纪，环保专业模型在各领域取得突破。一方面，深入研究模型物理过程，提高准确性和可靠性；另一方面，大数据和机器学习技术的融入，为模型引入新的参数化方法，使其能更好地应对环境系统的不确定性，进一步提升对复杂环境的模拟和预测能力。

环保专业模型从理论探索到数值模拟，再到系统构建与集成应用，不断发展完善。众多学者和研究团队的努力推动其进步，未来随着科技发展，它将在环境保护中发挥更重要的作用。

7.3.2　计算原理

大气环保专业模型的工作原理是基于数学模型和计算机技术，用于模拟和优化城市大气污染物的扩散、转化和影响评估。大气污染模型考虑城市空气中的污染物来源、排放、大气动力学过程以及地形、气象条件等多种因素。以下简述大气环保模型的主要原理。

1. 污染物扩散模块计算原理

污染物扩散模块负责预测大气中污染物的浓度分布和空间变化。该模块需要考虑源排放特性、大气边界层结构、风场分布、地形影响等因素。主要的计算公式包括：

高斯扩散模型：描述稳态条件下污染物在大气中的传播和浓度分布，其基本形式为

$$C(x,y,z) = \frac{Q}{2\pi\sigma_y\sigma_z}\exp\left(-\frac{x^2}{2\sigma_y^2} - \frac{z^2}{2\sigma_z^2}\right) \tag{7-2}$$

式中，C 是污染物浓度，Q 是排放速率，σ_y 和 σ_z 是与大气边界层结构相关的参数。

2. 大气动力学模块计算原理

大气动力学模块考虑风场、湍流运动、大气稳定度等因素对污染物扩散和输送的影响。这一模块利用 Navier-Stokes 方程描述大气运动，通过数值方法求解，描述大气中流体运动的动量守恒方程，可以通过有限差分法或有限元法进行数值求解，从而模拟大气运动和污染物扩散过程。主要的计算公式包括：

（1）质量守恒方程（连续性方程）：

$$\frac{\partial\rho}{\partial t} + \nabla\cdot(\rho v) = 0 \tag{7-3}$$

式中，ρ 是流体密度，t 是时间，v 是流体速度场，∇ 表示散度运算符。

（2）动量守恒方程（Navier-Stokes 方程）：

$$\rho\left(\frac{\partial v}{\partial t} + v\,\nabla v\right) = -\nabla p + \mu\nabla^2 v + f \tag{7-4}$$

3. 污染物化学反应模块计算原理

污染物化学反应模块考虑大气中污染物之间的化学反应，例如光化学反应、氧化还原反应等。该模块基于反应动力学理论和大气化学机理，计算污染物浓度的时间变化和化学组成。主要的计算公式涉及反应速率常数、光照强度、温度等参数。

通过以上模块的集成和交互作用，市政环保大气模型能够全面评估城市大气污染物的来源、传输途径和影响范围，为环境管理和政策决策提供科学依据和技术支持。

7.3.3 重点模型简介

1. MONTE Carlo 模型

MONTE Carlo 模型是一种基于随机抽样的数值计算方法，由美国数学家 John von Neumann 于 20 世纪 40 年代提出。后来，该方法被应用于环境科学领域，用于模拟环境系统的复杂过程。20 世纪 50 年代，科学家们开始将 MONTE Carlo 方法应用于大气

扩散模型；20 世纪 60 年代，这种方法逐渐成为环境科学领域的重要研究手段。

主要特点：MONTE Carlo 模型具有较强的通用性和灵活性，适用于各种环境问题；模型结果具有较高的统计可靠性，能够较好地反映环境变量的不确定性；模型参数可以通过现场实测数据进行校正，提高了模型的准确性。

优点：可以处理复杂的环境系统，考虑多尺度、多过程的相互作用；适用于不确定性分析，能够给出参数的不确定性估计。

缺点：计算量大，需要大量的计算资源；模型的构建和应用需要一定的专业技能。

2. CORA 模型

CORA（Community Oriented Regional Analysis）模型是一种区域环境影响评价模型，由美国环保局（EPA）于 20 世纪 70 年代开发。该模型主要用于评估城市和区域环境质量，预测污染物排放控制策略的效果。20 世纪 70 年代初，美国环保局着手开发 CORA 模型；1978 年，CORA 模型首次应用于国家空气质量预测；此后，该模型不断完善，被广泛应用于环保领域。

主要特点：CORA 模型以网格为基础，对环境系统进行空间分辨率；模型涵盖了多种污染物和环境介质，可以评估多种环境问题；模型结构模块化，可以根据具体问题进行组合和调整。

优点：具有较高的空间分辨率，可以反映环境质量的局部差异；模型结果可以辅助政策制定者进行决策。

缺点：模型开发和应用需要大量的人力和物力投入；对于非专业人士，模型的使用和学习曲线较陡峭。

7.4　电力专业模型

7.4.1　发展历程

电力工程专业模型的发展紧密伴随着电力系统的演进以及相关技术的革新，历经多个重要阶段。

1. 线性模型初步构建期（1950—1970 年）

在这一时期，为了简化电力系统的分析与计算，基于线性代数理论的线性电力系统模型诞生。该模型将电力系统中的元件视为线性元件，虽忽略了部分非线性特性，但使得大规模电力系统的分析得以实现。同时，线性规划等优化方法被引入电力系统运行与规划领域，用于解决发电调度、网络优化等问题，显著提高了电力系统的运行效率和经济性，为后续模型的发展奠定了基础。

2. 非线性模型发展完善期（1970—2000 年）

随着电力系统规模持续扩大和复杂性不断增加，元件的非线性特性对系统运行的影响愈发凸显，如发电机的饱和特性、变压器的磁滞和涡流损耗等。于是，非线性电力系统模型开始兴起，通过采用数值计算方法和迭代算法求解复杂的非线性方程，能够更准确地描述电力系统的实际运行情况，在系统稳定性分析、故障计算等关键领域发挥了重要作用，使电力仿真计算更加贴近实际运行状态。

3. 智能化与融合拓展期（2000 年至今）

计算机技术、信息技术和人工智能技术的迅猛发展，为电力仿真计算模型带来了革命性变化。基于大数据、云计算的电力系统分析模型，可处理海量电力运行数据，实现对系统状态的精准监测和预测。人工智能算法如神经网络、遗传算法等广泛应用于电力系统优化、故障诊断等领域，极大提升了模型的智能决策能力。此外，电力系统模型与经济、环境等其他学科模型的融合趋势日益显著，综合考量电力系统的经济、环境和社会效益，推动电力系统朝着可持续方向发展，让电力仿真计算模型的应用场景和价值得到进一步拓展。

7.4.2　计算原理

电力工程专业模型的计算原理涉及多个关键模块，各模块相互关联，共同实现对电力系统运行状态的准确模拟和优化分析。

1. 电力负荷预测计算

电力负荷预测是电力系统规划和运行的重要基础，旨在预测未来不同时段、不同区域的电力需求。常用的计算方法包括：

时间序列分析法：基于电力负荷随时间变化的历史数据，挖掘其内在规律和趋势。通过建立自回归综合移动平均模型（ARIMA）等，对负荷数据进行拟合和预测。该方法假设负荷变化具有一定的稳定性和周期性，利用历史负荷数据中的趋势项、季节项和随机项进行建模。例如，对于具有季节性波动的居民用电负荷，ARIMA 模型能够有效捕捉其季节性特征，实现较为准确的短期预测。

回归分析法：从影响电力负荷的众多因素中，选取如经济发展指标（GDP、工业增加值等）、人口增长数据、气象因素（温度、湿度、风速等）作为自变量，建立负荷与这些自变量之间的回归方程。多元线性回归模型可表示为：

$$Y = \beta_0 + \beta_1 X_1 + \beta_3 X_3 + \cdots + \beta_n X_n + \varepsilon \tag{7-5}$$

式中，Y 为预测的电力负荷，X_i 为影响负荷的自变量，β_i 为回归系数，ε 为误差项。该方法能够直观地反映各因素对负荷的影响程度，适用于中长期负荷预测。

机器学习方法：借助神经网络、支持向量机等机器学习算法强大的非线性映射能力，处理复杂的负荷影响因素关系。以神经网络为例，通过构建多层神经元结构，自动学习输入数据（如历史负荷、气象数据、经济数据等）与输出负荷之间的非线性映射关系。经过大量样本数据的训练，神经网络能够捕捉到复杂的负荷变化模式，提高负荷预测的精度，尤其在短期和超短期负荷预测中表现出色。

2. 电力系统潮流计算

潮流计算是电力系统分析的核心内容之一，用于确定电力系统在给定运行条件下各节点的电压幅值和相角、各支路的功率分布等。常用的计算方法有：

牛顿—拉夫逊法：基于非线性方程组的迭代求解原理，将电力系统的潮流方程转化为以节点电压为变量的非线性方程组。通过不断迭代更新节点电压值，使方程的残差逐渐收敛到允许范围内，从而得到潮流计算结果。该方法具有收敛速度快、计算精度高的优点，适用于大规模电力系统的潮流计算。但每次迭代需要计算雅可比矩阵，计算量较大。

快速分解法：在牛顿—拉夫逊法的基础上，利用电力系统的特点对雅可比矩阵进行简化。假设电力系统中各节点的电压幅值变化较小，有功功率主要与电压相角有关，无功功率主要与电压幅值有关，从而将潮流方程分解为有功功率方程和无功功率方程分别求解。这种方法大大减少了计算量，提高了计算速度，尤其适用于高压输电系统的潮流计算。

3. 电力系统稳定性计算

电力系统稳定性是保障电力系统可靠运行的关键，包括静态稳定性、暂态稳定性和动态稳定性。稳定性分析的计算原理基于电力系统的基本方程和稳定性判据：

静态稳定性分析：主要研究电力系统在小干扰下的稳定性。通过对电力系统线性化模型进行分析，计算特征值和特征向量，判断系统是否稳定。若所有特征值的实部均为负，则系统是静态稳定的；若存在实部为正的特征值，则系统不稳定。常用的方法有小干扰法、特征值分析法等。

暂态稳定性分析：针对电力系统遭受大干扰（如短路故障、突然甩负荷等）后的稳定性问题，采用数值积分方法求解电力系统的非线性微分—代数方程组，模拟系统在大干扰后的暂态过程。根据系统的运行状态和稳定性判据（如发电机转子摇摆曲线、功角变化等）判断系统是否能恢复到稳定运行状态。常用的算法有欧拉法、龙格—库塔法等。

动态稳定性分析：考虑电力系统中各种动态元件（如发电机励磁系统、调速系统、电力电子装置等）的动态特性，对电力系统进行长时间的动态仿真。通过分析系统在各种运行工况下的动态响应，评估系统的动态稳定性，为电力系统的控制和优化提供依据。

4. 电力系统优化计算

为实现电力系统的经济、可靠、安全运行，需要对电力系统的运行方式和设备配置进行优化。主要的优化方法包括：

线性规划（LP）：在满足电力系统各种线性约束条件（如功率平衡约束、电压约束、线路传输容量约束等）下，以发电成本最小、网损最小等为目标函数，建立线性规划模型。通过求解该模型，确定发电机的发电功率、负荷的分配方案等，实现电力系统的优化运行。

非线性规划（NLP）：当电力系统的约束条件或目标函数中存在非线性因素（如发电机的成本函数为非线性、变压器的变比为连续可调等）时，采用非线性规划方法。利用非线性优化算法（如梯度法、拟牛顿法等）求解非线性规划模型，得到满足要求的最优解。

混合整数规划（MIP）：适用于电力系统中存在离散决策变量（如变压器分接头的调节档位、开关的开合状态等）和连续变量混合的优化问题。通过将离散变量和连续变量统一在一个优化模型中，利用分支定界法、割平面法等算法求解，得到电力系统的最优运行方案。

7.4.3　重点模型简介

1. PSASP（Power System Analysis Software Package）

PSASP 是中国电力科学研究院研发的电力系统分析综合软件包，在国内电力行业广泛应用（图 7-12、图 7-13）。它涵盖了电力系统潮流计算、稳定性分析、短路电流计算、电磁暂态仿真计算等多种功能模块。

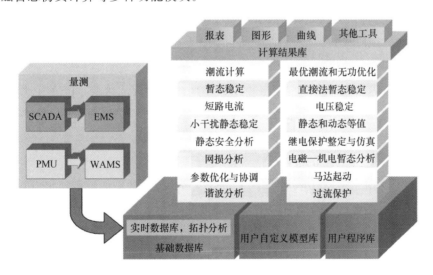

图 7-12　PSASP 软件架构示意图

功能特点：具备丰富的元件模型库，能够精确模拟各类电力设备的特性；支持大规模电力系统的计算分析，计算速度快且精度高；提供多种计算方法和分析工具，满足不

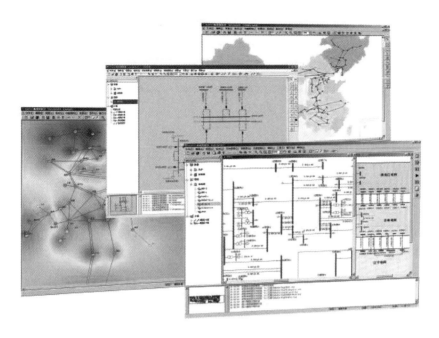

图 7-13　PSASP 软件界面图

同用户的需求；拥有友好的用户界面，方便用户进行模型搭建、数据输入和结果查看。

应用场景：广泛应用于电力系统规划设计阶段，帮助工程师评估不同电网架构和设备配置方案的可行性；在电力系统运行调度中，用于预测系统运行状态、制定合理的发电计划和负荷分配方案；在电力系统故障分析中，计算短路电流和故障后的系统响应，为继电保护装置的整定提供依据。PSASP 功能强大、使用方便、高度集成并开放，是具有我国自主知识产权的大型软件包。PSASP 立足于易于应用、可扩展、跨平台、兼容性好、数据库通用、设置灵活的设计理念和总体架构，以其高可靠性、强大的计算功能、友好的人机界面和开放的平台赢得了众多用户的青睐。目前，PSASP 用户遍及全国各网、省、地、县电力调度运行、电力规划设计单位、高等院校、科研机构、大工业企业、配电系统、铁路系统等，市场占有率在 80% 以上。

2. DIgSILENT PowerFactory

DIgSILENT PowerFactory 是德国 DIgSILENT 公司开发的电力系统分析软件（图 7-14），可用于分析发电、输电、配电和工业系统。它涵盖了从标准功能到高度复杂和先进的应用程序的全部功能，包括风能，分布式发电，实时仿真和性能监控等，以进行系统测试和监督。PowerFactory 易于使用，并结合了可靠和灵活的系统建模功能以及最新的算法和独特的数据库概念。此外，凭借其脚本编写和接口灵活性，PowerFactory 非常适合于业务应用程序中高度自动化和集成的解决方案。

功能特点：采用面向对象的建模方式，模型构建灵活且易于理解；具备强大的稳态和动态仿真能力，能够精确模拟电力系统的各种运行工况；支持与其他软件（如 MAT-

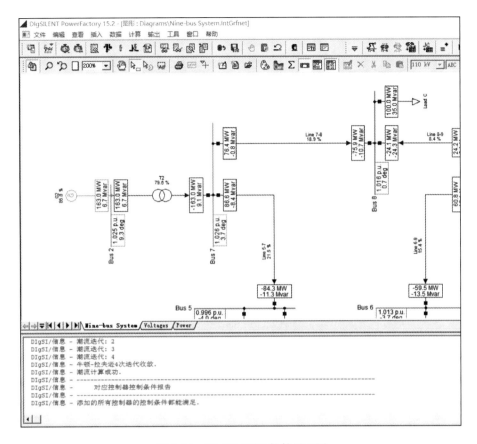

图 7-14　DIgSILENT 软件界面图

LAB、ETAP 等）的数据交互和联合仿真，拓展了软件的应用范围；提供丰富的可视化工具，便于用户直观地观察系统运行状态和分析结果。

应用场景：常用于电力市场环境下的电力系统经济运行分析，模拟电力市场的交易机制和运行规则，优化发电计划和电力交易策略；在新能源接入电力系统的研究中，分析新能源发电的波动性对电网稳定性和电能质量的影响，提出相应的解决方案；在智能电网建设中，研究分布式能源、储能设备与电网的协调运行，评估智能电网技术的应用效果。

3. MATLAB/Simulink 电力系统模块库

MATLAB 是一款广泛应用于科学计算和工程领域的软件，其 Simulink 平台提供了丰富的电力系统模块库，为电力系统建模与仿真提供了强大的工具（图 7-15）。

功能特点：模块库涵盖了电力系统中各类元件的模型，如发电机、变压器、线路、负荷等，用户可以方便地搭建各种复杂的电力系统模型；支持基于图形化界面的建模方式，操作简单直观；具有良好的扩展性，用户可以根据需求自定义模块和算法；与 MATLAB 的其他工具箱（如优化工具箱、控制工具箱等）无缝集成，便于进行电力系

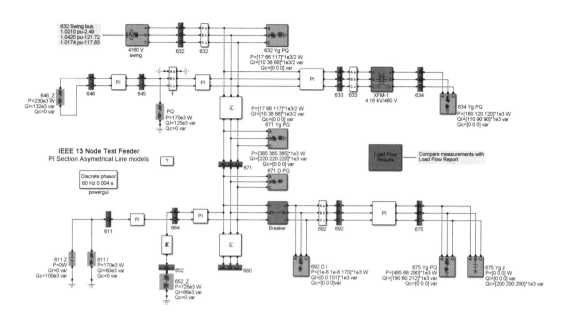

图 7-15　MATLAB/Simulink 软件界面图

统的优化和控制研究。

应用场景：在电力系统控制策略研究方面，利用 Simulink 搭建电力系统模型和控制器模型，通过仿真验证不同控制策略（如 PID 控制、自适应控制、智能控制等）的有效性；在电力电子装置与电力系统交互研究中，模拟电力电子设备（如逆变器、整流器等）的运行特性，分析其对电力系统电能质量和稳定性的影响；在电力系统新技术研究中，如微电网、电力物联网等，借助 Simulink 快速搭建概念验证模型，探索新技术的可行性和应用前景。

4. ETAP 电力系统仿真软件

ETAP（Electrical Transient Analyzer Program）是一款集成化、功能全面的综合型电力及电气分析计算软件，广泛应用于电力系统的设计、仿真和优化（图 7-16）。能为发电系统、输电系统、配电系统、微电网系统以及工业电力电气系统提供从规划到设计，从分析、计算、仿真到实时运行控制全面、强大的解决方案。

主要包括如下功能：

（1）电力系统建模：ETAP 提供了全面的电气系统建模功能，包括各种电气设备（变压器、发电机、传输线路、开关设备等）的建模和连接，以及系统拓扑结构的创建。

（2）稳态和暂态分析：ETAP 能够进行稳态和暂态分析，包括电压、电流、功率、功率因数、短路电流等参数的计算和评估。它可以帮助工程师分析系统的稳定性、负载流动、电力质量等方面的问题。

（3）系统优化和规划：ETAP 提供了电力系统的优化和规划功能，可以帮助工程师确定最佳的设备配置、电力分配策略和操作模式，以提高系统的效率和可靠性。

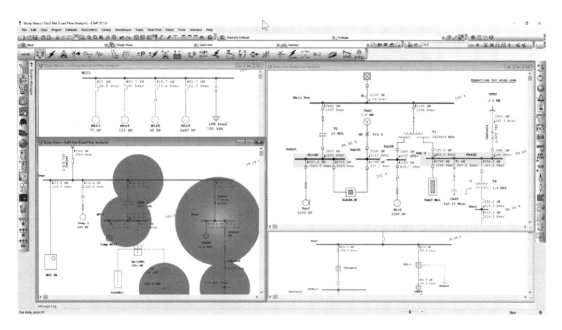

图 7-16 ETAP 软件界面图

（4）保护和安全分析：ETAP 支持电力系统的保护和安全分析，可以模拟电力系统中的故障情况，评估保护装置的性能，并提供故障定位和恢复建议。

（5）可靠性评估：ETAP 可以进行电力系统的可靠性评估，包括故障频率计算、可靠性指标分析和冗余设计评估，以帮助工程师评估系统的可靠性和冗余性。

（6）报告和文档生成：ETAP 可以生成详细的分析报告和工程文档，包括系统拓扑图、计算结果、曲线图等，方便工程师进行数据分析和分享。

7.5 燃气专业模型

7.5.1 发展历程

城市燃气专业模型是对城市燃气输配系统的一种数学和计算机模拟，旨在研究燃气输配过程中的各种问题，如供需平衡、管网压力分布、设备运行状况等。通过对这些模型的研究和应用，可以提高燃气输配系统的安全性、可靠性和经济性。城市燃气专业模型的发展历程是一个从理论研究到实践应用，从手工计算到计算机模拟的过程，主要经历了以下几个重要阶段：

1. 理论奠基阶段（19 世纪末—20 世纪中叶）

19 世纪末，燃气开始在城市中逐步普及，但当时燃气系统规模较小且技术相对简单。这一时期，燃气工程主要集中于基础理论的研究，像气体的基本物理化学性质、管道输送的初步原理等方面。英国工程师威廉·哈特利在 1895 年发表关于燃气管道设计的论文，提出了一些关于燃气管道流量计算和管径选择的初步理论，为后续燃气专业模型的构建奠定了理论基石。随着燃气应用的逐渐广泛，人们开始意识到燃气输配系统中压力控制、流量分配等问题的重要性，开始尝试建立简单的数学关系来描述这些现象，但整体模型仍处于较为初级的阶段，多是基于经验公式和简单的物理定律。

2. 初步发展阶段（20 世纪中叶—20 世纪 80 年代）

20 世纪中叶，计算机技术的兴起为燃气工程专业模型的发展带来了新契机。燃气工程师们开始利用计算机强大的计算能力，对燃气输配系统进行更为复杂的模拟和分析。1969 年，美国工程师罗伯特·卡普兰提出基于计算机模拟的燃气网络模型，该模型尝试将燃气输配系统中的管道、节点、调压站等元件进行抽象化表示，并运用数学算法模拟燃气在管网中的流动过程，在一定程度上实现了对燃气系统运行状态的量化分析，为后续模型的进一步发展提供了重要的思路和方法。在这一阶段，燃气专业模型主要围绕燃气的水力计算展开，对管网压力分布、流量分配等问题的研究不断深入，模型的准确性和实用性有所提高，但在考虑实际复杂因素方面仍存在一定的局限性。

3. 成熟拓展阶段（20 世纪 80 年代至今）

20 世纪 80 年代以来，随着计算机技术、网络技术和大数据技术的飞速发展，燃气工程专业模型进入了成熟拓展阶段。一方面，模型对燃气输配系统的描述更加全面和细致，不仅考虑了水力特性，还涵盖了热力特性、设备运行状态、安全可靠性等多个方面。例如，在热力特性方面，对燃气在输送过程中的温度变化、热量传递等进行精确模拟；在设备运行状态方面，能够实时监测和模拟压缩机、调压站等关键设备的运行参数和性能变化。

另一方面，模型开始注重与实际工程应用的紧密结合，实现了对燃气系统的实时监控、调度和优化。燃气企业和研究机构广泛参与到模型的开发和完善中，如法国燃气公司（GDF Suez）和德国燃气公司（E. ON）等，它们利用实际运营数据对模型进行校准和验证，提高了模型的可靠性和适用性。同时，随着人工智能、机器学习等先进技术的引入，燃气专业模型在负荷预测、故障诊断等方面取得了显著进展，进一步提升了燃气系统的智能化管理水平。

7.5.2　计算原理

市政燃气规划专业模型的工作原理是利用数学和计算机技术，对城市燃气系统的运行和管理进行模拟和优化的方法。城市燃气系统包括天然气的输配、储存、调压和使用等环节，分别负责燃气的运输、存储、压力调节和最终用户的使用。以下简单介绍燃气规划专业模型的主要部分原理。

1. 燃气负荷预测模块

燃气负荷预测是燃气系统规划和运行的重要基础，其目的是预测不同区域、不同时间段的燃气需求量，为燃气的生产、储存和输送提供依据。常用的计算方法如下：

时间序列分析法：基于燃气负荷随时间变化的历史数据，挖掘其内在的变化规律和趋势。利用自回归综合移动平均模型（ARIMA），通过对历史负荷数据进行拟合，考虑趋势项、季节项和随机项等因素，从而对未来负荷进行预测。例如，居民燃气负荷往往具有明显的季节性和周期性变化，ARIMA 模型能够有效捕捉这些特征，实现较为准确的短期负荷预测。

回归分析法：从众多影响燃气负荷的因素中，选取如人口数量、经济发展水平、气候条件（温度、湿度等）、季节变化等作为自变量，建立负荷与这些自变量之间的回归方程。多元线性回归模型可表示为：

$$Y = \beta_0 + \beta_1 X_1 + \beta_3 X_3 + \cdots + \beta_n X_n + \varepsilon \tag{7-6}$$

式中，Y 为预测的燃气负荷，X_n 为影响负荷的自变量，β_n 为回归系数，ε 为误差项。这种方法能够直观地反映各因素对燃气负荷的影响程度，适用于中长期负荷预测。

机器学习方法：借助神经网络、支持向量机等机器学习算法强大的非线性映射能力，处理复杂的负荷影响因素关系。以神经网络为例，通过构建多层神经元结构，自动学习输入数据（如历史负荷、气象数据、经济数据等）与输出负荷之间的非线性映射关系。经过大量样本数据的训练，神经网络能够捕捉到复杂的负荷变化模式，提高负荷预测的精度，尤其在处理短期和超短期负荷预测时表现出色。

2. 燃气输配管网水力计算模块

燃气在输配管网中的流动遵循一定的物理规律，该模块通过建立相应的方程来求解管网中各节点的压力、各管段的流量等参数。主要的计算公式和原理如下：

连续性方程：依据质量守恒定律，对于燃气输配管网中的任一节点，流入节点的燃气质量流量之和等于流出节点的燃气质量流量之和，可表示为：

$$\sum_{i=1}^{n} q_{\text{in},i} = \sum_{j=1}^{m} q_{\text{out},j} \tag{7-7}$$

式中，$q_{\text{in},i}$ 表示流入节点的第条管段的燃气质量流量，$q_{\text{out},j}$ 表示流出节点的第条管段的燃气质量流量。该方程确保了管网中燃气质量的平衡，是水力计算的基础。

能量方程（压降方程）：燃气在管道中流动时，会因摩擦、局部阻力等因素产生能量损失，导致压力下降。常用的达西—魏斯巴赫公式用于计算管道沿程摩擦阻力引起的压降，即：

$$h_{\text{f}} = \lambda \frac{L}{D} \frac{v^2}{2g} \tag{7-8}$$

式中，h_{f} 为沿程摩擦损失压降，λ 为摩阻系数（与管道内壁粗糙度、燃气雷诺数等有关），L 为管道长度，D 为管道内径，v 为燃气在管道中的流速，g 为重力加速度。

此外，还需考虑局部阻力损失，如阀门、弯头处的压力损失，可通过局部阻力系数与流速水头的乘积来计算。将沿程损失和局部损失相加，即可得到燃气在管段中的总压降。

状态方程：燃气作为可压缩流体，其状态参数（压力、温度、密度等）之间存在一定的关系。在实际计算中，常采用理想气体状态方程 $pV = nRT$（或其变形形式，如 $\rho = \dfrac{pM}{RT}$，其中 ρ 为燃气密度，M 为燃气摩尔质量）进行近似计算。但对于高压、低温等特殊工况，需采用更精确的实际气体状态方程，如范德华方程、RK 方程等，以准确描述燃气的状态变化。

通过联立连续性方程、能量方程和状态方程，并结合管网的拓扑结构和边界条件（如气源压力、用户需求等），可求解出燃气输配管网的水力工况，为管网的设计、运行和优化提供关键数据。

3. 燃气储存与调压模块计算原理

燃气储存计算：燃气储存设施的主要作用是调节燃气供需不平衡，确保燃气的稳定供应。对于高压储罐，其储存气量的计算通常基于理想气体状态方程的变形。假设储罐内燃气的物质的量为 n，温度为 T，压力为 p，储罐体积为 V，则储存气量 V_{store}（标准状态下的体积）可通过 $V_{store} = \dfrac{pV}{p_0 T_0} T$ 计算（p_0、T_0 为标准状态下的压力和温度）。在实际计算中，还需考虑储罐的安全余量、补气和取气过程中的压力变化等因素。

调压计算：调压站的功能是将较高压力的燃气调节到适合用户使用的压力。调压过程遵循能量守恒和压力平衡原理，常用的调压计算公式为 $p_{out} = p_{in} - \Delta p$，其中 p_{in} 为调压前的燃气压力，p_{out} 为调压后的燃气压力，Δp 为调压过程中的压力降，主要由调压设备的阻力和设定的调压比决定。调压设备（如调压器）通过改变流通面积来控制燃气流量和压力，确保出口压力稳定在设定范围内。

动态仿真计算：为了更准确地模拟燃气储存和调压系统在不同工况下的动态响应，需要进行动态仿真计算。以储罐为例，其压力变化率可通过公式 $\dfrac{\mathrm{d}p}{\mathrm{d}t} = \dfrac{q_{in} - q_{out}}{V} \dfrac{RT}{M}$ 描述（q_{in}、q_{out} 分别为储罐的进气和出气质量流量）。通过对该方程进行数值求解，并结合调压站的动态特性模型，可以模拟燃气储存和调压系统在不同时间尺度下的运行状态，预测系统在各种工况变化（如用气负荷波动、气源压力变化等）下的响应，为系统的安全稳定运行提供保障。

7.5.3　重点模型简介

经过几十年发展，国内外有关天然气管网分析的软件很多，既有以管道分析为主的

PipelineStudio、SPS、PLEXOS 等软件。这些软件主要应用于运行层面，通过建立管道的压力、温度、流量等水力学模型，求解各管道输量。采用运行层面方法分析规划管道输量存在以下问题：一是规划管道缺少详细参数。管道规划阶段通常仅有长度、能力等主要数据，缺少沿线里程高程、压气站位置、压缩机性能曲线、出站压力要求等参数，难以建立完整的管网物理模型。二是运行层面天然气管网仿真和优化为高度非线性问题。在分析大型天然气管网时，涉及范围广、变量多，直接求解难度大、效率低。特别是多方案分析时，管道资源、市场数据变化幅度较大，在收敛性和求解速度上很难满足要求。需要针对规划阶段特点，研究满足规划需求的管网输量分析方法。

1. PipelineStudio 模型

PipelineStudio 是一款专注于天然气输送管网分析的专业软件，在全球天然气行业应用广泛（图 7-17）。PipelineStudio 包括两部分：液体管道模拟模块 TLNET 和气体管道模拟模块 TGNET，TLNET 主要用于液体管道稳态以及瞬态仿真，TGNET 主要用于输气管道稳态以及瞬态仿真。

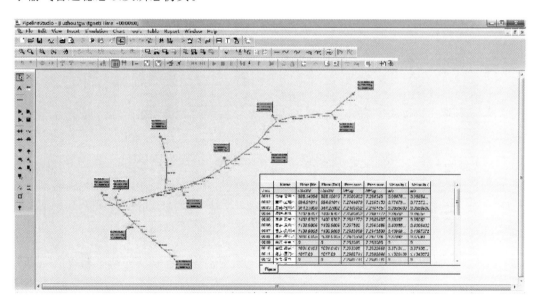

图 7-17　PipelineStudio 软件界面图

功能特点：具备强大的稳态和动态模拟功能，能够精确计算天然气在管道中的流量、压力、温度分布；支持复杂管网拓扑结构的建模，包括多气源、多用户、多种管径和管材的管道系统；提供丰富的元件模型，如压缩机、阀门、调压站等，可准确模拟各类设备的运行特性；具有高效的求解算法，能够快速处理大规模管网的计算任务，并且计算结果精度高。

应用场景：常用于天然气长输管网的规划设计，帮助评估不同管网布局方案的可行性和经济性；在管网运行管理方面，可实时监测管网运行状态，预测工况变化，为调度决策提供支持；在事故工况分析中，模拟管道泄漏、设备故障等情况，评估事故影响范围，制定应急预案。

2. Synergi Pipeline Simulator（SPS）模型

Synergi Pipeline Simulator（SPS）管道模拟仿真软件（原 Stoner Pipeline Simulator 软件）是一种先进的瞬态流体仿真应用程序（图 7-18），用于模拟管网中天然气或（批量）液体的动态流动。可以模拟现有的或规划设计中的管道，可对正常或非正常条件下，如管路破裂、设备故障或其他异常工况等，各种不同控制策略的结果作出预测。Synergi Pipeline Simulator（SPS）主要功能模块包含瞬时仿真计算、管道实时仿真模块、管道泄漏检测等，各功能模块如下：

（1）Simulator 瞬态仿真的计算模块：SPS 软件的核心，稳定、高效、精确的水力计算引擎。

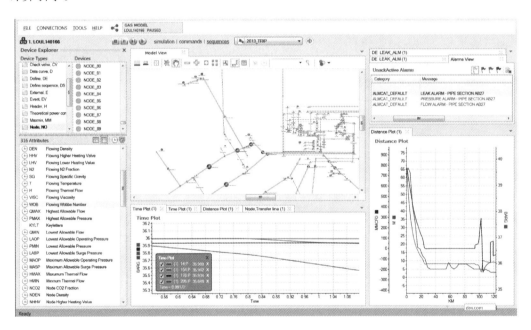

图 7-18　瞬时仿真计算软件界面图

（2）Trainer 管道仿真培训模块：基于动态仿真、HMI 和资格认证管理软件对操作员的上岗资格进行认证和管理（图 7-19）。

（3）Statefinder 管道实时仿真模块：精确且稳定的在线仿真支持调度员完成生产调控决策的制定（图 7-20）。

（4）管道泄漏检测模块：基于 RTTM 数学模型法的油气管道泄漏检测系统（图 7-21）。

（5）管道工况预测模块：结合实际生产数据与未来生产计划的动态过程预测系统（图 7-22）。

图 7-19　管道仿真培训模块

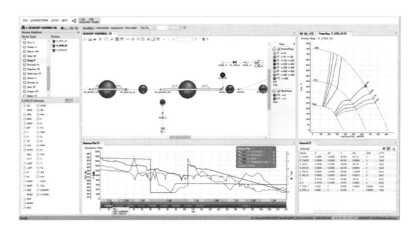

图 7-20　管道实时仿真模块

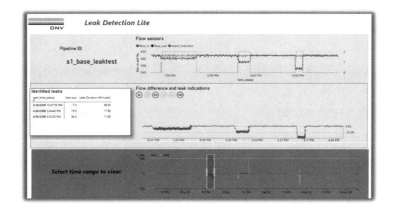

图 7-21　管道泄漏检测模块

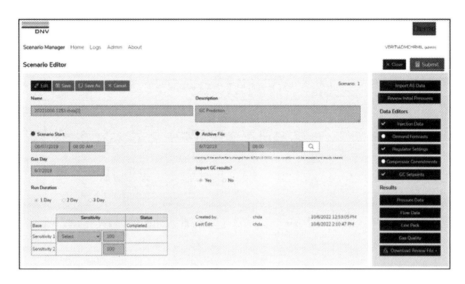

图 7-22　管道工况预测模块

7.6　环卫专业模型

7.6.1　发展历程

城市环卫专业模型是指一套用于描述、分析和规划城市环境卫生管理的理论和方法体系。城市环卫专业模型主要关注城市固体废物的管理和处理，以及城市环境综合整治等方面。其目标是实现城市环境的可持续发展，提高城市居民的生活质量。城市环卫专业模型的发展历程可以分为以下几个阶段：

1. 初创阶段（1950—1990 年）

这个阶段的城市环卫专业模型主要关注于城市固体废物的管理和处理。主要贡献者包括美国学者 George F. Richardson、英国学者 Peter R. Pok 等。其中，George F. Richardson 于 1955 年首次提出了"废物循环"概念，即通过分类、回收、再利用等措施实现废物资源化。而 Peter R. Pok 则在 1971 年提出了著名的"废物层次理论"，为城市环卫专业模型的发展奠定了基础。

2. 发展阶段（1990—2000 年）

境问题日益严重，城市环卫专业模型开始关注城市环境综合整治，包括废物处理、废气控制、废水处理等方面。这个阶段涌现出一批有影响力的城市环卫专业模型，如美国学者 Michael E 提出的"城市环境综合整治模型"和澳大利亚学者 John M 提出的"城市环境可持续发展模型"。

3. 成熟阶段（2000 年至今）

进入 21 世纪，城市环卫专业模型逐渐成熟，形成了以循环经济、低碳城市、绿色发展为核心理念的城市环卫专业模型。在这个阶段，许多国家和地区都制定了相应的城市环卫政策，如我国的《城市生活垃圾管理规定》等。此外，一些国际组织如联合国环境规划署（UNEP）也积极参与城市环卫专业模型的研究和推广。

7.6.2　计算原理

市政环卫规划专业模型的工作原理是利用数学和计算机技术，对城市环卫系统的运行和管理进行模拟和优化的方法。城市环卫系统包括垃圾收集、运输、处理和处置四个主要环节，分别负责城市垃圾的收集、运输、中间处理和最终处置。以下简要介绍环卫规划专业模型的主要部分原理。

1. 垃圾产生量预测模块计算原理

垃圾产生量预测模块是指对城市不同区域和不同时间段的垃圾产生量进行预测的部分。垃圾产生量预测需要考虑各种影响因素，如人口密度、经济水平、生活习惯、季节变化等。主要的计算方法包括：

统计分析法：基于历史垃圾产生数据，使用时间序列分析等方法预测未来垃圾产生量。

$$y_t = \phi_1 y_{t-1} + \phi_2 y_{t-2} + \cdots + \phi_p y_{t-p} + \varepsilon_t + \theta_1 \varepsilon_{t-1} + \theta_2 \varepsilon_{t-2} + \cdots + \theta_q \varepsilon_{t-q} \qquad (7\text{-}9)$$

式中，y_t 为时间 t 的垃圾产生量，ϕ 和 θ 分别是自回归和移动平均部分的参数，ε 是误差项。

回归分析法：利用人口、经济等影响因素建立回归模型，进行垃圾产生量预测。

$$y = \beta_0 + \beta_1 x_1 + \beta_2 x_2 + \cdots + \beta_n x_n + \varepsilon \qquad (7\text{-}10)$$

式中，y 为预测的垃圾产生量，x_n 是影响垃圾产生的独立变量（如人口、经济、气候等因素），β_n 为回归系数，ε 为误差项。

机器学习方法：利用神经网络、支持向量机等方法，结合多种影响因素，提高预测精度。

$$y = f\left(\sum_{i=1}^{n} w_i x_i + b\right) \qquad (7\text{-}11)$$

式中，y 为预测的垃圾产生量，x_i 为输入变量，w_i 为权重，b 为偏置，f 为激活函数。

2. 垃圾收集和运输模块计算原理

垃圾收集和运输模块是指对城市垃圾的收集和运输过程进行模拟和优化的部分。该模块需要考虑垃圾收集点的分布、垃圾产生量、收集车辆的容量和路径等因素。主要的计算方法包括：

车辆路径优化算法：如经典的旅行商问题（TSP）和车辆路径问题（VRP），通过优化收集车辆的行驶路径，降低运输成本和提高效率。

$$\text{Minimize} \sum_{k=1}^{K} \sum_{i=1}^{n} \sum_{j=1}^{n} c_{ij} x_{ijk} \tag{7-12}$$

式中，K 为车辆数量，n 为收集点数量，c_{ij} 为从收集点 i 到收集点 j 的成本，x_{ijk} 为车辆 k 是否经过从 i 到 j 的路径的二元变量。

混合整数规划（MIP）：用于解决垃圾收集和运输中的路径优化问题，包括车辆数量、路径选择等。

3. 垃圾处理和处置模块计算原理

垃圾处理和处置模块是指对城市垃圾的中间处理（如焚烧、堆肥）和最终处置（如填埋）过程进行模拟和优化的部分。该模块需要考虑处理设施的容量、处理效率、环境影响等因素。主要的计算方法包括：

物料平衡法：基于质量守恒原理，计算垃圾在处理过程中的各个环节的转化和去向。

$$M_{\text{in}} = M_{\text{out}} + M_{\text{loss}} \tag{7-13}$$

式中，M_{in} 为进入处理系统的垃圾量，M_{out} 为处理后产物量，M_{loss} 为处理过程中的损失垃圾量。

环境影响评估：评估垃圾处理和处置过程对环境的影响，包括大气排放、水污染和土壤污染等。

$$E = \sum_{i=1}^{n} A_i EF_i \tag{7-14}$$

式中，E 为总排放量，A_i 为活动水平，EF_i 为排放因子。

通过以上模块的集成和交互作用，市政环卫规划模型能够全面评估和优化城市环卫系统的运行状态，为垃圾收集、运输、处理和处置的规划和管理提供科学依据和技术支持。

7.6.3   重点模型简介

1. 物质循环与废物处理模型（Material Cycle and Waste Management Model，MC-WMM）

MCWMM 是在 20 世纪 80 年代由日本学者石井宏提出的（图 7-23）。该模型以物质循环理论为基础，结合了废物管理、资源利用等方面，为城市环卫管理提供了一种系统化的方法。

主要特点：MCWMM 强调物质在城市环境中的循环过程，包括废物的产生、收集、处理和资源化等环节。该模型主要包括废物资源化、废物减量化、废物无害化等策略。此外，MCWMM 采用了系统动力学方法，能够模拟和预测城市环境变化趋势。

优缺点：MCWMM 的优点在于其全面性和系统性，可以综合考虑城市环卫管理的各个方面。同时，该模型具有较强的预测能力，有助于政府和企业制定合理的环卫政

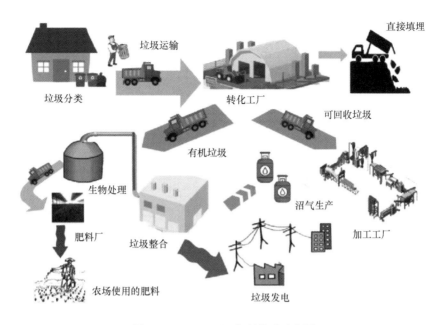

图 7-23　MCWMM 典型模型示意图

策。然而，MCWMM 的缺点在于模型较为复杂，需要大量的数据支持，对于数据收集和分析能力要求较高。

应用情况：MCWMM 已广泛应用于城市环卫管理的规划和决策中，如日本、德国、美国等国家的城市环卫规划。此外，许多发展中国家也开始采用 MCWMM，以提高城市环境质量。

2. 城市环境综合整治模型（Urban Environmental Integrated Management Model，UEIMM）

UEIMM 是在 20 世纪 90 年代由澳大利亚学者 John M 提出的。该模型以城市环境综合整治为核心，关注城市环卫、生态、社会等方面，旨在实现城市环境的可持续发展。

主要特点：UEIMM 强调城市环境综合整治的重要性，将城市环卫管理与生态保护、社会发展相结合。该模型主要包括环境质量管理、生态保护、社会参与等策略。此外，UEIMM 采用了多目标决策方法，能够综合考虑各方面的利益。

优缺点：UEIMM 的优点在于其综合性强，能够充分考虑城市环境、社会和经济等多方面因素。同时，该模型具有较强的适应性，可以根据不同城市的特点进行调整。然而，UEIMM 的缺点在于模型的复杂性较高，对于模型的应用和推广有一定难度。

应用情况：UEIMM 已在许多国家和地区的城市环卫管理实践中得到应用，如澳大利亚、加拿大、英国等。此外，许多发展中国家也开始关注和应用 UEIMM，以实现城市环境质量的持续改善。

3. 城市绿色发展模型（Urban Green Development Model，UGDM）

UGDM 是在 21 世纪初由联合国环境规划署（UNEP）提出的。该模型以城市绿色发展为核心，关注城市环境、经济和社会的可持续发展，为城市环卫管理提供了一种全新的理念。

主要特点：UGDM 强调绿色发展的重要性，将城市环卫管理与绿色经济、绿色社会相结合。该模型主要包括绿色生产、绿色消费、绿色交通等策略。此外，UGDM 倡导绿色生活方式，鼓励居民参与城市环境改善。

优缺点：UGDM 的优点在于其前瞻性和创新性，为城市环卫管理提供了一种全新的发展模式。同时，该模型强调居民参与，有助于提高城市环境质量。然而，UGDM 的缺点在于实施难度较大，需要政府、企业和居民共同努力。

应用情况：UGDM 已在全球范围内得到广泛应用，如欧洲、北美、亚洲等地的城市绿色发展规划。此外，许多发展中国家也开始关注和应用 UGDM，以实现城市环境和生活质量的提升。

7.7　通信专业模型

7.7.1　发展历程

信息通信专业模型通常是指用于实现信息传输和交流的设备和技术的集合。这些设备和技术包括计算机网络、电话系统、广播电视、互联网、移动电话和其他无线通信技术等。信息通信专业模型的核心目的是提高信息传输的效率和可靠性，并为用户提供更便捷、更快速的信息服务。通信工程专业模型的发展与通信技术的演进息息相关，历经多个重要阶段，不断适应通信行业的需求并推动其发展。

1. 早期基础理论构建阶段（20 世纪初—20 世纪中叶）

20 世纪初，通信技术处于起步阶段，以电报、电话等简单通信方式为主。这一时期，通信工程专业模型主要围绕基本通信原理展开研究。电报通信的发展促使人们对信号编码和传输进行理论探索，莫尔斯电码的发明实现了信息的有效编码传输。电话技术的兴起则推动了语音信号处理和传输理论的发展，科学家们研究语音信号的特征、传输损耗等问题，为后续通信模型的建立奠定了基础。虽然当时的模型相对简单，但为通信技术的进一步发展提供了理论支撑。

2. 模拟通信模型发展阶段（20 世纪中叶—20 世纪 70 年代）

随着电子管、晶体管等电子器件的出现，模拟通信技术迅速发展。这一时期，通信工程专业模型开始聚焦于模拟信号的处理和传输。在调制解调技术方面，研究人员建立了各种调制模型，如调幅（AM）、调频（FM）、调相（PM）模型，通过数学方法分析不同调制方式下信号的频谱特性、抗干扰能力等。在传输模型方面，考虑到信号在传输过程中的衰减、噪声干扰等因素，建立了信号传输损耗模型和噪声模型，用于优化通信线路的设计和信号的传输质量。这些模型在模拟通信系统的设计、优化和性能评估中发挥了重要作用，使得模拟通信技术逐渐成熟并广泛应用。

3. 数字通信模型崛起阶段（20 世纪 70 年代—20 世纪 90 年代）

20 世纪 70 年代，数字通信技术崭露头角，并逐渐取代模拟通信成为主流。这一转变促使通信工程专业模型发生了重大变革。在数字信号处理方面，傅里叶变换、离散余弦变换等数学工具被广泛应用于信号的数字化处理和分析，建立了数字信号编码、解码模型，如脉冲编码调制（PCM）模型，以提高信号的传输效率和抗干扰能力。在数字通信系统模型方面，研究人员考虑了数字信号在信道中的传输特性，包括误码率分析、同步技术等，建立了相应的模型用于系统性能的评估和优化。同时，随着计算机技术的发展，通信网络开始兴起，网络拓扑结构和数据传输模型的研究也逐渐展开，为通信网络的规划和设计提供了理论依据。

4. 现代通信网络模型融合创新阶段（20 世纪 90 年代至今）

进入 20 世纪 90 年代，随着互联网的普及和移动通信技术的飞速发展，通信工程专业模型进入了融合创新阶段。在移动通信领域，为了满足日益增长的移动数据需求，研究人员建立了各种无线通信模型，如基于正交频分复用（OFDM）技术的信道模型、多输入多输出（MIMO）系统模型等，用于研究无线信号在复杂环境中的传播特性和系统性能优化。在通信网络方面，网络融合趋势明显，出现了多种网络并存的局面。为了实现不同网络之间的互联互通和资源共享，研究人员建立了网络融合模型，考虑不同网络的特点和协议，优化网络的协同工作方式。同时，随着软件定义网络（SDN）和网络功能虚拟化（NFV）技术的发展，通信网络模型更加注重灵活性和可扩展性，以适应快速变化的通信需求。此外，大数据、人工智能等技术与通信工程专业模型的融合也成为新的发展方向，通过数据分析和智能算法优化通信系统的性能、提升用户体验。

7.7.2　计算原理

市政通信规划专业模型的工作原理是利用数学和计算机技术，对城市通信系统的运行和管理进行模拟和优化的方法。城市通信系统包括有线通信和无线通信，分别负责数据、语音、视频等信息的传输和处理。以下简要介绍通信规划专业模型的主要部分原理。

1. 需求预测模块计算原理

需求预测模块是指对城市不同区域和不同时间段的通信需求进行预测的部分。需求预测需要考虑各种影响因素，如人口密度、经济发展、用户行为、季节变化等。主要的计算方法包括：

（1）统计分析法：基于历史通信数据，利用时间序列分析方法预测未来通信需求。

（2）回归分析法：结合人口、经济等影响因素，建立回归模型进行通信需求预测。

（3）机器学习方法：利用神经网络、支持向量机等方法，提高需求预测的精度。

2. 网络设计模块计算原理

网络设计模块是指对城市通信网络的布局和设备配置进行设计和优化的部分。该模块需要考虑网络拓扑结构、节点位置、链路容量、冗余设计等因素。主要的计算方法包括：

（1）图论方法：利用最小生成树、最短路径等算法设计网络拓扑结构。

（2）线性规划（LP）：用于优化网络设计中的连续变量问题，如链路容量分配。

（3）混合整数规划（MIP）：用于解决网络设计中的离散决策变量问题，如节点位置选择。

3. 网络性能分析模块计算原理

网络性能分析模块是指对通信网络的运行性能进行评估和优化的部分。该模块需要考虑网络的传输速率、延迟、丢包率、可靠性等性能指标。主要的计算方法包括：

（1）排队论模型：用于分析网络节点的处理能力和队列长度，评估网络延迟和丢包率。

（2）仿真技术：通过构建网络仿真模型，模拟实际运行情况，评估网络性能。

（3）流量工程：通过优化路由和流量分配，提升网络传输效率和可靠性。

4. 无线通信模块计算原理

无线通信模块是指对城市无线通信网络（如蜂窝网络、Wi-Fi 网络等）的规划和优化的部分。该模块需要考虑基站位置、频率分配、信号覆盖、干扰等因素。主要的计算方法包括：

（1）无线传播模型：

利用路径损耗模型、阴影衰落模型等预测无线信号覆盖范围和强度。

$$PL = PL_0 + 10\gamma\log_{10}\left(\frac{d}{d_0}\right) + X_\sigma \tag{7-15}$$

式中，PL 是路径损耗，PL_0 是参考距离 d_0 处的路径损耗，γ 是路径损耗指数，d 是距离，X_σ 是阴影衰落的高斯随机变量。

（2）频率规划：

利用频率复用技术和干扰协调方法，优化频率分配。

（3）网络优化算法：

利用遗传算法、粒子群优化等智能算法，优化基站位置和网络配置。

$$\text{Minimize} \sum_i C_i y_i + \sum_{i,j} h_{ij} x_{ij} \tag{7-16}$$

$$\sum_j x_{ij} \geqslant d_i y_i \, \forall i \tag{7-17}$$

式中，y_i 是基站 i 是否被选中的二进制变量，C_i 是基站 i 的建设成本，x_{ij} 是基站 i 和用户 j 的连接状态，h_{ij} 是连接成本，d_i 是基站 i 的服务能力。

通过以上模块的集成和交互作用，市政通信规划模型能够全面评估和优化城市通信系统的运行状态，为通信网络的设计、运行和管理提供科学依据和技术支持。

7.7.3　重点模型简介

1. OPNET（Optimum Network Performance）模型

是由 Riverbed 公司开发的一款网络模拟软件，广泛应用于通信网络的设计、分析和优化（图 7-24）。OPNET 能够模拟和评估复杂的通信网络性能，是市政通信工程规划中的重要工具。

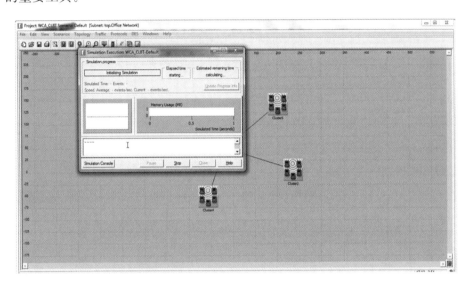

图 7-24　OPNET 软件架构示意图

OPNET 提供详细的网络模型和仿真功能，可以模拟各种网络协议、设备和应用程序的行为。它采用基于事件的模拟方法，能够精确模拟网络中的数据流、延迟、吞吐量等性能指标。OPNET 支持复杂的场景建模和大规模网络仿真，适用于各种通信网络的设计和优化。此外，OPNET 还提供丰富的分析工具和可视化界面，便于用户理解和优化网络性能。

2. QualNet 模型

是由 Scalable Network Technologies 公司开发的一款高性能网络仿真平台（图 7-25），广泛应用于市政通信工程规划中。QualNet 能够模拟大规模网络的行为和性能，为网络设计和优化提供决策支持。

QualNet 提供了详细的网络模型和协议库，支持模拟各种类型的通信网络。它采用并行仿真技术，能够高效地处理大规模网络仿真任务。QualNet 具有强大的数据分析和

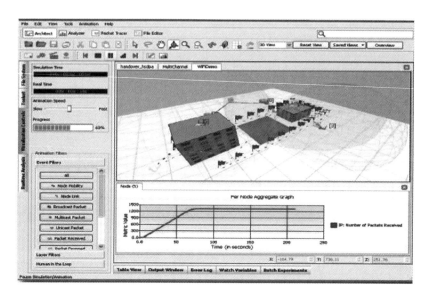

图 7-25   QualNet 软件架构示意图

可视化功能，帮助用户深入理解网络性能和行为。此外，QualNet 还支持与实际网络设备的联合仿真，提供了高度真实的仿真结果。QualNet 的界面友好，易于上手，适合各种类型的通信网络设计和优化项目。

3. Pathlos 模型

是一款专门用于微波通信网络设计和优化的软件（图 7-26），广泛应用于市政通信

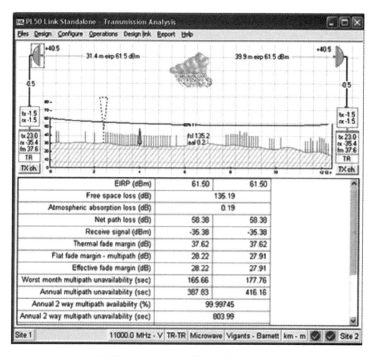

图 7-26   Pathloss 软件架构示意图

工程规划中。Pathloss 提供了详细的网络建模和仿真功能，支持各种类型的微波通信网络。

Pathloss 提供了详细的微波通信网络模型和路径损耗计算功能，能够模拟和分析网络中的信号传输和性能。它采用基于地理信息系统（GIS）的图形用户界面，便于用户进行网络配置和分析。Pathloss 具有强大的数据分析和可视化功能，帮助用户理解和优化网络性能。此外，Pathloss 还支持与其他市政规划系统的集成，提高规划和管理的效率。Pathloss 的界面友好，易于操作，适合各种类型的微波通信网络设计和优化项目。

第8章　人　工　智　能

8.1　概述

8.1.1　定义

人工智能（Artificial Intelligence，AI），是研究、开发用于模拟、延伸和扩展人的智能的理论、方法、技术及应用系统的一门新的技术科学。人工智能是计算机科学的一个分支，它致力于理解并开发一种新的与人类智能相似的智能机器，该领域的研究包括机器人、语言识别、图像识别、自然语言处理和专家系统等。

人工智能从诞生以来，理论和技术日益成熟，应用领域也不断扩大，可以设想，未来人工智能带来的科技产品将会是人类智慧的"容器"。人工智能是对人的意识、思维的信息过程的模拟。人工智能不是人的智能，但能像人那样思考甚至可能超过人的智能。

8.1.2　基本框架

人工智能的基本框架由基础层、技术层、应用层三部分组成，如图 8-1 所示。基础层为人工智能应用提供了硬件算力和应用数据支持，技术层为整个应用提供了基础的算法与通用技术，应用层则提供业务相关的个性化应用。

图 8-1　人工智能基本框架

1. 基础层

基础层是构建整个系统架构的基石，涵盖了硬件设施、软件设施和数据资源三个关键领域。

1）硬件设施

硬件设施为深度学习和神经网络训练提供了必要的物理基础。在计算平台的选择上，中央处理器（Central Processing Unit，CPU）或图形处理器（Graphics Processing Unit，GPU）是两种主要的执行平台。GPU 在并行处理和图形渲染方面的显著优势，被广泛应用于加速计算密集型任务。智能芯片作为硬件设施中不可或缺的组成部分，其市场应用日益广泛，特别是在智能语音处理和图像识别领域，智能芯片正发挥着关键作用。

2）软件设施

智能云平台在硬件资源管理方面扮演着重要角色。市场上的阿里云、腾讯云、亚马逊云（AWS）、微软云（Azure）和百度云等云服务提供商，通过提供资源服务能力，支持了大数据平台的分布式存储和计算等框架的运作。

3）数据资源

数据资源是人工智能产品的核心输入。通用数据，包括人机对话和聊天等场景中使用的人类相关数据，构成了基础层的重要组成部分。专业行业数据则在特定场景，如智能导航和智能问诊中发挥着作用。

2. 技术层

技术层由基础框架、算法模型和通用技术构成，是系统架构中实现智能功能的关键环节。

1）基础框架

基础框架与软件设施紧密相连，提供了算法模型运行和开发的环境。

2）算法模型

算法模型包括机器学习、深度学习、增强学习等，其中深度学习进一步细分为神经网络、深度神经网络、卷积神经网络等，构成了实现智能功能的理论基础。

3）通用技术

通用技术是算法模型的具体应用形态，包括自然语言处理、智能语音、机器问答和计算机视觉等。这些技术并非独立存在的算法模型，而是算法模型在具体应用场景中的实现。

3. 应用层

应用层由应用平台和智能产品组成，是系统架构中直接面向用户的层面。其中应用平台包括智能操作系统，它们管理控制硬件平台，为智能设备提供支持。智能产品如智能音箱、人脸支付等，依赖于智能设备和操作系统，为用户提供直观的交互体验。这些产品可以与传统的移动互联网时代的安卓、iOS 等操作系统，以及 PC 互联网时代的 Windows、Ubuntu 操作系统相类比。

8.2 关键技术

8.2.1 认知建模

1. 基础概念

认知科学是一门探索心智本质的前沿交叉学科，专注于解析人类认知过程、大脑机制以及心理活动的深层原理。鉴于计算机系统尚无法匹敌人脑的智能水平，人工神经网络的构建显得尤为关键。这促使我们致力于开发能够模拟大脑认知过程的建模技术，这些技术对于理解人脑的工作方式至关重要。

随着计算机科学、认知心理学和认知神经科学等学科的飞速进步，认知建模已成为推动认知科学发展的核心工具。它不仅拓宽了我们对人类认知功能的认识，还为深入研究人类行为、提升对人的理解以及有效影响人的行为提供了新的科学视角和方法论。

在认知科学的研究领域，美国心理学家休斯敦提出了认知的五种类型，为认知过程的分类提供了理论基础：

（1）认知是信息的处理过程。

（2）认知是心理上的符号运算。

（3）认知是问题求解。

（4）认知是思维。

（5）认知是一组相关的活动，如知觉记忆、思维、判断、推理、问题求解、学习、想象、概念形成和语言使用等。

人类的认知过程是非常复杂的，建立认知模型的技术常称为认知建模，目的是从某些方面探索和研究人的思维机制，特别是人的信息处理机制，同时也为设计相应的人工智能系统提供新的体系结构和技术方法。认知科学用计算机研究人的信息处理机制时表明，在计算机的输入和输出之间存在着由输入分类、符号运算、内容存储与检索、模式识别等方面组成的信息处理过程。尽管计算机的信息处理过程和人的信息处理过程有实质性差异，但可以由此得到启发，认识到人在刺激和反应之间也必然有一个对应的信息处理过程，这个过程可以归结为意识过程。计算机的信息处理和人的信息处理在符号处理这一点具有相似性。信息处理是人工智能名称由来和它赖以实现和发展的基点，也是认知科学与人工智能的联系纽带。

2. 技术发展

20 世纪 50 年代后期，建模在认知科学领域逐渐兴起。研究者们以模型表征的形式，把现实世界通过计算机可以读取的语言进行模型构建。同时期的研究者也开始关注认知工效学中认知负荷的相关研究。人机系统中过高的认知负荷会对人的工作效率、操作可靠性和身心健康有一定影响，因此认知负荷也成为认知建模的研究重点。建模在工效学中最初的思想始自心理学家米勒的研究。20 世纪 70 年代开始，认知心理学的研究过程中开始大量运用建模的方式方法进行认知领域的探究，取得了丰硕的成果，产生了巨大的影响。认知建模在认知心理学中主要侧重于认知过程，以算法的形式加以构建，进而加以量化，使得建模工作比较精准和高效。自 20 世纪 80 年代人工智能飞速发展以来，认知建模在人工智能这一前沿领域得到了广泛的应用。尤其是进入新世纪后，人工智能为认知建模的发展提供了用武之地。作为人工智能的重要实现手段，认知建模能够为其提供更加智能的人脑规律、更加复杂的思维以及更加精准的认知逻辑。近 20 年以来，认知神经科学在研究意识与无意识、学习记忆以及脑成像技术的过程中，认知建模以其单独表征测量的优势在认知过程的研究中发挥着巨大的作用。认知建模能够为认知神经科学提供模式化的指导，通过将其模型的功能模块化，进而与脑功能区加以对接，实现认知模块的检索和探究。

21 世纪以来，认知建模的相关研究多在以美国、英国、法国等为代表的西方发达国家中开展，主要以认知心理学和计算机技术为主导，以人工智能、智能数学、认知语言学、机器人学以及认知神经学和生物学为拓展。认知建模自 1996 年开始就成立了其专门的国际会议 ICMM（International Conference of Cognitive Modeling），并且得到了各国举办方和参与国的心理学相关部门和各著名心理学实验室的大力支持。ICCM 是基于计算理论和模型研究人类行为的会议，是一个展示、讨论和评估认知建模方法的论坛，包括连接主义、符号建模、动力系统、贝叶斯模型和认知架构等前沿领域。同样，在"认知计算神经科学会议"等会议上也对认知建模进行相关的学术研讨，关注认知建模在认知神经科学领域的进展，旨在研究大脑处理信息的相关机制和解释复杂的大脑活动以及相应行为。

尽管国内在认知建模领域的研究起步较晚，但受益于广泛借鉴国际经验，我国在该领域已在多个方向迅速发展。国内学者的研究重点主要集中在人机工效学建模和认知结构拟合等方面。李金波等设计了模拟网络引擎和心算双任务的实验，采用因素分析方法、BP 神经网络方法和自组织神经网络法三种建模方法探究人机交互过程中认知负荷的综合评估认知建模的方法。曹石等通过模拟驾驶实验结合 ACT-R 认知建模的方法，探究驾驶经验对驾驶行为的影响作用，进而研究认知心理学机制，从而提高驾驶行为的质量和水平。陈为等基于 ACT-R 等研究拟合 QN 形成新的认知框架，进而提出新的认知建模方法以研究精细追踪类监控任务中的认知行为过程。

8.2.2　知识表示

人类的智能活动本质上是一个知识获取与应用的连续过程。知识不仅是智能活动的基础，也是人类理解世界和进行决策的基石。通过实践活动，人们逐渐洞察到客观世界的规律性，并通过加工、整理、解释、筛选和创新等手段，将这些规律性转化为知识。

在人工智能领域，为了使计算机能够模拟人类的智能行为，关键的一步是赋予计算机以适当的知识表示形式。知识表示是人工智能中的一个核心研究领域，它关注如何将知识转化为计算机能够处理和推理的形式。知识表示实际上是一种对知识的描述方式，是一组规则和数据结构，它们定义了计算机如何理解和使用知识。研究知识表示，即探索机器表示知识的有效、高效和通用原则与方法。这一问题一直是人工智能研究中的热点领域。目前，常用的知识表示方法有状态空间、逻辑模式、产生式系统、语义网络知识表示、框架表示法、面向对象、本体表示法和连接主义等。

1. 状态空间

状态空间表示法是人工智能领域中一种基础而关键的形式化方法。它起源于早期的问题求解系统和博弈程序，为复杂问题的求解提供了一种结构化的视角。然而状态空间表示法本身不是一种知识表示形式，而是通过构建问题状态的集合和转换这些状态的规则来揭示问题的结构。应用状态空间表示法求解问题的一般流程包括以下几个步骤：

（1）定义状态空间：确定问题中所有可能的状态，这些状态涵盖了相关对象的所有潜在配置。

（2）确定初始状态和目标状态：明确问题求解的起点和期望达到的终点。

（3）规定操作规则：设定一系列算子或操作，用以在状态空间中从一个状态转移到另一个状态。

（4）形式化问题描述：将问题的具体描述转化为形式化的状态图，清晰地展示状态之间的转换关系。

（5）分析关键特征：识别对问题求解影响最大的特征，并利用这些特征来指导搜索过程。

（6）选择搜索策略：根据问题的特性，选择合适的搜索算法，如深度优先搜索、广度优先搜索等。

（7）遍历问题空间：使用规则和控制策略来遍历状态空间，寻找从初始状态到目标状态的路径。

（8）选择求解技术：根据问题的规模和复杂度，选择最佳的技术来求解问题，确定一条有效的路径。

而在搜索状态空间的过程中，可以采用向前搜索和向后搜索两种基本的搜索策略。其中，向前搜索是数据驱动，即从初始状态出发，逐步探索直至达到目标状态；向后搜索则是目标驱动，从目标状态开始，逆向寻找到达初始状态的路径。

2. 逻辑模式

人类智能的一个显著特征是其卓越的逻辑思维能力，人工智能先驱者所追求的一个主要目标就是使机器也具有这种能力。在人工智能中，无论是逻辑主义，还是认知主义和工程主义，都认为任何思想和概念都要加以形式化表达，这就需要采用一种形式化语言。最方便的还是采用数理逻辑中的符号语言，它是一种类自然语言的形式语言。谓词逻辑表示法就是指各种基于形式逻辑的知识表示方法，利用它可以表示事物的状态、属性、概念、因果关系等。如"张三在 2 号房间内"可以描述成：INROOM（ZHANG-SAN，Room2）。使用逻辑法表示知识，需要将以自然语言描述的知识通过引入谓词、函数来加以形式描述，获得有关的逻辑公式，进而以机器内部代码表示。

3. 产生式系统

产生式系统依据人类大脑记忆模式中各种知识之间的因果关系，用"IF THEN"的规则形式捕获人类问题求解的行为特征，并通过"认知—行动"循环过程求解问题。

一个产生式系统的基本结构包括全局数据库、规则库和控制系统三个主要部分。全局数据库也称为工作存储器、上下文等，它是数据的集合，是用来存放与求解问题有关的各种当前信息的数据结构。规则库是作用在全局数据库上的一些规则的集合，相当于系统的知识库，它采用"IF＜前件＞THEN＜后件＞"的形式，来表达求解问题所需要的知识。控制系统是负责选择规则的决策系统，对应的是控制性知识，任务是对规则集与事实库的匹配过程进行控制，决定问题求解过程的推理线路。

4. 语义网络知识表示

心理学家奎利安于 20 世纪 60 年代提出语义网络的概念，旨在模拟人类思维和记忆中概念之间关系，并认为在处理自然语言词义理解问题时，必须把语义放在首位，词义只有在它所处的上下文环境中才能准确把握。西蒙于 1970 年正式提出了语义网络概念，并将其应用于自然语言理解系统。语义网络不同于语义网，语义网络是一种知识表示方法，而语义网是由万维网的延伸，语义网通过加入可以被计算机"理解"的语义，使得对文本含义的理解不再是人的专利，计算机同样可以完成相同的工作。

语义网络是一种复杂的知识表示方法，它由一系列带有标识的节点和连接这些节点的有向弧线构成。这些节点代表了现实世界中的各种实体，包括事物、概念、事件、动作、属性和状态等。在语义网络中，节点可以进一步划分为实例节点和类节点两种类型，分别对应特定的个体和更广泛的类别。节点间的有向弧线则表示它们之间的语义联系，这些联系具有方向性，反映了实体间的特定关系。语义网络可以被视为由多个语义基元构成的集合，每个基元通过语义联系相互关联。在形式上，一个语义基元可以表示为三元组"（节点 1，弧，节点 2）"，其中弧线带有方向、标注或权重等属性信息，表示节点间联系的细节和强度。常用的语义关系有类属关系、包含关系、属性关系、位置关系等。

（1）类属关系：表示一个概念是另一个概念的更广泛或更具体形式。

（2）包含关系：表明一个实体是另一个实体的一部分。

（3）属性关系：连接实体与其属性或特征。

（4）位置关系：描述实体在空间中的相对位置。

5. 框架表示法

框架表示法是基于框架理论的结构化知识表示方法。框架理论是由美国计算机科学家和认知科学家马文·明斯基在 1975 年提出的，该理论认为，人们在遇到一个新事物时，常使用从过去经验中积累起来的知识，由于过去的经验是由多个具体事例、事件组成，人们无法记住所有细节，对于各种事物的认识都是以一种类似于框架的结构形式予以存储。当遇到一个新事物时，就从记忆中找出一个合适的框架，并把新的数据加入到这种结构中从而形成一个具体的实例框架。

每个框架都有一个框架名，框架由一组用于描述框架各方面具体属性的槽组成，每个槽又有槽名和对应的填充值。在复杂框架中，槽下面还可以有多个侧面，每个侧面又有取值，用以对槽做进一步说明。

6. 面向对象

面向对象方法是一种混合型的知识表示模式，它依据面向对象的程序设计原则将产生式、框架等多种知识表示方法混合在一起来解决知识表示的问题。面向对象理论认为，传统的程序设计语言是以数据和数据结构为中心，借助复杂算法操纵数据来求解。实际上，客观世界的问题都是由实体与实体之间的相互关系构成，人们在分析问题时，习惯于把问题分解为一些对象以及对象之间的组合和联系。显然传统程序语言的方法与人们认识客观世界的思维习惯相去甚远。面向对象理论提出了"对象"概念，程序设计者可以按照问题空间中实体的丰富特征定义对象，这种方法比较自然地反映了人们思考问题的方式。

可以用四元组"对象＝（ID，DS，MS，MI）"表示一个对象的形式定义，对象是由该对象的标识符 ID，数据结构 DS，方法集合 MS 和消息接口 MI 所组成。一个复杂对象可以由多个简单的对象组成，对象的外部接口以对象协议的形式提供。面向对象方法强调封闭性和模块性，把对象的外部定义和对象的内部实现分开，对象的设计者与对象的使用者分开，使用者无须知道对象内部细节，只需要知道对象协议中的消息便可访问该对象。

7. 本体表示法

"本体"概念最初存在于哲学领域，在哲学中把本体定义为"对世界上客观存在物的系统描述"。后来人工智能领域引入了本体论，在人工智能领域，对于本体这一概念存在着多种解释，引用最为广泛的是博斯特博士提出的"本体是共享概念模型的形式化规范说明"。作为一种结构化的知识表示方法，本体能够把某个领域抽象表述为一组概念和概念之间的关系。本体概念的规范性以及良好的概念层次结构和对逻辑推理的支持，使其能够获取领域中本质的概念结构。本体还能够展示领域中丰富的语义关系，并且可以保证语义的一致性。

用本体来表示知识的主要目的是统一应用领域的概念，实现某种程度的知识共享和重用。本体能够克服不同领域环境中各异的词汇表、方法、表示和工具产生的障碍，通过采用共识的方法来概念化领域，并用某种语言使之清晰，以获得共享理解。由于本体在知识表示方面具有多方面优势，所以它在信息抽取、信息交换和专家系统等领域得到广泛应用。

8.2.3 自动推理

在人工智能领域，推理是模拟人类思维过程的关键技术之一。推理是逻辑和认知过程的核心，从一个或几个已知的判断（前提）逻辑地推论出一个新的判断（结论）的思维形式称为推理，这是事物的客观联系在意识中的反映。自动推理是知识的使用过程，人解决问题就是利用以往的知识，通过推理得出结论。按照新的判断推出的途径来划分，自动推理可分为演绎推理、归纳推理和反绎推理。

1. 演绎推理

演绎推理是一种从一般到个别的推理过程。演绎推理是人工智能中一种重要的推理方式，目前研制成功的智能系统中，大多是用演绎推理实现的。

2. 归纳推理

与演绎推理相反，归纳推理是一种从个别到一般的推理过程。归纳推理是机器学习和知识发现的重要基础，是人类思维活动中最基本、最常用的一种推理形式。

3. 反绎推理

反绎推理，顾名思义是由结论倒推原因。在反绎推理中，我们给定规则 $p > q$ 和 g 的合理信念。然后希望在某种解释下得到谓词 p 为真。反绎推理是不可靠的，但由于 g 的存在，它又被称为最佳解释推理。

按推理过程中推出的结论是否单调增加，又分为单调推理和非单调推理，其中单调是指已知为真的命题数目随着推理的进行而严格地增加。在单调推理中，新的命题可以加入系统，新的定义可以被证明，并且这种加入和证明决不会导致前面已知的命题或已证的命题变为无效。然而，由于人类的思维及推理活动本质上不是单调的，人们对周围世界中的事物的认识、信念和观点，总是处于不断调整之中。如根据某些前提推出某一结论时，但当人们又获得另外一些事实后，却又取消这一结论，因此结论并不随着条件的增加而增加，这种推理过程就是非单调推理。非单调推理的概念最早由默顿提出，随后赖特提出了非单调推理方法封闭世界假设，并提出了默认推理，杜伊尔建立了真值维护系统（Truth Maintenance System，TMS），麦卡锡提出了限定逻辑的形式，通过限制（Circumscription）某些谓词的外延来处理默认假设和异常情况，这些研究不断推动着非单调推理的研究与发展。目前，非单调推理在人工智能中的应用非常广泛，特别是在处理常识推理、开放世界的推理以及处理不完整或不确定信息时。

在现实世界中存在大量不确定问题。不确定性来自人类的主观认识与客观实际之间存在的差异。事物发生的随机性，人类知识的不完全、不可靠、不精确和不一致，自然语言中存在的模糊性和歧义性都反映了这种差异，都会带来不确定性。针对不同的不确定性的起因，人们提出了不同的理论和推理方法，其中最为人们所熟知的方法包括贝叶斯理论、Dempster-Shafer 证据理论和 Zadeh 模糊集理论等。这些理论为理解和模拟人类的认知过程提供了重要的工具。

在人工智能领域，搜索算法扮演着核心角色，它通过系统地遍历解空间，以寻获问题的有效解决方案。搜索策略的设计决定了在搜索过程中如何优先应用知识，并主要分为盲目搜索和启发式搜索两大类。盲目搜索不涉及特定领域的知识，它平等地探索所有潜在解，适用于解空间不大的情况，例如广度优先搜索（BFS）和深度优先搜索（DFS）。而启发式搜索，例如 A* 算法和迭代加深深度优先搜索（IDDFS），通过启发式函数来评价解的质量，引导搜索向更有利的区域发展。这些函数估算从当前状态到目标状态的距离，从而提升搜索的效率。启发式搜索的效能极大地依赖于启发式函数的质量；优秀的函数能显著缩小搜索范围，加快问题解决的速率和效率。

8.2.4　机器学习

机器学习是一门研究计算机如何模拟人类学习行为的学科，它使计算机能够通过经验获取新知识和技能，并对已有知识结构进行重组，以不断提升其性能。实现人类水平的人工智能，关键在于赋予计算机类人的学习能力。作为人工智能的核心课题之一，机器学习是当前理论研究和实际应用中极为活跃的领域。常见的机器学习方法有归纳学习、类比学习、分析学习、强化学习、遗传算法、深度学习等。

1. 归纳学习

归纳学习是一种从特定的观察或经验中总结出一般性规律或模式的过程。它是人类和动物学习的一种基本形式，也是人工智能和机器学习中常用的方法之一。

在归纳学习中，通过观察和收集大量的特定实例或数据，进而从中发现普遍的规律或概念。这种学习过程不依赖于预先给定的规则或指导，而是通过分析和比较不同实例之间的共同特征来推断出普遍性原理。

归纳学习包括几个阶段：数据收集、数据清洗和预处理、特征提取、模式识别和模型构建。在这个过程中，可以使用各种机器学习算法，如决策树、朴素贝叶斯、逻辑回归等，来帮助我们从数据中发现模式并进行预测和分类。

归纳学习在许多领域有广泛的应用，包括自然语言处理、图像识别、推荐系统等。它可以帮助我们从大量的数据中提取有用的信息，并用于决策和问题解决。

2. 类比学习

类比学习（Learning by Analogy）是基于类比推理的一种学习方法（学习与推理强调的重点不同，文中一般不加区分）。其一般含义是：对于两个对象，如果它们之间有某些相似之处，那么就推知这两个对象间还有其他相似的特征。类比学习系统就是通过在几个对象之间检测相似性，根据一方对象所具有的事实和知识，推论出相似对象所应具有的事实和知识。

类比学习的一般过程主要包括以下几个步骤：

（1）输入。先将一个老问题的全部已知条件输入系统，然后对于一个给定的新问题，根据问题的描述，提取其特征，形成一组未完全确定的条件并输入系统。

（2）匹配。对输入的两组条件，根据其描述，按某种相似性的定义在问题空间中搜索，找出与老问题相似的有关知识，并对新老问题进行部分匹配。

（3）检验。按相似变换的方法，将已有问题的概念、特性、方法、关系等映射到新问题上，以判断老问题的已知条件同新问题的相似程度，即检验类比的可行性。

（4）修正。除了将老问题的知识直接应用于新问题求解的特殊情况外，一般说来，对于检验过的老问题的概念或求解知识要进行修正，才能得出关于新问题的求解规则。

（5）更新知识库。对类比推理得到的新问题的知识进行校验。验证正确的知识将存入知识库中，而暂时还无法验证的知识只能作为参考性知识，置于数据库中。

3. 分析学习

分析学习与神经网络、决策树等方法同属机器学习。神经网络和决策树方法需要一定数目的训练样例才能达到一定级别的泛化精度，而分析学习使用先验知识和演绎推理来扩大训练样例提供的信息，因此它不受样例数量的限制。在分析学习中，先验知识用于分析（或解释）观察到的学习样例如何满足目标概念，然后这个解释被用于区分训练样例中哪些特征相关，哪些不相关。这样，样例即可基于逻辑推理进行泛化。目前分析学习已被应用在各种规划任务中学习搜索控制规则。

4. 强化学习

强化学习（Reinforcement Learning，RL）是机器学习中的一个领域，又称再励学习、评价学习或增强学习。强化学习也是一类机器学习算法，但强化学习是介于监督学习和非监督学习的另一种学习方式，是让计算机实现从一无所知的状态开始，通过不断地尝试，从错误中学习，最后找到规律，学会达到目的的方法。它好比于模拟大自然中的生物进化的过程，一个生物接受环境给它的状态和奖励，然后它再采取下一步的动作以接受环境给它的新的状态和奖励。一个智能体在对环境采取行动后，环境会给它新的奖励和新的状态，这个智能体根据它得到的奖励和新的状态，来采取下一步的行动，形成一个闭环，这就是强化学习。

5. 遗传算法

遗传算法（Genetic Algorithm，GA）最早是由美国的 John Holland 于 20 世纪 70 年代提出，该算法是用于解决最优化问题的一种搜索算法。它是模拟达尔文生物进化论的自然选择和遗传学机理的生物进化过程的计算模型，通过数学的方式，利用计算机仿真运算，将问题的求解过程转换成类似生物进化中的染色体基因的交叉、变异等过程。其本质是一种高效、并行、全局搜索的方法，能在搜索过程中自动获取和积累有关搜索空间的知识，并自适应地控制搜索过程以求得最佳解。

6. 深度学习

深度学习（Deep Learning，DL）作为机器学习领域的一项革命性进展，由辛顿等学者提出。这一技术模仿人脑的神经网络机制，对图像、声音和文本等高维复杂数据进行处理与解析。通过学习样本数据的内在规律及其多级表示层次，深度学习赋予了机器以类人的分析和学习能力，使其能够有效识别和解释文字、图像和声音等多种数据类型。历经数十年的演进，深度学习已在多个关键领域实现了突破性进展，包括但不限于计算机视觉、自然语言处理、语音识别、自动驾驶、医疗诊断和金融风险控制等。全球科技巨头，如 Google、Facebook 等，纷纷投入巨额资源，深化对深度学习技术的研发，从而加速了该领域的创新步伐。

8.3　市政领域典型应用

8.3.1　市政设施智能运管平台

城市市政基础设施是保障城市运行、改善人居环境、增强城市综合承载能力的重要支撑体系。市政设施种类繁多，运行环境复杂，其传统的孤立垂直管理模式已无法满足现代城市发展需求。近年来，各地相继建立以"一网通""城市大脑"为代表的数字化城市管理与运营体系，但各专业部门间仍存在职能分散、信息壁垒、资源协同难、功能可扩展性差等问题，将市政设施状态感知、数据融合与运管体系应用到各行业、各层级，形成统一运维管控体系是当前发展的目标和难点。

围绕城市典型市政基础设施智能化运维与管控需求，以 CIM 技术为核心，针对城市市政设施模型数据量大、数据类型众多、数据结构复杂多样等特点，突破市政设施管理平台各自独立和垂直应用现状，基于市政设施物联数据泛在接入统一标准和多状态混杂环境市政设施运维管控关联模型，构建市政设施智能诊断、风险推演及决策知识数据库，形成市政设施分级、分类智能化运维与管控的技术体系和平台，实现城市典型市政设施运维联动、管控应急处置的高效融合和协同增效的目标，为面向特大、超大城市市政基础设施的精细化管理提供大数据分析及共性能力支撑。

市政设施智能运营平台依托基于 CIM 的市政基础设施三维数字底座，与物联感知、仿真模拟、深度学习等信息技术高度融合，实现城市市政设施状态全面感知、数据实时分析、风险智能预警、信息可视呈现、事件分级响应。平台总体架构如图 8-2 所示。

图 8-2　市政设施智能运管平台

1. 感知层

负责采集与市政设施日常运行有关的海量多源异构数据，主要包括：用于获取不同类型市政设施状态及环境信息数据的各类传感器或数据感知终端（如压力传感器、振动传感器、温湿度传感器、摄像头、GPS、RFID、智能巡检机器人等），以及各类前端执行设备（如摄像头云台、机器人伺服控制系统等）。

2. 设施层

平台运行所需的网络、存储、计算、安全资源与机房配套环境等软硬件基础设施。通过有线或无线、专网或公网等多种网络通信方案实现数据、设备、应用等高效互联互通；利用本地与云存储计算资源相结合，为平台提供海量数据存储与高性能计算能力；通过物理访问控制、身份认证、存储备份、防火墙等安全技术，为平台运行提供全方位的安全保障。

3. 数据层

为整个平台提供支撑，为各种智能化应用提供数据基础。相关数据主要包括物联感知数据、时空基础数据、资源调查数据、规划管控数据、工程建设项目数据、公共专题数据等。其中，物联感知数据包括市政设施监测数据、交通监测数据、环境监测数据、气象监测数据、建筑监测数据、城市安防监控数据等；时空基础数据包括测绘遥感数据、三维模型数据；资源调查数据包括地质调查数据、水资源数据、房屋建筑普查数据、市政设施普查数据等；规划管控数据主要是指城市市政规划相关数据；工程建设项目数据包括立项用地规划许可、工程建设规划许可、施工许可、竣工验收数据等；公共专题数据包括社会数据、实有单位数据、宏观经济数据、实有人口数据、兴趣点数据、地名地址数据等。

4. 能力层

其是整个平台的核心，依托感知层、设施层、数据层所提供的软硬件与数据资源，综合利用物联网泛在接入、大数据分析、人工智能深度学习、可视化等技术，实现设备接入与管理、数据汇聚、信息融合、智能诊断、决策分析、可视化展示、应急处置等功能，主要包括物联接入与数据汇聚系统、智能诊断与分析决策系统、BIM＋GIS可视化展示系统、应急处置分级响应系统等。

5. 应用层

为平台提供其所支撑的典型市政基础设施智能化运维与管控综合应用场景，包括地下管线、道路交通、城市环卫、城市水务、应急消防等方面。

1）地下管线

针对给水、燃气等地下管线的安全监测，通过预埋于管线自身或其附近的各类物联感知终端，实时采集管线压力、流速、温湿度、变形与受力状态、周边结构沉降等多维数据；结合历史监测数据，基于深度学习算法构建具有动态阈值的管线运行状态判别模型，对管线运行中的突发事故（如爆管、燃气泄漏等）进行风险预警与辅助决策，最大限度地降低事故损失。

2）道路交通

针对城市中易堵与事故多发路段道路交通的安全监控，依托视频监控、动态称重、车流量检测等感知设备，实时掌握道路交通运行状况并自动识别异常事件；在对实时视频数据进行人工智能分析的基础上，重构整个监控路段的交通运行情况，实现监控路段车辆动态孪生仿真，并对重点车辆保持全程跟踪，为道路交通管理提供直观、高效的数据支撑。

3）城市环卫

平台可接入垃圾处理厂、焚烧厂、餐厨垃圾处理厂的空气质量、水质、视频监控等数据，实时监测垃圾处理厂、焚烧厂等单位的空气质量、水质等环境指标。根据城市环卫业务监管的具体要求，对环卫各业务环节进行有效监管，辅助环卫主管部门对环卫工作中的人、事、物进行实时调度，实现城市环卫集中化、精细化、智慧化管理。

4）城市水务

通过水质检测仪、管网压力表、数据采集仪等在线监测设备实时监测城市供排水系统的运行状态，利用平台实现水务管理部门与供排水设施的有机整合，并可对海量水务信息进行融合分析与智能处理，为水务管理部门提供辅助决策建议，实现城市水务系统生产、管理与服务流程的精细化和动态化管理。

5）应急消防

基于数字孪生思想，利用平台的建模与仿真能力，对重点建筑、应急避难场所、消防设施进行三维可视化建模，高度还原真实世界，为应急管理部门提供相关建筑、场所及各类设施地点及布局的直观数据，在平时可支持消防救援单位真实高效地开展各类消防预案演练，在紧急事件发生时可辅助应急管理部门实现指挥与消防救援力量的精准部署。

市政设施智能运营平台以 CIM 为核心的新一代信息技术引入市政基础设施运维与管控体系建设中，构建基于 CIM 的市政设施智能运管平台并开展多维度智慧城市数字孪生应用，支撑市政基础设施传统运管模式的转型升级，实现典型市政基础设施的智能化运维与管控，有助于推动城市治理能力的现代化与管理水平的精细化，提升城市韧性。

8.3.2　市政设施管养系统

市政设施是城市管理的重要组成部分，传统市政设施管养以"发现问题、解决问题"的被动式运维为主，是城市精细化管理的薄弱环节。在深入分析市政设施智慧管养需求的基础上，设计了智慧管养的系统架构，开发了市政设施 GIS 地图驾驶舱模块。该模块融合边缘侧采集系统数据、道路运行数据、日常养护和应急抢修数据，实现了实时运行数据的有效接入。管养系统采用深度学习技术，实现对道路裂缝、坑槽、积水结冰等典型病害的智能识别与预警。实际项目应用表明，基于 GIS＋人工智能技术的市政设施管养系统可高效助力路桥病害识别、时空演化和发展趋势分析，对于市政养护高效、高标准、智能化发展具有重要作用。

根据现实需求，设计了包含五个层次的技术架构的市政智慧养护系统，系统技术架构如图 8-3 所示，从最底层开始依次为边缘层、基础层、技术支撑层、系统应用层以及展示层。

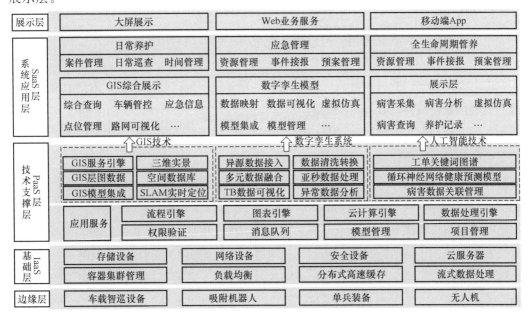

图 8-3　市政智慧养护系统

1. 边缘层

边缘层包括车载智能巡查设备、单兵巡查设备、无人机热成像摄像设备、吸附机器人等一系列对市政道路及其附属设施进行全面域动态监测的各类物联网感知设备以及智能网关等网络设备。

2. 基础层

基础设施层为平台提供云基础设施和连接服务，包括云存储、云服务器、高性能数据处理、网络架构和其他基本的计算资源，在本层部署基础的操作系统和平台程序。云平台的使用者不需要负责维护或控制任何云基础设施，只需要通过本层的访问接口来获取所需服务、使用存储空间、拉取应用 App 等活动。

3. 技术支撑层

技术支撑层由核心技术支持组成，是支撑智慧市政养护功能的主要部分。技术支撑层主要任务是提供基础应用服务、流程引擎、高效计算引擎等基础应用服务，以及提供 GIS 相关服务、数字孪生系统服务以及人工智能技术服务等先进技术。本平台层向下层的 IaaS 层发送云服务结果和云计算结果，向上层的各应用提供平台和基本功能的支撑，确保整个平台功能的运行。

4. 系统应用层

系统应用层主要是建设业务应用模块，包括移动端 App 以及各种功能模块，通过云服务，实现多业务模式的统一管理和切换，包括日常养护、应急管理、全生命周期管养、病害识别、GIS 综合展示、数字孪生模型等，实时掌握路桥等基本设施全局信息和业务动态流程信息。

5. 展示层

应用展示层包含大屏展示、网页端、移动端，主要面向用户，使得用户可以通过浏览器方便地访问相应的资源，也是各类角色主要使用服务的途径。

以上海市临港综合养护项目为例，该项目管养范围包括临港大道、两港大道 2 条临港主要通行城市道路以及 12 条公路，总计里程 111.8km。其中，4 条公路呈网状交错分布在临港新片区主城区以外的范围内，使得项目覆盖范围较广，养护设施种类与数量较多。此项目中一线作业人员有 300 余人，管理人员 30 余人，人均工作量较多。通过搭建智慧管养平台（图 8-4），建设智慧管养驾驶舱的指挥中心，可基于基础设施 GIS 模型，实时采集市政基础设施的监测数据，实现驾驶舱一张图综合展示，在中间 GIS 地图中以各图层依次显示上海市地图底图、基础设施地理位置信息、基础设施实时运行状态监测数据、车辆运行状态、基础设施病害数据、病害时空演化分析数据等，从而构建路桥、雨污水、电、气等各大基础设施的动态模型，实现对基础设施隐患部位实时监测预警，基于专家知识库、应急预案以及实时动态数据对事件进行模拟分析。同时可基于时间线分析道路养护的效果和病害的发展变化趋势，根据单一病害（如坑槽、裂缝）

影响范围的扩展，结合影像资料，得到单一病害演化规律，为病害演化预测与风险评估提供依据；分析已修补病害二次破坏数据，评价修补技术与材料耐久性能。基于 GIS 地图与工单数据进行深度挖掘和统计分析，为合理调配资源、准确预测养护资源使用情况、及时预警等提供数据支撑，实现智能化、科学化决策。

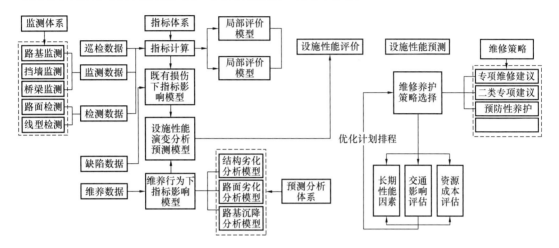

图 8-4　智慧管养主要技术路线

第 9 章　自 动 化 控 制

9.1　概述

自动控制是相对人工控制概念而言的，相关技术的研究有利于将人类从复杂、危险、繁琐的劳动环境中解放出来并大大提高控制效率。自动化控制则更广泛地涵盖了自动控制，并进一步强调对整个过程或系统的自动化操作。

9.1.1　定义

自动控制是指在无人直接参与的情况下，利用外加的设备或装置，使机器、设备或生产过程的某个工作状态或参数自动地按照预定的规律运行。

自动化控制是一种自动控制技术和方法的综合应用，旨在实现对系统、过程或机器的自动化操作和监控。它通过使用传感器来感知系统的参数和状态，并利用控制器和执行器进行自动调节和控制。

自动化控制的目标是实现系统的自动化运行、优化和稳定。通过自动化控制，可以提高生产效率、降低能耗、提高产品质量，并在某些情况下提高安全性和可靠性。它的应用领域非常广泛，包括工业生产、交通运输、能源系统、建筑自动化、家居自动化等。它在现代社会中扮演着重要的角色，助力各行各业提高效率、增强可持续性。

9.1.2　基本框架

自动化控制的框架指的是其组成部分和它们之间的关系，通常分为以下几个关键组成部分：

1. 传感器（Sensors）

传感器是用于感知系统或过程的物理量和状态的装置。它们可以测量温度、压力、流量、速度、位置等参数。传感器将这些物理量转换为电信号或数字信号，以便后续的处理和控制。

2. 测量与数据采集（Measurement and Data Acquisition）

这一步骤涉及使用测量设备或数据采集系统收集传感器产生的信号。这些设备可以将模拟信号转换为数字信号，或对数字信号进行采样和记录。数据采集过程将获取的数据传输给后续的控制器。

3. 控制器（Controller）

控制器是自动化控制系统的核心部分。它接收来自传感器和其他输入的信号，通过使用预设的控制算法来进行计算和决策。控制器的目标是生成相应的控制信号，以实现系统的期望行为和性能。

4. 执行器（Actuators）

执行器是根据控制信号执行相应操作的装置。它们可以是电动阀门、电机、气缸、机器人臂等。执行器接收来自控制器的控制信号，并将其转换为实际的动作、调节或输出。

5. 反馈回路（Feedback Loop）

反馈回路是自动化控制中的重要环节。它建立在控制器和执行器之间，并确保系统的实际状态与期望状态之间的差异得到纠正。反馈信号从执行器返回到控制器，用于调整控制器输出，以使系统保持稳定和精确。

上述部分共同协作，形成一个循环系统（图 9-1）：传感器感知系统的状态并将其转换为信号，测量与数据采集系统收集信号并传输给控制器，控制器根据输入信号进行计算和决策，生成相应的控制信号，执行器执行控制信号，然后通过反馈回路进行监控和调整。这个循环持续不断地运行，以实现对系统或过程的自动化操作和控制。

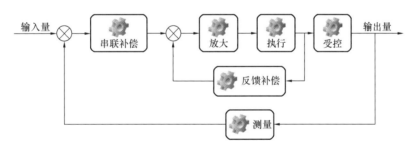

图 9-1　典型机械自动控制流程

9.2　关键技术

自古代的自动化装置到工业革命时期的机械自动化，再到电气和电子控制的兴起，以及控制理论的发展和数字计算机的应用，自动化控制经历了长期的演进和创新，为现代工业和社会带来了重大的变革。

最早的自动化控制要追溯到我国古代的漏壶和指南车。近代的欧洲工业革命，则促进了自动化控制技术的广泛应用——英国人瓦特在发明蒸汽机的同时，应用反馈原理，于 1788 年发明了离心式调速器：当负载或蒸汽量供给发生变化时，离心式调速器能够自动调节进气阀的开度，从而控制蒸汽机的转速。

又经过 200 多年的发展与进步，如今随着计算机、电子电气、信息通信等工业技术的飞速发展，自动化控制领域涌现出了许多极有前景的关键技术，相较于前，自动化控制技术已经有了翻天覆地的变化。

9.2.1 可编程逻辑控制器（PLC）

可编程逻辑控制器（Programmable Logic Controller，PLC），是一种专门为在工业环境下应用而设计的数字运算操作电子系统。它采用一种可编程的存储器，在其内部存储执行逻辑运算、顺序控制、定时、计数和算术运算等操作的指令，通过数字式或模拟式的输入输出来控制各种类型的机械设备或生产过程。

PLC 作为一种具有微处理器并用于自动化控制的数字运算控制器，可以将控制指令随时载入内存进行储存与执行。它由 CPU、指令及数据内存、输入/输出接口、电源、数字模拟转换等功能单元组成。

PLC 的发展可以追溯到 20 世纪 60 年代末和 20 世纪 70 年代初。它最初是为了替代机械继电器而发展起来的，旨在提高系统的可靠性和灵活性。早期的 PLC 只有逻辑控制的功能，所以被命名为可编程逻辑控制器，后来随着不断的发展，这些当初功能简单的计算机模块已经有了逻辑控制、时序控制、模拟控制、多机通信等各类功能，名称也改为可编程控制器（Programmable Controller），但是由于它的简写 PC 与个人电脑（Personal Computer）的简写相冲突，加上习惯的原因，人们还是经常使用可编程逻辑控制器这一称呼，并仍使用 PLC 这一缩写。

现代，PLC 的应用逐渐扩展到各个行业，包括制造业、能源、交通、化工等。随着技术的发展，PLC 在功能和性能上不断提升，包括更快的处理速度、更大的存储容量、更多的输入输出接口等。

工业上使用的可编程逻辑控制器已经相当或接近于一台紧凑型电脑的主机，其在扩展性和可靠性方面的优势使其被广泛应用于各类工业控制领域。不管是在计算机直接控制系统还是集中分散式控制系统（DCS），或者现场总线控制系统（FCS）中，总是有着各类 PLC 的大量使用。PLC 的生产厂商很多，如西门子、施耐德、三菱、台达等，几乎涉及工业自动化领域的厂商都会有其 PLC 产品提供。

PLC 是自动化控制中极其重要的技术和设备，它通过可编程性和实时性实现了对工业过程和机械设备的自动化控制，在工业自动化中发挥着关键作用，极大地提高了生产效率、可靠性和灵活性。PLC 的基本组成如图 9-2 所示。

9.2.2 数据采集与监控系统（SCADA）

数据采集与监控（Supervisory Control and Data Acquisition，SCADA）系统，是一种以计算机技术、通信技术以及自动化技术为基础的生产监控系统。它通过远程传感

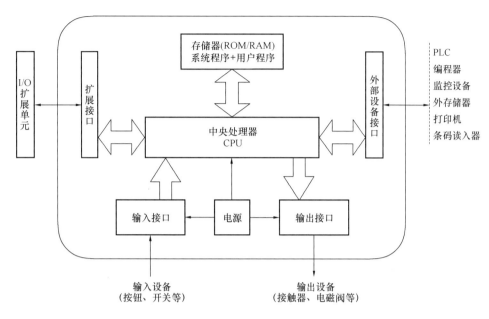

图 9-2 PLC 的基本组成

器、控制器和人机界面，可以对现场运行的设备进行监视，实现数据采集、设备控制、
测量、参数调节以及各类信号报警等各项功能。

SCADA 系统的主要功能包括数据采集、实时监控、远程控制和数据存储等。它通
常由以下组件构成：

1. 监控服务器

负责管理和控制整个 SCADA 系统，包括数据采集、存储、处理和显示等功能。

2. 远程终端单元（RTU）或可编程控制器（PLC）

用于监测和控制现场设备，通过传感器获取实时数据，并执行相应的控制动作。

3. 人机界面（HMI）

提供直观的图形界面，供操作人员监视和操作工业过程。HMI 可以显示实时数据、
趋势图、报警信息等，并提供控制界面和参数设置。

4. 通信网络

连接监控服务器、RTU/PLC 和 HMI 之间的数据传输通道。通常使用以太网、串
行通信或专用通信协议进行数据交换。

SCADA 系统广泛应用于各种行业和领域，如电力、水处理、石油和天然气、制造
业等。它可以实现对远程站点、生产过程和设备的集中监控和控制，提高生产效率、安
全性和可靠性。SCADA 系统还可以通过数据采集和分析，帮助运营人员做出决策、优
化过程和诊断故障。

需要注意的是，随着工业互联网和物联网的发展，现代的 SCADA 系统通常与其他

系统和平台集成，如企业资源规划（ERP）、数据分析和云平台，以实现更高级的功能和智能化的控制。

某监控系统结构示意图如图 9-3 所示。

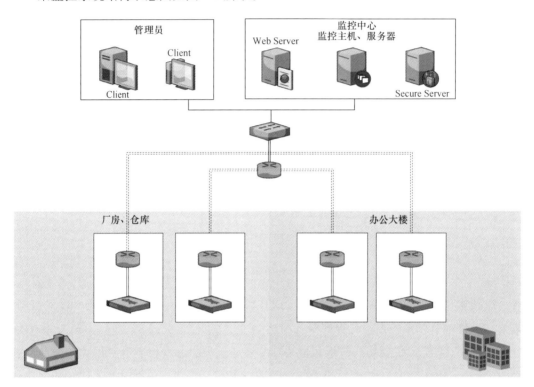

图 9-3 某监控系统结构示意图

9.2.3 远程终端单元（RTU）

远程终端单元（Remote Terminal Unit，RTU），是一种针对通信距离较长和工业现场环境恶劣而设计的具有模块化结构的、特殊的计算机测控单元，是用于实时数据采集、处理和控制的装置，它通常被应用于监测和控制分布式设备或系统。

RTU 能将末端检测仪表和执行机构与远程调控中心的主计算机连接起来，具有远程数据采集、控制和通信的功能。它能接收主计算机的操作指令，并通过物理接口或通信网络连接传感器和其他设备，与监控服务器或上位机进行数据交换，控制末端的执行机构运动。

RTU 是一个复杂的系统，也是一个完整且独立的终端，它的关键构成有以下 8 个部分：

（1）处理器（Processor）：处理器是 RTU 的核心部件，负责执行各种任务，包括数据采集、数据处理、控制逻辑的执行等。处理器的性能和能力决定了 RTU 的处理速度和功能。

（2）输入/输出接口（I/O Interface）：输入/输出接口是 RTU 与外部设备连接的通道。它包括模拟输入、数字输入、模拟输出和数字输出接口。模拟输入用于连接模拟传感器（如温度传感器、压力传感器），数字输入用于接收开关量信号（如开关状态、报警信号），模拟输出和数字输出用于控制执行器（如阀门、电动机）。

（3）存储器（Memory）：存储器用于存储 RTU 的程序代码、配置参数、历史数据等信息。它包括 RAM（随机存储器）和 ROM（只读存储器）等。

（4）通信接口（Communication Interface）：通信接口用于与监控服务器或上位机进行数据交换。通常使用以太网、串行通信（如 RS-232、RS-485）等通信协议。

（5）电源（Power Supply）：电源提供 RTU 所需的电能。在一些远程或恶劣的环境条件下，电源的稳定性和可靠性尤为重要。

（6）时钟（Clock）：时钟用于提供 RTU 的时间戳和实时时钟功能。时间戳对于记录历史数据和事件非常重要。

（7）控制模块（Control Module）：控制模块是 RTU 的主要功能部件，它根据预先定义的控制逻辑和条件，执行相应的控制动作，实现对现场设备的控制。

（8）监控模块（Monitoring Module）：监控模块负责数据采集和监测。它从输入接口读取传感器数据，并实时监测设备状态和过程参数。

有一些 RTU 还会配备人机界面（HMI），以提供对 RTU 进行监控和配置的能力。HMI 通常包括显示屏、键盘和触摸屏，使操作员能够与 RTU 进行交互。配备了 HMI 的 RTU 便成了一个完整且独立的终端单元。

RTU 在工业自动化中扮演着重要角色，作为 SCADA 系统的重要组成部分，它能帮助系统实现对分布式设备和系统的远程监控和控制。SCADA 系统可以用各种不同的硬件和软件来实现，这取决于被控现场的性质、现场环境条件、系统的复杂性、对数据通信的要求、实时报警报告、模拟信号测量精度、状态监控、设备的调节控制和开关控制。由于各制造商采用的数据传输协议、信息结构和检错技术不同，各制造厂家一般都生产 SCADA 系统中配套的专用 RTU。

RTU 信息过程如图 9-4 所示。

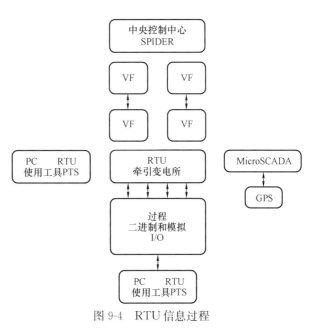

图 9-4　RTU 信息过程

9.2.4 通信技术与通信协议

自古以来，人类对于信息传递的渴望与追求，推动了通信技术的不断革新与发展。从远古时期的口口相传、鸿雁传书，到近现代的有线通话、无线电传，再到如今的卫星通信，人类通信技术历经了漫长而绚烂的历程。

在远古的洪荒时代，人们通过口口相传的方式传递信息，这种方式虽然简陋，但在当时的社会背景下却显得尤为珍贵。随着文字的产生和书写材料的改进，书信成为人们交流的主要媒介。鸿雁传书、鱼传尺素，这些成语都生动描绘了当时书信传递的美好画面。然而，受限于交通工具的速度和距离，书信传递的效率和准确性仍然受到了很大的制约。

进入近现代，科技的迅猛发展使得有线通话和无线电传等新型通信方式相继问世。有线通话的出现，使得人们可以在更遥远的距离内实现实时对话，极大地提升了通信的便捷性。而无线电传则彻底打破了地域的束缚，让信息传递不再受限于有线通信的制约。这些新型通信方式的涌现，为人类社会的交流与发展注入了新的活力。

如今，随着科技的日新月异，卫星通信已经崭露头角，成为现代通信领域的璀璨明珠。卫星通信借助人造地球卫星作为中继站，实现了全球范围内的无线通信。它不仅能够传输语音、文字、图像等多种信息，还能提供广播、电视、导航等多元化服务。卫星通信的崛起，极大地拓宽了人类通信的边界，使得世界各地的人们能够更加便捷地沟通与协作。

回顾人类通信技术的发展历程，我们可以清晰地看到科技进步对人类社会发展的巨大推动作用。通信技术的变革不仅改变了人们的交流方式，还深刻地影响了人们的生活方式、工作方式和社会结构。展望未来，随着科技的不断进步和创新，我们有理由相信，更加先进、智能的通信技术将不断涌现，为人类社会的发展注入新的动力与活力。

在自动化领域中，通信技术和通信协议起着至关重要的作用，它们联合作用，使得不同设备和系统能够有效地进行数据交换和通信。通信技术的不断发展，通信协议的不断革新，对整个自动化技术的发展起到了极大的推动作用。

通信技术一般是指用于设备之间传输数据的物理手段和方式。它涉及连接设备的物理介质以及数据传输的方式和规则。通信技术提供了设备之间数据传输的基础，并决定了数据传输的速度、距离和可靠性等特性。

在自动化控制中，常见的通信技术包括：

（1）以太网（Ethernet）：一种常用的局域网通信技术，适用于连接自动化设备和计算机，提供高速、可靠的数据传输。

（2）串行通信：包括 RS-232、RS-485、RS-422 等，用于点对点或多点通信，常用于连接传感器、控制器等设备。

（3）CAN（Controller Area Network）：主要应用于汽车电子等领域，提供高速、可靠的数据通信。

上述通信技术是设备之间进行数据传输和通信的基础，不同的通信技术应用于不同的场景和设备类型中，以满足特定的需求和要求。

通信协议则是指这些设备之间进行数据交换和通信时所遵循的规则和约定。通信协议定义了数据传输的格式、结构、编码方式、传输协议以及设备之间交互的规则。通信协议的作用是确保通信双方能够正确理解和解释传输的数据，从而实现可靠的数据交换和通信。

在自动化控制领域，通信协议起着极其关键的作用。不同的设备可能来自不同的厂商，使用不同的通信规范和数据格式，通信协议的定义与标准化，使得不同厂商的设备能够相互通信，以实现数据的共享和系统的集成。

通信协议一般包含四个部分：

（1）数据格式：规定数据的组织方式和结构，例如数据字段、数据长度等。

（2）编码方式：定义数据的编码和解码方式，确保数据能够正确传输和解释。

（3）传输协议：规定数据在通信线路上的传输方式和规则，包括数据的起始和停止标志、校验等。

（4）交互模式：定义设备之间通信的过程和流程，例如请求—应答模式。

在自动化控制中，常见的通信协议有：

（1）Modbus：一种简单、开放的通信协议，在自动化控制系统中用于数据的交换和通信。它被广泛应用于工业控制设备之间，例如连接 PLC 与传感器、执行器、HMI 等设备。

（2）DNP3（Distributed Network Protocol 3）：远程监控和控制应用的通信协议，特别在电力、水处理等行业被广泛应用。一般用于连接 SCADA 系统与遥测站、远程终端单元（RTU），以进行数据传输和控制。

（3）Profibus：在工业自动化领域被广泛应用的通信协议，用于连接 PLC、现场设备和传感器，以进行数据交换。在工业自动化和现场控制系统中，Profibus 常用于实时数据传输和高级控制。

（4）Profinet：一种以太网通信协议，用于连接 PLC、现场设备和上位机进行高速数据通信。在现代自动化系统中，Profinet 被广泛应用于实时控制和高性能通信。

（5）OPCUA（Open Platform Communications Unified Architecture）：一种工业自动化设备之间的通信协议，提供跨平台和互操作性支持。它通常被用于不同厂商的设备之间，以实现数据共享和通信，促进了工业 4.0 和物联网的发展。

这些常见的、标准化的通信协议，在自动化控制领域中被广泛应用，确保不同设备和系统能够有效地进行数据传输、监视和控制。通过遵循共同的通信协议，不同厂商的设备可以实现互操作性，从而实现更灵活、高效的自动化控制。自动化系统通信示例如图 9-5 所示。

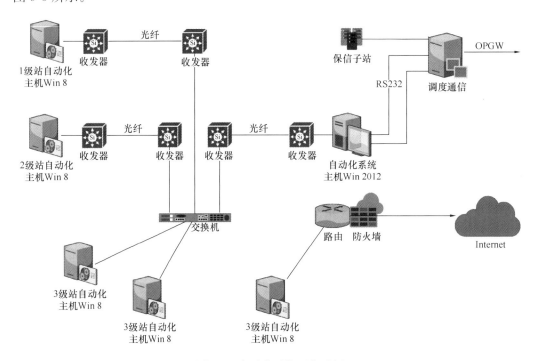

图 9-5   自动化系统通信示例

9.3　市政领域典型应用

　　智慧市政旨在运用先进的信息技术、通信技术、大数据分析和自动化控制等手段，对城市进行全面、智能化的管理和运营，通过智能化的城市管理平台和系统，实现城市的高效运行和资源优化。

　　智慧城市描绘了一幅巨大的梦幻蓝图，智慧市政是其中的一块重要拼图，是构建智慧城市不可或缺的重要基础。

　　自动化控制技术和智慧市政有着极其紧密的联系，是实现智慧市政的核心技术之一。

　　随着城市化进程的快速推进，城市面临着越来越多的挑战，如能源消耗过大、环境污染、交通拥堵等。在这一背景下，自动化控制技术和智慧市政成为推动城市未来发展的重要战略。接下来我们将探讨智慧市政在市政领域的两个重要案例：智能电网和无人值守泵站，并展示它们在优化城市基础设施运行和提升城市管理效率方面的优势。

9. 3. 1 智能电网

智能电网 (Smart Power Grids)，就是电网的智能化，也被称为"电网2.0"，它是建立在集成的、高速双向通信网络的基础上，通过先进的传感和测量技术、设备技术、控制方法以及决策支持系统技术的应用，实现电网的可靠、安全、经济、高效和环境友好的目标，解决方案主要包括以下几个方面：

（1）通过传感器连接资产和设备提高数字化程度。

（2）数据的整合体系和数据的收集体系。

（3）进行分析的能力，即依据已经掌握的数据进行相关分析，以优化运行和管理。

电网的智能化一般常见于电力生产、传输、消费等六个关键环节：智能发电、智能输电、智能配电、智能用电、智能调度、智能变电。

它融合了信息技术与电力系统，实现电力生产、传输和消费的智能化管理和优化。在市政领域，智能电网的应用为城市能源管理的未来带来了全新的可能。

德国作为智慧城市和智能电网发展的领军者之一，在智能电网方面有着丰富的实践经验。萨克森铁路供电系统是由 ABB（一家全球领先的自动化技术公司）和合作伙伴共同开发的，是德国智能电网成功案例中的典范。

该项目目标是改进德国萨克森州地区的铁路供电系统，使其更加智能、高效、可靠。在该系统中，自动化控制技术发挥了重要作用。主要的自动化控制功能包括：

（1）智能变电站：引入智能变电站，利用自动化技术实现对变压器和开关设备的远程监控和控制。这使得系统操作更加智能化和灵活，减少了人为干预的需要，提高了供电系统的可靠性。

（2）数据采集与分析：通过在电网中部署传感器和智能装置，实时采集电力系统的数据，包括电流、电压、负荷等信息。这些数据通过自动化系统传输到中央控制中心，进行实时监测和分析。通过数据分析，可以优化电力调度，预测故障，并进行智能决策。

（3）智能负荷管理：系统实现了对铁路供电负荷的智能管理和调控。根据实时负荷需求，自动化控制系统可以自动调整电力输出，确保供电稳定，并最大限度地降低能源浪费。

该项目的成功实施为德国铁路供电系统的智能化和可持续发展提供了示范和借鉴。

南京作为中国智慧城市建设的典范之一，也在智能电网方面进行着重要实践。南京智能电网项目旨在提高城市电力供应的智能化水平，实现对电力系统的高效管理和优化。在南京智能电网项目中，自动化控制技术的应用包括：

（1）智能电力调度系统：通过自动化控制系统对电力调度进行智能化管理，预测和优化电力需求，根据电力负荷的变化智能调整发电计划和输电线路，确保电力供应的高效性和稳定性。

（2）智能配电网：引入智能电表和智能设备，实现对用户用电行为的监测和管理。自动化控制系统通过智能电表实时采集用户用电数据，并根据数据分析结果提供节能建议和用电优化方案。

（3）智能储能技术：应用储能技术将多余的电力进行储存，并在需要时进行释放，平衡电力供需，提高能源利用效率。

这些自动化控制技术的应用，使得南京智能电网能够更好地满足城市电力需求，提高能源利用效率，降低能源消耗，极大地推动了南京市政领域的智慧化发展。

自动化控制在智能电网的发展中有着极其重要的作用，通过智能化管理和自动化控制技术的应用，智能电网可以实现对电力生产、传输和消费的智能化管理，优化能源利用，推动城市能源的可持续发展。配电网综合自动化系统的基本构成如图 9-6 所示。

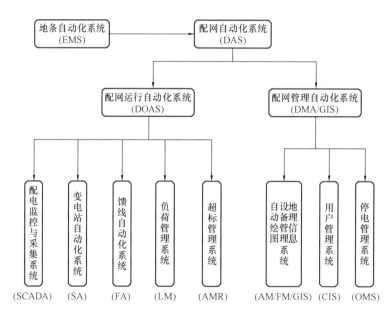

图 9-6　配电网综合自动化系统的基本构成

9.3.2　无人值守泵站

在现代城市，水泵站是确保水资源运转的重要基础设施之一。传统上，水泵站通常由人工值守，需要专业人员进行操作和维护，资源利用率相对较低，人工成本高昂。然而，随着科技的不断发展和自动化控制技术的应用，使用无人值守泵站逐渐成为新趋势。无人值守泵站借助先进的自动化控制系统，实现了智能化运行和管理，极大地提高了供排水效率，降低了运营成本，同时也为城市水资源管理带来了全新的可能。

　　无人值守泵站是一种采用自动化控制技术，无需人工实时值守的泵站。通过自动化设备和智能系统实现泵站的自动开启、关闭、调节和故障检测等操作，从而实现无需人工干预的持续运行。

　　无人值守泵站有四个主要的组成部分：泵机组、自动化控制系统、传感器和仪器设备、通信设备。它先通过传感器实时监测水位、水压等数据，并经通信设备将这些数据传输到自动化控制系统中。随后，自动化控制系统根据预设的控制逻辑，分析和处理这些数据，并做出相应的控制决策。最后，这些决策经通信设备传达给泵机组，通过控制泵机组的启停和转速，实现对水源的抽取、输送和水位的调节。

　　深圳市作为中国智慧城市建设的先行者之一，在智能化建设方面取得了显著进展。其中，无人值守泵站作为智慧城市水务系统的重要组成部分，在深圳得到了广泛应用。这些泵站与深圳市供水管理系统相连接，实现了数据共享与智能调控。

　　目前，深圳市全市各区已建设多座智慧无人值守泵站。这些泵站采用了先进的自动化控制系统，实现了高度智能化的运行和管理。

　　根据实时的用水需求、水源情况和天气预报等信息，自动化控制系统智能调节泵机组的运行策略，确保供、排水系统按需运行，高效稳定地收集生活污水、工业废水、渗透地下水并进行管理控制，保证地表、地下水环境的生态循环，还能有效预防暴雨洪涝等灾害的出现。

　　通过智能终端设备，运营人员可以远程监控泵站的运行状态。当泵站发生异常或故障时，自动化控制系统会自动发送警报信息至运营人员的手机，他们可以及时采取措施进行故障排查和处理，保障整个水务系统的稳定运转。

　　深圳的无人值守泵站通过自动化控制，根据实际水源情况智能调节泵机组的运行，避免过度抽水和能源浪费。该系统还配备了环境监测设备，实时监测水质和水位等指标，保障城市智慧水务各环节的环境安全。

　　无人值守泵站是现代水务系统中的智能化代表，它借助自动化控制技术，实现了泵站的自动化运行和智能化管理。自动化控制在无人值守泵站中起着至关重要的作用，它提高了泵站的运行效率和稳定性，降低了运营成本，实现了泵站的远程监控和管理，增强了水务系统的安全性和环保性。随着科技的不断发展，无人值守泵站将在未来城市水资源管理中扮演越来越重要的角色，为人们的生活带来更环保、高效的水务管理。

　　无人值守泵站测控终端结构如图 9-7 所示。

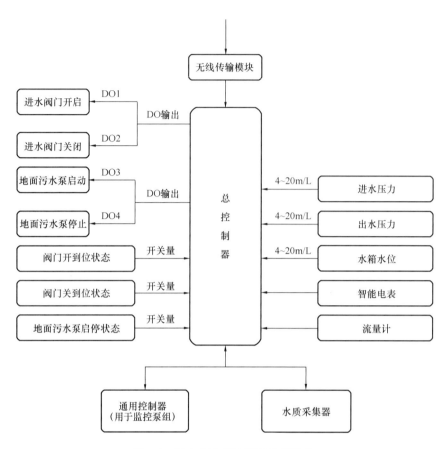

图 9-7　无人值守泵站测控终端结构

第 10 章　数　字　孪　生

10.1　概述

10.1.1　定义

数字孪生（Digital Twin）是以数字化方式创建物理实体的虚拟模型，借助数据模拟物理实体在现实环境中的行为，通过虚实交互反馈、数据融合分析、决策迭代优化等手段，为物理实体增加或扩展新的能力。

数字孪生的早期概念源于密歇根大学的 Michael Grieves 教授于 2003 年产品生命周期管理课程中提出的"与物理产品等价的虚拟数字化表达"概念，被定义为包括物理空间的实体、虚拟空间的模型以及两者之间的交互连接，主要被应用在军工及航空航天领域中。

随后，NASA 于 2012 年发布的技术路线图中正式提出了"数字孪生"的说法，指出其是"一种综合多物理、多尺度模拟的载体或系统，以反映其对应实体的真实状态"。在 2016 年和 2017 年，全球知名的 IT 研究与顾问咨询公司 Gartner 连续两年把数字孪生列为当年十大战略科技发展趋势之一，指出"数以亿计的物件很快将以数字孪生的形式来呈现"，这使得数字孪生概念受到广泛关注，并逐步向民用领域拓展，在工业界越来越多的领域落地应用，衍生出"数字孪生车间""数字化工厂"等应用概念。

2018 年，雄安新区首次提出"数字孪生城市"，将其作为"建设数字城市，打造智能新区"的创新之举，旨在建立一个与城市物理实体相互映射、协同交互的"城市数字孪生体"，实现城市全要素数字化和虚拟化、城市状态实时化和可视化、城市管理决策协同化和智能化，打通物理城市和数字城市之间的实时连接和动态反馈，通过对统一数据的分析来跟踪识别城市动态变化，使城市规划与管理更加契合城市发展规律。

数字孪生是多项关键使能技术的融合集成地，是数字世界与界深度融合的具体表现。其核心是数据和模型，具有物理性、动态性、系统性、交互性、全周期性、多维性、关联性、共生性的特点。普遍认为的数字孪生模型结构如图 10-1 所示。

（1）数字孪生不仅是几何的，更是物理的，不仅包含对象的几何空间信息，更重要的是涵盖了对象在物理状态下的各类属性状态信息。

（2）数字孪生不仅是静态的，更是动态的，对象在物理空间中的运行过程都是动态

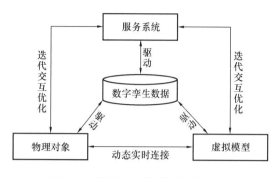

图 10-1   数字孪生模型（作者自绘）

的，只有对动态问题更深刻认识并施予相应控制，才是数字孪生最重要的意义。

（3）数字孪生不仅是对象的，更是环境的、系统的，因为对象在物理空间中的运行与变化与所处环境、周边对象息息相关，环境条件是建立其数字孪生体时需要考虑的因素。

（4）数字孪生不仅是针对产品的，还有针对使用者的，这更有利于建立仿真模型、辅助设计决策、平衡设计方案优劣和预测市场接受的程度。

（5）数字孪生数据不仅是在设计中产生，而是产生在产品全生命周期内，孪生数据不仅产生于产品的设计，而且在产品的制造、运行、维护等全生命周期过程中，都不断地产生。

（6）一个物理实体不是仅对应一个数字孪生体，而是可能需要多个从不同侧面或视角描述的数字孪生体，因为实体在所处的不同阶段、不同环境中都会有不同的物理过程。

（7）数字孪生的关键不仅在于孪生数据的粒度，更在于孪生数据的特别关联，不能满足于收集到更多更细的数据，而是要把这些数据融合起来解决问题。

（8）数字孪生体不能只是物理实体的镜像，而是与物理实体共生，可以理解为是"物理生命体"的数字化描述。在设计开发阶段，数字孪生体是物理实体在"孕育"阶段的"胚胎"。在物理实体运行过程中，各种过程数据又不断地丰富数字孪生模型。在产品运行过程中，数字孪生模型对获得的数据进行分析、仿真、模拟、预测而获得的衍生数据反过来又能够实现物理实体的运作和优化。

根据数字孪生特点和应用程度，数字孪生模型可以分为 5 个等级，级别越高，数字孪生越强大，如图 10-2 所示。第 1 等级（L1）是以虚映实，可以实时复现物理实体的实时状态和变化过程；第 2 等级（L2）是以虚控实，可以通过数字孪生模型间接控制实体的运行过程；第 3 等级（L3）是以虚预实，可预测物理实体未来一段时间的运行过程和状态；第 4 等级（L4）是以虚优实，可利用数字孪生进行物理实体优化；第 5 等级（L5）是虚实共生，虚实长期同步运行，可自主孪生，精准预测未来状态。

图 10-2   数字孪生等级划分（作者自绘）

总而言之，数字孪生是通过构建物理实体所对应的数字孪生模型，对数字孪生模型进行可视化、调试、体验、分析与优化，从而提升物理实体性能和运行绩效的综合性技术策略。对于数字孪生城市而言，它也是一个长期的、综合的、动态的、不断进化的过程，不仅是对实体城市的简单复制和精准映射，而且是信息技术与其他资源要素共同发生作用，基于数字空间去操控和优化实体城市的时空资源配给，支撑社会经济环境的重构与创新，孕育出虚拟与现实互动交织的未来城市发展模式。

10.1.2　基本框架

数字孪生的实现需要立足于一个全周期、全时空、全要素、全过程数字信息系统的核心载体，基本框架如图 10-3 所示。数字孪生系统是在数据层引入物理数据，通过应用层反作用于现实实体，在其全生命周期中彼此交互作用，形成决策支撑。

图 10-3　数字孪生系统基本框架（作者自绘）

在这个过程中，数字孪生系统利用物联网的泛在感知能力以及先进网络设备的超大移动宽带能力，把通过传感器等媒介采集到的人、物体、环境等数据进行实时状态数据传输，实现从实体对象到数据信息的转换，在系统内部构成底层数据池。

在底层数据池的支撑下，数字孪生系统利用其建模与渲染能力，基于现实世界建模构建起一个与物理世界基本一致的数字世界，包括二维及三维的几何模型、磁场及动力的物理模型、个体及群体的行为模型、基于历史数据或隐性知识的规则模型等。在这个数字世界基础上，数字孪生系统能够发挥云计算与边缘计算的低延迟特性带来高效能计算能力，融入仿真、大数据、人工智能等技术模拟物理世界运行规律，实现系统认知、问题诊断、控制优化、状态预测等功能，形成一个与物理实体共生的数字孪生体。

最后，数字孪生体纵向深入到城市管理、工业制造、精准医疗等不同行业的垂直领域，与各领域的业务流程、实体行为有机结合，实现数字孪生价值的行业应用。

10.2   关键技术

数字孪生通常是各项关键使能技术的融合集成，这些关键使能技术大体分为前端设备层及技术层，本章所谈论的核心技术并不涉及传感器等前端设备，主要是技术层，具体包括建模、渲染、物联网、大数据、仿真、可视化、云计算等，它们的蓬勃发展与交叉融合，极大地推动了数字孪生的深入应用；反之，数字孪生的成功应用，又促进了这些关键使能技术的进一步发展。

10.2.1   多维度建模

以建模技术、渲染技术为核心的多领域、多尺度融合建模是数字孪生体构建的基础技术，对数字孪生的实现和应用效果有着至关重要的影响。

建模是指将现实世界中的数据转化为数学模型的过程。随着技术发展，建模从早期的二维设计发展到三维建模，从三维线框造型进化到三维实体造型、特征造型。数字化设计技术发展也带来了新的建模方式，诸如直接建模、同步建模、混合建模等技术，以及面向建筑与施工行业的 BIM 技术，这些采用数字化设计产生的模型，通常除了物理实体的几何结构和外形物理实体，还包括物理实体的各种属性。在一个领域中，不同尺度、不同部件的建模精度根据实际应用需要有所不同，可以采用不同的建模方式进行组合，最终形成一个多尺度精准融合的模型，映射某个时间截面下的现实世界状态。

渲染是将模型生成图像的重要技术，其利用三维制作软件将制作的模型经过纹理、绑定、动画、灯光等处理，然后再通过渲染得到模型和动画的最终显示效果，它能将不同维度模型处理得更加贴近现实生活，呈现出与实物类似的质感。按照渲染模式，渲染主要分为离线渲染和实时渲染两种类别。离线渲染是在渲染前将图像的计算和分析完成，然后将结果输出到屏幕上，这种渲染方式由于可以在离线服务器上进行，因此可以处理大量数据，更合适于进行高分辨率的渲染，通常说的 CPU 渲染、GPU 渲染都属于离线渲染。实时渲染是指在实时交互过程中，将图像实时渲染到屏幕上，这种方式需要对图像进行实时计算和处理，因此对计算机和图形处理器的性能要求比较高，体现更好的便捷性和实时互动性。

10.2.2   多数据融合

数字孪生体需要和物理实体保持全生命周期状态的同步更新，物联网、大数据作为物理世界运行实时数据，自然成为数字孪生必不可少的技术支撑，以保证数据流通、实时交互。

物联网的最基本功能特征是提供无处不在的连接和在线服务，有助于建立一个可以共享和互连各种资源的数字孪生体。物联网通过各类传感器、RFID 标签和读写器、二维码标签、摄像头、全球定位系统（GPS）、激光扫描仪等数据采集设备收集物理实体信息，如声音、光、热、电、力学、化学、生物学和位置等数据信息，通过网络将信息传递到各应用层中，使得物理实体的运行和信息变化过程能够与数字孪生模型无缝关联，成为后续分析、预测的基础。

大数据技术主要是面向数据量大、更新频繁、信息繁杂的数据进行清洗、处理、提炼，有助于释放数据背后所隐藏的价值和信息，从而做出提升效率的决策行为。大数据面向的数据来源不仅仅是物联网中传输的各类物理实体感知数据，还包括企业生产数据（用户数据、ERP 数据、库存数据、人事数据、财务数据等）、个人行为数据（用户行为记录、访问记录、UGC 内容、反馈数据）等，通常包含结构化、非结构化、半结构化等不同类型，对大数据价值进行挖掘和特征提取，需要与深度学习等人工智能技术相结合。

仿真是对物理世界的动态预测，让模型和数据适用现实世界物理法则。它是基于物联网和大数据提供的数据，结合人工智能计算模型、算法和可视化技术，实现模型算法的自动运行及对物理实体未来发展的在线预演，从而优化物理实体运行。仿真技术种类繁多，涵盖了多个学科、多个领域的知识和经验，从早期的有限元分析到对流场、热场、电磁场等多个物理场的仿真，对铸造、注塑、焊接、冲压、挤压、增材制造和复合材料制造等工艺的仿真，对碰撞、燃烧、爆炸、冲击、跌落等各种物理现象的仿真，以及疲劳分析、可靠性分析、振动分析等均有涉猎。

10.2.3　可视化呈现

当数字孪生模型建立后，与物理世界形成实时关联，需要以多样化的方式进行可视化呈现，把分析结论或模拟结果传达到决策者以及各类用户中，才能形成反馈，这时可视化技术便能发挥重要作用。

可视化技术是利用计算机图形学和图像处理技术，将数据转换成图形或图像在屏幕上显示出来，并进行交互处理的理论、方法和技术（图 10-4）。例如，在地理测绘信息中，可通过地图、影像等方式展现地理空间关系；在数据分析和统计领域，可通过柱状

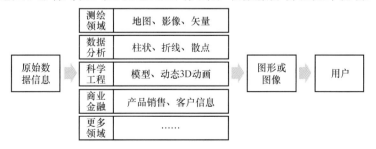

图 10-4　可视化呈现（作者自绘）

图、折线图、散点图等图表形式展现数据之间的关系和趋势；在科学与工程领域，通过动态 3D 可视化地呈现计算结果，帮助人们直观理解复杂物理和数学的特点与规律；在商业和金融领域，通过将市场趋势、产品销售、客户信息等数据可视化，帮助企业更好地理解和分析各种数据。目前正在飞速发展的 AR、VR、MR 技术也与可视化技术有交叉，成为数字孪生模型可视化的新方式。

10.2.4　高性能计算

云计算与边缘计算是数字孪生实现的重要基础设施，有助于数字孪生平台的部署。建模、渲染、物联网、大数据所带来的庞大数据的传输和处理需要采取云端结合的方式，才能更好地在保证算力的情况下提升处理速度。

云计算是一种集中式服务，类似于"大脑"，把所有数据都通过网络传输到云计算中心进行处理，将很多的计算机资源协调在一起，用户通过网络就可以获取到无限的资源，同时获取的资源不受时间和空间的限制。边缘计算则是在靠近物或数据源头的一侧，类似于"神经触角"，采用网络、计算、存储、应用核心能力为一体的开放平台，就近提供最近端服务，其应用程序在边缘侧发起，产生更快的网络服务响应，满足行业在实时业务、应用智能、安全与隐私保护等方面的基本需求。云计算与边缘计算相结合，更有利于实现数字孪生的计算资源按需灵活使用，从而实现更高效和更有效的计算（图 10-5）。

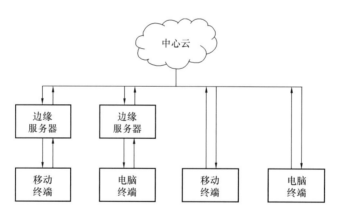

图 10-5　高性能计算（作者自绘）

10.3　市政领域典型应用

10.3.1　数字孪生地下综合管廊

城市地下综合管廊作为保障城市安全运行的重要基础设施，是承载城市民生服务和公共管理、体现城市治理效果的重要依托。以城市地下综合管廊作为物理实体，将数字孪生应用于综合管廊全生命周期中，并针对综合管廊规划设计、建设施工、运营管理不同阶段的需求开展数字孪生应用，可以极大促进综合管廊精细化管理。

城市地下综合管廊数字孪生体主要是通过综合运用 3D GIS、BIM 及物联感知数据来构建综合管廊孪生信息模型，包括建筑模型、结构模型、内部设备模型、入廊管线模型等。在孪生信息模型的基础上，将综合管廊规划、设计和施工中的信息资源进行关联，在管廊运营阶段实时更新模型相关数据，从而实现城市地下综合管廊规划、建设、运营全生命周期精细化管理，如图 10-6 所示。基于数字孪生的城市地下综合管廊核心应用服务主要有以下六项：

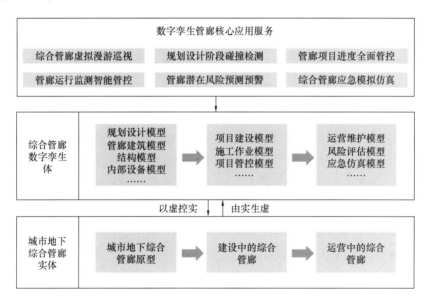

图 10-6　数字孪生地下综合管廊总体架构（作者自绘）

1. 综合管廊虚拟漫游巡视

综合管廊三维场景能提供直观有效、高真实感的三维空间感知，基于综合管廊数字孪生信息模型以任意视角、高度、距离以及路径进行虚拟漫游巡视，可以对场景进行放大、缩小、平移等操作查看，在线展示综合管廊自身及周边环境情况，为检查规划设计缺陷、优化设计方案、运营维护管理提供有效支撑。

2. 规划设计阶段碰撞检测

在综合管廊规划设计阶段，基于综合管廊数字孪生信息模型可从任意角度剖切查看，识别管廊内部、管廊与周边环境的冲突问题，检测管廊结构交叉节点、入廊管线交叉节点等的碰撞冲突，实现综合管廊内部各专业管线间、综合管廊与已建地下空间、综合管廊与轨道交通等的碰撞检测，辅助复杂节点及各管线的位置的深化设计，为优化调整管线布局方案提供技术支撑，保证管线布局的合理性及综合管廊与周边环境的协调性，减少工程施工返工，提高施工效率，有效节约施工工期和施工成本。

3. 管廊项目进度全面管控

在综合管廊项目施工阶段，综合管廊数字孪生信息模型能够真实再现施工作业情况，支持多套方案进行施工模拟对比分析，可以及时优化施工顺序，辅助筛选最佳施工方案。在施工过程中，接入施工视频、施工实际进度等信息，与进度计划相结合进行进度把控，对于项目进度滞后问题，识别分析可能的滞后原因，推动施工方及时采取对应处置措施，从而提高管理与决策效率。

4. 管廊运行监测智能管控

在城市地下综合管廊运维阶段，基于规划设计、建设施工阶段累积的前期建筑、结构、入廊管线等多种数字孪生模型，可汇集生成完整的城市地下综合管廊数字孪生体。通过虚拟漫游巡视及三维可视化管理，支持动态直观监测到管廊周边环境、管廊内部空间环境、安防、消防、入廊管线运行情况等。如有异常或故障报警信息，能够快速定位到故障点，并提供设备联动调节以及报警事件及时处置等功能。

5. 管廊潜在风险预测预警

基于城市地下综合管廊数字孪生体，将实时动态监测数据与安全评估参数进行比对，定量评估不同情景下的风险等级，对管廊结构纵横变形、供水爆管、燃气爆炸、污水渗漏、有害气体超标、周边环境空洞富水等病害进行预测预警，自动锁定隐患点并及时通知相关责任单位。支持通过综合管廊数字孪生体详细查看隐患点及相关信息，有针对性地制定巡检或运维方案，保障管廊安全运营和入廊作业人员安全。

6. 综合管廊应急模拟仿真

基于综合管廊数字孪生体，能够对综合管廊燃气泄漏、给水排水爆管、电缆火灾等重大风险进行灾害链模拟仿真，推演风险事故发生后引发的直接灾害和次生衍生灾害并进行三维可视化演示，量化灾害动态演变过程和影响。在此基础上，进行应急预案制定及模拟演练，动态展示应急指挥调度、应急联动处理处置及人员疏散，分析并修正应急预案缺陷，提高突发事件应急处置熟练程度，改善各应急组织机构、人员之间的交流沟通和协调合作，从而有效降低事故造成的人员伤亡和经济损失。

10.3.2　数字孪生市政排水

排水系统在城市内涝防治体系中发挥重要作用，提升排水设施运行效益，可有效避免城市内涝和溢流事故。昆明市某区建立了市政排水地理信息综合管理与预警调度平台，基于专业的水文水动力模型及水务感知物联网，实现洪涝情势分析、灾情预判、预警预报、防汛调度、应急抢险等功能，对管网、水系、调蓄池、泵站、智能截流井等各类排水设施进行精细化管理，为洪涝灾害的预警和调度提供及时、准确的决策支撑，如图 10-7 所示。

图 10-7　市政排水地理信息综合管理与预警调度平台框架（作者自绘）

该案例在基础资源数据库（河道、污水处理厂、排水管网、泵站、岸线等）和实时监测数据库（河道水位水质、污水处理厂进出厂水质水量、排水管网水质水位、泵站水质水量、雨量站降雨量等）上建立内涝预警模型、河道洪水预报模型、排涝调度模型、河道防洪调度模型、多目标决策支持模型。通过系统开发，把数据库和模型进行拟合调度，通过数据管理与分析展示，实现市政排水地理信息综合管理与预警调度平台建设，具体应用如下：

1. 排水数据资源管理

排水数据资源管理中系统性整合了区域内管网及设施数据，建立了区域排水系统的全要素数据仓库，实现管网数据的数字化、账册化、规范化管理，保障数据查询利用的时效性和后续动态更新的便捷性。

2. 排水 GIS 一张图

建立排水 GIS 一张图，在地理空间中直观呈现全域水网组成要素、排水管网及附属设施的空间布局，支持各类不同要素的信息查询与统计。

3. 监测数据管理

在管网关键节点、重要排口、河道断面上部署流量、液位、水质等物联感知设备，并将其汇集到统一的物联感知系统，实现全面感知管网实时运行状态。

4. 防洪排涝一张图

通过融合 GIS 一张图与监测数据，构建了防洪排涝一张图，直观呈现区域防涝总体态势，实时展示与播报区域降雨和内涝情况，支撑区域防涝指挥的全局管控。

5. 综合情势分析

利用排水专题图、排涝抢险专题图、雨量专题图等全面综合展示各类监测点实时监测数据，把排水防涝相关业务系统数据进行融合，分析基于空间的综合发展态势，体现区域内排水、排涝的综合情况，辅助决策。

6. 预警告警管理

对于布设的各类监测点，提前配置预警告警规则。通过计算洪水在河道及洪泛区的传播过程，计算沿程各点在不同时刻的水位、流速等水力要素，并为下游区域提供淹没范围、洪水到达时间、淹没历时、最大淹没水深等统计信息。当监测数据触发预警告警规则时，启动预警告警流程进行及时提醒。

7. 应急调度管理

利用闸泵调洪调度方案、易涝点"一点一策"调度方案等实现调控设施管理和应急响应、调度分析等工作，通过启动预案、下发指令、应急会商等流程，对预警告警事件进行处理。

10.3.3 数字孪生变电站

变电站作为电网的核心环节，由于业务入口多操作繁杂、各系统独立，数据不流通，传统的人工运维管理模式已无法满足管理的需要，因此国家电网推行智慧变电站试点，在试点建立了数字孪生变电站可视化系统，通过接入物联网系统进行数据与三维场景的联动和数据交互展示，打通了数据壁垒，强化电网的规划、建设、调度、运行、检修等环节的数字化管控，实现智能技术在变电站运维业务中深度融合，如图 10-8 所示。

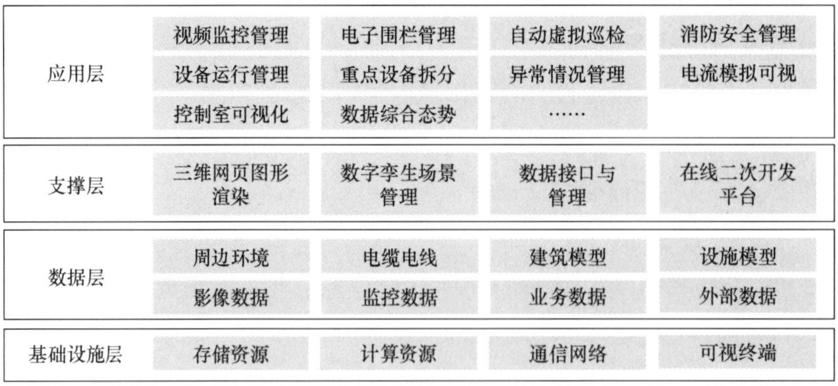

应用层	视频监控管理	电子围栏管理	自动虚拟巡检	消防安全管理
	设备运行管理	重点设备拆分	异常情况管理	电流模拟可视
	控制室可视化	数据综合态势	……	
支撑层	三维网页图形渲染	数字孪生场景管理	数据接口与管理	在线二次开发平台
数据层	周边环境	电缆电线	建筑模型	设施模型
	影像数据	监控数据	业务数据	外部数据
基础设施层	存储资源	计算资源	通信网络	可视终端

图 10-8　数字孪生变电站可视化系统框架（作者自绘）

系统对试点变电站进行了 1∶1 三维实景展现，打造外观一致、坐标一致、属性一致的数字孪生 220kV 变电站场景，呈现出站内重点设备、地平台、控制室等元素信息，以及周边地形、地貌、建筑、设施等周边环境，直观、完整地呈现变电站整体布局情况，重点实现以下应用：

1. 视频监控管理

系统支持无缝融合视频监控功能，对变电站周边安装 24h 动环安防监测，变电站周边全方位一体式无死角监控，并且与火灾报警、门禁系统、人员管理等系统进行联动，进行精准的定位视频摄像头查看并支持多摄像头窗口的并行查看监控，支撑实时化、透明化、流程化、全局化的可视化管理。

2. 电子围栏管理

系统对变电区内重点区域或重要设备设置电子围栏，实现视频联动追踪监视，避免非法闯入或进入非法受控区域。系统和报警系统进行联动，当有异常闯入或异常情况，可进行颜色报警并聚集异常区域，提示异常状态，全方位保障变电站设备运行安全。

3. 自动虚拟巡检

系统可事先预设多种巡检路线，实时查看设备运行状态以及实时数据，梳理巡视设备缺陷记录和安全隐患记录，以及巡视记录等，以帮助运管人员熟悉现场环境、掌握作业流程、提升作业质量、优化作业预案、降低作业风险。

4. 消防安全管理

系统通过 API 接口，接入消防水系统、火灾自动报警系统、线缆温度监测系统、电气火灾监控系统，实时对消防设备设施运行状态（如火灾自动报警探测器、系统电源的电压状态、电流状态和线缆温度等）进行监管，以及灭火水系统、泡沫系统的压力、液位等数据进行实时展示。当发生异常（火灾、爆炸等）异常状况时，可联动报警点附近摄像头弹窗，显示实时监控画面，计算人员逃生的路线，远程启动灭火流程等。

5. 设备运行管理

系统对变电站各类设备从规划、设计、制造、安装、使用、检测、维修等全过程建立智能台运，掌握过去、现在、未来全过程数据，实现对设备资产的全方位数据管控。通过 API 数据接口，连接物联网管理中台，可实时对变电站内各类设备的运行状态、电压、温度、检修等基本信息进行数据展示和全线跟踪，实现全方位掌握变电站设备运行正常、异常等相关信息，做到实时监管、高效协同管理。

6. 重点设备拆分

系统支持对变电站的重点设备，如变压器，进行深层分组和部件级颗粒度拆分。将变压器三维模型拆分为本体箱体、铁芯、绕组、各套管、分开接开关、储油柜、各类非电量保护装置、冷冻系统、接地装置等，使设备的三维模型的动作状态与现场设备的动作状态实时同步，实现设备机械状态实时仿真。

7. 异常情况管理

系统通过各系统终端的监测数据、业务流程和工单数据之间有效连接关系，数据比对分析，实现设备异常告警、寿命告警、故障预警等。

8. 电流模拟可视化

系统通过业务系统数据驱动仿真动画的方式，还原电流作业过程中的工艺流程，使现实与虚拟场景的加工进度保持一致。项目通过颜色区分作业工艺，运维管理人员通过可视化平台即可直观了解到变电站的作业电流、电压状态、作业工艺等，实现作业工艺细节动态展示。

9. 控制室可视化

系统利用虚拟仿真技术，对变电站控制室进行模拟场景还原，对控制室内的设备视频监控远程 24h 管控，并以第一人称视角实时查看设备运行状态，把重要仪表的读数、重要开关状态等可视化信息与三维场景的无缝融合，进一步提高智能化管理水平以及突发事件高效处理能力。

10. 数据综合态势

在三维系统中，对变电站业务系统数据进行融合综合态势展示，包括设备运行数据、监控数据、动力环境数据、安防数据、消防数据等，实现空间场地与各类重要运行数据的综合全览，有利于整体掌握变电站总体运行情况。

第 11 章 信 息 安 全

11.1 概述

11.1.1 定义

进入大数据时代后，市政领域的智慧化信息系统应用逐渐广泛，生产数据也开始几何级增长，信息安全不仅是智慧化市政基础设施安全、可靠的生长环境的重要基础，也是保障设施管理者、建设者、使用者权益保障的重要前提。

信息安全，被国际标准化组织（ISO）定义为数据处理系统建立和采用的技术、管理上的安全保护，保护计算机硬件、软件、数据不因偶然和恶意的原因而遭到破坏、更改和泄露。根据定义，信息安全性的含义主要是指信息的完整性、可用性、保密性和可靠性，而信息安全是指信息系统（包括硬件、软件、数据、人、物理环境及其基础设施）受到保护，不受偶然的或者恶意的原因而遭到破坏、更改、泄露，保证系统连续可靠正常地运行，信息服务不中断，最终实现业务连续性。构建信息安全体系，需要建立起信息安全的主动防御、监测预警体系，包括物理环境安全、网络安全、数据安全、应用安全的技术支撑和防护意识，完善信息安全管理制度，保障关键基础设施、通信网络设施、数据中心、计算中心、终端设备的运行安全。

11.1.2 基本框架

根据信息安全技术的相关标准，信息安全的基本框架一般可以分为物理安全、网络安全、数据安全、应用安全、安全感知等，如图 11-1 所示。

物理安全包括环境安全、设备安全、记录介质安全等。环境安全包括机房的安全保护，对机房的场地选择，防火、防污染、防潮、防振、防强电磁场等；同时，也对机房内部安全进行保护，包括机房出入、物品出入、分区管理等。设备安全主要区分为基本运行支持、设备安全可用、设备不间断运行三类，要有防盗和防毁措施。记录介质安全分为公开数据介质保护、内部数据介质保护、重要数据介质保护、关键数据介质保护、核心数据介质保护等，不同的类别采用不一样的管理审批手续，防止损毁或被非法拷贝。

网络安全等级分为用户自主保护级、系统审计保护级、安全标记保护级、结构化保

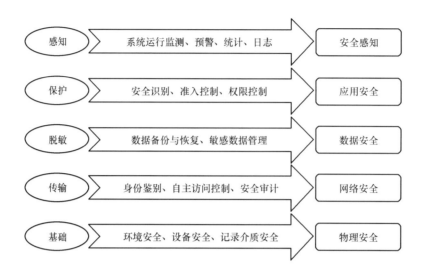

图 11-1　信息安全基本框架（作者自绘）

护级、访问验证保护级五个级别，对于每个级别的网络系统采用不同的安全要素，主要使用的安全要素实现方法有身份鉴别、自主访问控制、标记、强制访问控制、数据流控制、安全设计、数据完整性、数据保密性、可信路径、抗抵赖以及网络安全监控。

数据安全从组织保障、管理团队、人员培训、规范制定等管理手段出发，有效提升人员的规范化管理意识，并借助风险控制技术规范数据使用流程。在数据采集、处理、存储、传输过程中应当制定敏感数据防护策略，例如使用数据加密、数据脱敏、数字水印、数据库访问的权限以及数据安全网关等技术，对发现的敏感数据进行保护。采取多种数据库备份策略和数据库镜像、数据库集群技术或磁带定期备份等方式进行数据备份；系统支持对关键应用数据和系统数据的定期自动备份和不定期人工备份，数据出现损坏可及时进行数据恢复。

应用安全是平台应用层的安全，具体包括对数据库软件、Web 服务、应用功能进行身份识别，以及准入控制和权限控制，通过交换与路由系统、防火墙及其他应用对网络服务系统等进行保护。

安全感知平台具备运行监测、预警、响应处置的主动防御和安全感知能力，能够应对高级可持续性威胁攻击（APT）、Web 攻击、暴力破解、黑客入侵、应用系统漏洞及主机恶意文件等方面的威胁。

11.2　关键技术

11.2.1　网络安全协议

网络安全协议是为了保障计算机网络通信中的用户进行数据交换而建立的规则、标准或约定，避免网络数据信息丢失或重要文件被损坏，是营造网络安全环境的基础，是构建安全网络的关键技术。网络安全协议具有两个方面的功能，一是保障传送信息主体的身份认证，二是进行分配通信过程当中的会话密钥保护；前者是在安全协议结束运行之后，让通信的多个主体之间进行身份判定，后者则是从信息传输过程的角度进行保护。

常用的分类方法会将网络安全协议划分为四种类型。第一种是密钥交换协议，采取保密的方式建设单钥密码体制和非对称密码体制。第二种是认证协议，包含身份和消息的判定，成功抵抗某些篡改攻击和否认攻击数字，签名协议和身份协议是认证协议的主要组成。第三种是认证密钥交换协议，在工作当中先对通信双方的实体身份进行评估，如果验证成功，则将下一步安全通行的密钥进行分发。第四种是安全交易和计算协议，多适用于某些电子商务系统，每个参与主体不仅要求有正确的信息输出，同时要保证无法获取其他信息，这一点在某些电子支付和电子交易的过程当中能够得到体现。

目前最常见的网络安全协议是传输控制/网络协议（TCP/IP 协议）。为了保证网络数据信息及时和完整传输，TCP/IP 协议对网络各部分进行通信的标准和方法进行了规定，具体由应用层、传输层、网络层和数据链路层四个层次组成，如图 11-2 所示。第一层是应用层，在用户空间中实现，负责处理众多逻辑，把用户数据信息进行封装操作后传到传输层，在这一层中常见的是应用程序（Ping）、远程终端协议（Telnet）、开放最短路径优先协议（OSPF）、域名服务协议（DNS）等。第二层是传输层，主要包括传输控制协议（TCP）和用户数据报协议（UDP），前者是可靠的、面向连接的、基于流的服务，使用双方建立 TCP 连接，源源不断逐个字节地从通信的一端流入另一端；后者是无连接的、基于数据包的服务，每次均需要明确指定接收端的地址，接收端要将所有内容一次性读出。第三层是网络层，主要实现数据包的选路和转发，确定通信两台主机之间的通信路径，同时对上层协议隐藏网络拓扑的连接细节，主要包括网际协议（IP）和因特网控制报文协议（ICMP），前者是根据数据包的目的 IP 地址来投递信息到

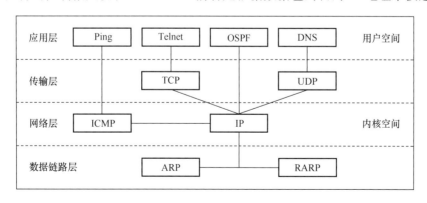

图 11-2　TCP/IP 协议组体系结构及主要协议（作者自绘）

目标主机，后者是用于监测网络连接以及查询报文。第四层是数据链路层，主要实现了网卡接口的网络驱动程序，以处理数据在物理媒介的传输，包括地址解析协议（ARP）和逆地址解析协议（RARP）两个常用的协议，主要是实现 IP 地址和机器物理地址的相互转换。

11.2.2　入侵检测技术

入侵检测技术，顾名思义是通过对计算机操作系统、应用程序等相关信息进行收集和分析，检测是否存在入侵行为，对恶意攻击行为及破坏计算机的各种行为进行有效识别和制止。入侵检测技术通常会作为防火墙的补充，帮助系统应对网络攻击，提高系统的防御能力，保障系统的安全。

常见的计算机网络入侵形式有病毒入侵、防火墙入侵、身份入侵和拒绝服务功能机入侵。

（1）病毒入侵是一种较为常见的入侵方式，多隐藏在浏览器网页或应用中，在用户访问或使用后进行病毒入侵，以代码或程序指令为基础对系统中的数据信息进行删除以及篡改等各项操作，使网络运行出现异常状况。

（2）防火墙在网络系统中有着较为突出的防御性特征，不容易被攻破和入侵，但如果防火墙在实际应用中出现问题，会出现用户在进行外部网络访问过程中被不法分子或病毒袭击的状况。

（3）在进行网络服务获取过程中，用户会发送相关指令，而防火墙按照指令，根据用户的身份识别情况，为其提供相应访问权限和一系列操作权限，如果不法分子伪造用户身份或者管理员身份，获得相应访问权限，达到对数据信息进行篡改和盗取等目的，对用户合法权益造成侵害。

（4）拒绝服务攻击有两种，一是破坏计算机系统资源出现磁盘格式化或数据信息毁坏等问题，二是造成计算机系统服务过载或计算机资源消耗问题。两种方式都会使网络宽带或网络资源受到较大消耗，导致计算机网络在运行过程中出现超负荷的问题，易出现网络瘫痪状况。

针对上述常见的入侵形式，入侵检测技术主要分为基于主机的入侵检测技术和基于网络的入侵检测技术，如图 11-3 所示。

（1）基于主机的入侵检测技术主要通过分析操作系统的事件日志、应用程序的事件日志、端口调用和安全审计记录等数据，当发现新的纪录与具有攻击特征的记录有一定匹配度时，会向管理员告警或做出及时响应。这种技术的优点是可以监视主机日志上的流量，包括加密流量，但是它对主机资源的影响很大，并且主机可能容易受到直接攻击。

（2）基于网络的入侵检测技术是通过分析网络来源的数据包，利用混杂模式下的以

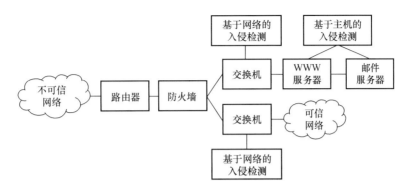

图 11-3　入侵检测技术结构示意图（作者自绘）

太网卡实时监测数据流，使用模式匹配、统计分析等技术检测攻击行为，当发现可疑行为时，及时做出告警、切断网络连接等响应。这种技术可以轻松地部署在现有网络中，但是它们无法处理大量流量，也无法识别碎片的加密流量和数据包。

较为常见的入侵检测技术模型，主要分为异常检测模型和误用检测模型。

（1）异常检测模型，是需要通过对正常行为进行特征总结的方式完成用户轮廓设置，对计算机行为进行偏差检测，将重大偏离行为人为判定为入侵。此模型漏报率相对较低、误报率较高，有利于对未知入侵形成有效检测。

（2）误用检测模型，是需要收集正常行为和已知不可接受行为的特征，展开特征数据库建设，通过对数据库特征信息将计算机行为和已知不可接受行为进行匹配度检测，把异常行为判断为入侵。此模型误报率相对较低，但漏报率相对较高，可对已知攻击类型进行精准检测，但无法对未知攻击进行有效处理，并且需要不断对特征数据库进行更新，保证模型的应用质量。

11.2.3　访问控制技术

访问控制技术是确保数据安全共享的重要手段，是保证网络数据安全重要的核心策略，也是数据安全治理的关键技术之一。访问控制是一种确保数据处理系统的资源只能由授权实体以授权方式进行访问的手段，在保障授权用户能获取所需资源的同时拒绝非授权用户的安全机制，确保只有合法用户的合法访问才能给予批准，且相应访问只能执行授权的操作。

访问控制有三个要素，分别是主体（Subject，S）、客体（Object，O）和控制策略（Attribution，A），由主体依据某些控制策略或权限对客体本身或是其资源进行的不同授权访问。主体是指提出请求或要求的实体，可以是某个用户、进程、服务或设备等。客体是接受访问的被动实体，可以是被操作的信息、资源、对象或数据库等。控制策略是主体对客体的访问规则集，体现了一种授权行为，限制访问主体对客体的访问权限。访问控制有三方面的含义，分别是：①机密性控制，保证数据资源不被非法读出；②完整性控制，保证数据资源不被非法增加、改写、删除和生成；③有效性控制，保证数据资源不被非法访问和破坏。

在数据库安全防护应用中，访问控制主要通过数据库管理系统来实现（DBMS，Database Management System），首先要考虑访问是来自应用侧还是运维侧，如图 11-4 所示。

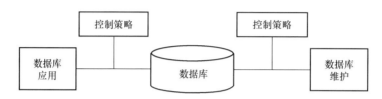

图 11-4 访问控制的基本结构（作者自绘）

（1）来自应用侧的访问一般并发连接高、语句重复、响应及时，因此数据库能实现的访问控制动作有中断会话、拦截语句、限定查询数量和访问地点等。应用侧的访问控制具备防止外部黑客攻击、防止内部高危操作、防止敏感数据泄漏、防止应用连接数据库的账户被利用等能力。

（2）来自运维侧的访问则与应用侧相反，一般并发连接低、语句多种多样，既包括主观攻击行为（违规访问、恶意操作、数据窃取等），也包括非恶意行为（误操作、权限滥用等），因此数据库应基于网络协议解析和语法词法分析准确识别运维人员的语句，能实现的访问控制动作主要是中断会话。由于并发连接和响应实时性要求不高，运维侧的访问控制可具备事中运维控制、操作行为审批、支持双因素认证、多角色多权限管理、敏感数据遮蔽显示等能力。

11.2.4 虚拟专用网络（VPN）

虚拟专用网络（VPN）技术作为一种常用的安全通信手段，通过加密技术和隧道协议，为用户提供一种安全、高效、灵活的数据传输解决方案。

身份验证和加密是 VPN 技术的核心手段。在建立 VPN 连接时，通过身份验证，VPN 服务器能够确认用户的身份，从而允许合法用户访问私有网络资源。常见的身份验证方式包括用户名密码验证、数字证书验证、双因素认证等。VPN 使用对称加密、非对称加密或者混合加密等不同的加密算法来确保数据的机密性，具体过程如图 11-5 所示。数据在发送前被 VPN 客户端分成小块并进行加密，然后通过"VPN 隧道"被封装在公共网络上进行传输，传输过程中攻击者只能看到加密后的数据，无法破译其内容。当数据到达 VPN 服务器后，服务器将对数据进行解密和解封装，将原始数据还原出来，然后 VPN 服务器会将解密后的数据转发给目标服务器或者内部网络。目标服务器收到 VPN 服务器传递的数据后，进行相应的处理，并生成响应数据。响应数据将经过类似过程，通过 VPN 服务器返回 VPN 客户端。

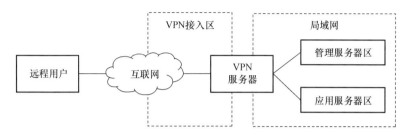

图 11-5　虚拟专用网络结构示意图（作者自绘）

虚拟专用网络（VPN）在保护用户隐私和数据安全方面具有许多优势：

（1）加密通信能够保障数据的机密性，确保数据只有合法接收方才能解密和阅读，而其他人无法获取明文信息。

（2）隐藏用户真实 IP 地址，在一定程度上防止了广告商和互联网公司跟踪用户的在线行为，从而提高了用户的隐私保护。

（3）保护不安全网络的安全性，确保即使用户连接到不安全的公共网络，用户数据也不会暴露在风险中，保障了用户的隐私和数据安全。

（4）防止互联网服务提供商（ISP）监控与限制带宽，通过使用 VPN，用户可以有效地防止 ISP 监控，因为所有数据传输都经过加密处理，ISP 只能看到 VPN 服务器和用户之间的加密数据流，而无法解析出具体的内容。此外，对于那些 ISP 实施限制带宽或进行流量控制的情况，VPN 也可以有效地避免这些限制，保障用户的网络体验。

11.3　市政领域典型应用

11.3.1　市政网络安全体系管理

近年随着新一代信息技术发展突飞猛进，市政行业数字化转型不断向纵深发展，海量数据、复杂信息、高度互联的背后，网络安全问题日益凸显。上海某市政工程集团为提升网络安全管理水平，加强打造一套市政网络安全体系，主要围绕安全技术、安全管理、人员安全三方面开展，如图 11-6 所示。

1. 安全技术建设

安全管理平台：以大数据框架为基础，对安全数据进行智能分析，结合攻防场景模型的分析，提供可视化展示、协助建立和完善安全态势的全面监控、安全事故应急响应以及安全管理的能力；对安全威胁事件能及时预警并实时处置；对资产进行分类管控，资产可视化展示；对信息化资产状况进行整体监测，提高安全运营水准。

网页防篡改：通过文件底层驱动技术对 Web 站点目录提供全方位的保护，防止黑

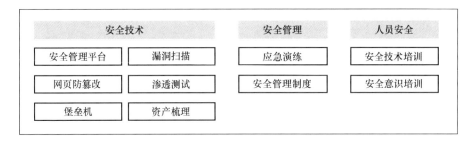

图 11-6　市政网络安全体系框架（作者自绘）

客、病毒等对网页、电子文档、图片等文件进行非法篡改和破坏。

堡垒机：有效阻止终端计算机对网络和服务器资源的管理直接访问，采用协议代理的方式，接管终端计算机对网络和服务器的访问；实现拦截非法访问和恶意攻击，对不合法命令进行命令阻断，过滤掉所有对目标设备的非法授权访问行为并告警。

漏洞扫描：通过引入漏洞检测服务，充分解决因人力配置和技术能力匮乏所存在的安全隐患，主动发现安全风险，并及时解决或提前制定应对措施，以达到变被动排障为主动服务；变事后应急为事前预警；变自由操作为"可控可管"的目标，在授权范围内，发现系统服务类漏洞，如数据库软件漏洞、中间件软件漏洞、操作系统内核漏洞、系统软件漏洞等，检验基础环境是否存在可被黑客利用的安全漏洞。

渗透测试：通过真实模拟黑客使用的工具、分析方法来发现实际漏洞，灵活选择渗透测试的强度，例如不允许测试人员对某些服务器或者应用进行测试或影响其正常运行，并同时准备充分完善的系统恢复方案；通过对某些重点服务器进行准确、全面的测试，可以发现系统最脆弱的环节，以便对危害性严重的漏洞进行及时修补，以免后患。

资产梳理：对相关系统的外网进行资产情报的搜集，梳理出资产的 IP、端口信息、网络状态、主机应用、各类指纹信息等详情，全盘掌握资产信息。

2. 安全管理建设

应急演练：开展实战演练，利用应急处置涉及的设备和物资，针对事先设置的突发事件情景及其后续的发展情景，通过实际决策、行动和操作，完成真实应急响应的过程，从而检验和提高相关人员的临场组织指挥、队伍调动、应急处置技能和后勤保障等应急能力。

安全管理制度梳理：根据国家等级保护要求，参照国际成熟的安全管理标准规范，结合市政集团安全组织架构及实际工作情况，对安全制度体系进行重新规划，重点是确定信息安全工作要求和指标的总体方针，完善信息安全管理规章制度、办法和操作流程，制定安全操作的技术标准和规范等，加强安全管理制度的执行力度，约束和指导信息系统各层管理和使用人员的操作行为，以确保整个网络系统的安全管理处于较高水平。

3. 人员安全建设

安全意识培训：通过安全意识培训课堂培养和加强单位职员在开展市政项目建设时的安全意识，减少大规模安全事件的发生概率。

安全技术培训：针对相关技术人员进行培训，增强其网络安全技能，在突发条件下能够独立处理处置基础的网络安全问题。

11.3.2　市政自动化系统安全管理

自动化技术和信息化应用在市政水处理行业已经日渐成熟，比如净水厂生产过程自动化系统、在线水质监测仪表、城市防涝系统、地下综合管廊监控系统等，其中重要的一个环节就是监控中心以及分布在各个部分的人机界面，数据采集与监视控制系统（SCADA）监控中心是自动化与信息化的交接点，作为数据中心服务器成为连接自动化系统和信息化管理网络系统的桥梁。

一个市政水处理项目自动化控制及信息化系统典型配置结构为：控制网采用光纤工业以太网，各个现场下挂工业控制装置（PLC），中控室接中央监控服务器。监控组态软件采用"服务器—客户端"结构，监控服务器内装组态软件服务器版，采用双网卡，两个以太网端口分别与工业网和中控室交换机相连。操作显示终端内装组态软件客户端，与中控室交换机相连，同时中控室交换机还连接一台工业数据库服务器。中控室交换机通过一台硬件防火墙与办公管理网相连，企业管理的数据库服务器的关系数据库，同步工业历史数据库的数据，提供给信息化管理系统。防火墙设置为仅允许这两台服务器之间的有限数据交换，以实现工业数据与管理交换且满足安全隔离的要求。简言之，工业网与中控室操作之间以一对冗余的服务器相连，中控室的 SCADA 监控中心通过防火墙与管理网相连，三个区域之间就此相连且被安全隔离，一定程度上保障了工业领域业务系统的安全运行。

中控室两台互为冗余的监控服务器，既是 SCADA 监控中心，又是工控网与监控中心和其他人际界面的桥梁，这两台服务器的安全程度，既影响工控网内所有 PLC 控制站的安全运行，也关系到实时数据的上传和生产调度监控指令的及时准确下达，对服务器上操作系统的安全至关重要，因此提出自动化系统安全措施主要为四大原则"安全分区、网络专用、横向隔离、纵向认证"与一个主机综合防护相结合，核心目的是保护关键业务系统的数据安全以及业务的稳定运行，如图 11-7 所示。

1. 安全分区

安全分区一般指基于计算机及网络技术的业务系统，划分为生产控制大区和管理信息大区，并根据业务系统的重要性和对工业控制系统的影响程度将生产控制大区划分为控制区及非控制区，对于控制区和非控制区由于应用侧重点、安全要求等级不一致而采用不一样的安全防护等级。

图 11-7　市政自动化系统安全措施（作者自绘）

2. 网络专用

网络专用一般指调度系统与生产控制大区相连接的专用网络，与办公管理使用的网络分隔开来，采用不同的网络访问控制。

3. 横向隔离

横向隔离是工业控制领域业务系统安全防护体系的横向防线，采用不同强度的安全设备隔离各安全区，在生产控制大区与管理信息大区之间必须部署横向单项安全隔离装置，隔离强度应当接近或达到物理隔离。生产控制大区内部的安全区之间应当采用具有访问控制功能的网络设备、安全可靠的硬件防火墙或者相当功能的设施，从而实现逻辑隔离。

4. 纵向认证

纵向加密认证是工业控制领域业务系统安全防护体系的纵向防线。生产控制大区与调度控制数据网的纵向连接处应当设置纵向加密认证装置，实现双向身份认证、数据加密和访问控制。

5. 主机综合防护

综合防护是结合国家信息安全等级保护工作的相关要求，对工业控制领域关键业务系统从主机层面实现对操作系统安全等级提升、恶意代码防范、远程主机入侵防范、应用安全控制、安全审计等多个层面进行信息安全防护的过程。

操作系统安全等级提升：采用专用软件强化操作系统的访问控制能力，提升后的操作系统应达到安全操作系统四级，此类专用软件应具备公安部四级安全操作系统测评认证。

恶意代码防范：在操作系统内核层上实现对未知恶意代码攻击的抵御能力。其他情况防范措施还包括，应当及时更新特征代码，查看查杀记录；恶意代码更新文件的安装应当经过测试；应禁止生产控制大区与管理信息大区共用一套防恶意代码管理服务器。

远程主机入侵防范：生产控制大区服务器可以统一部署网络入侵检测系统，应当合理设置检测规则，检测发现隐藏于网络边界正常信息流中的非法连接及入侵行为，分析潜在威胁并进行安全审计。

　　应用安全控制：对不同用户登录、访问系统资源等操作进行身份鉴别及强制访问控制，防止核心命令远程恶意执行。

　　安全审计功能：能够对操作系统、数据库、业务应用的重要操作进行记录、分析，及时发现各种违规行为以及病毒和黑客的攻击行为，同时对于远程用户登录到本地系统中的操作行为，应该进行严格的安全审计。

第 3 篇

方法篇

方法论是实现智慧化转型的有效途径。 方法篇则着重于智慧水务、智慧环保、智慧电力、智慧燃气、智慧环卫、智慧通信、智慧应急等领域的具体实践。 通过介绍这些领域的智慧化解决方案和实施案例，本书将展示智慧市政如何在不同领域发挥作用，提高城市管理的效率和水平，增强城市的韧性和适应性。

第 12 章　智　慧　水　务

智慧水务作为一种创新的城镇水务管理理念，其核心在于综合运用物联网、云计算、大数据以及空间地理信息技术等尖端科技手段。通过这些技术，智慧水务能够实现对城镇水务系统运行状态的实时监控，并利用深入的数据分析，对水务信息进行即时处理，为决策者提供有力的支持。智慧水务系统旨在构建一个全面覆盖智能感知、仿真模拟、诊断分析、预警机制、调度优化、应急处置、智能控制以及综合服务的高效管理体系，以实现水务管理的科学化、精细化和智能化。

智慧水务的应用领域广泛，包括但不限于水源调度、智慧型水厂建设、智能化管网管理、海绵城市的规划与维护、城市水环境的监管、防洪排涝系统的智能化、客户服务的智慧化、二次供水的监管，以及综合性管控平台的构建。这些领域的智慧化转型，不仅能够显著提高城镇水务系统的运营效率，还能有效应对各种复杂多变的水环境挑战，为城镇的可持续发展提供坚实的支撑。

根据中国城镇供水排水协会发布的《城镇水务 2035 年行业发展规划纲要》，到 2035 年，我国将基本建成一个安全、便民、高效、绿色、经济、智慧的现代化城镇水务体系。为了满足人民群众对美好生活的向往，同时考虑到韧性城市的保障需求和水务业务的管理能力，水务行业将在五大业务领域集中发展：饮用水安全保障、水环境治理、城镇排水防涝、资源节约绿色循环、水务产业数字化。在这些领域中，利用新型信息技术推动水务数字化转型是支撑传统水务行业突破发展瓶颈、实现高质量发展的关键途径和核心任务。

12.1　需求分析

12.1.1　政策需求

随着全球城市化进程的加速，城镇水务系统面临着日益严峻的挑战。人口增长、城市扩张以及气候变化等因素，对水资源的供需平衡、水质安全、系统韧性等提出了更高要求。为应对复杂多变的水系统挑战，利用科技手段以提升水务管理智能化水平成为重要的解决途径，智慧水务也成为许多城市的选择。在顶层设计层面，国家主要管理部门积极出台一系列政策，为智慧水务体系发展提供强有力的支撑，如表 12-1 所示。2014年《国家新型城镇化规划（2014—2020 年）》首次提出"智能水务"的概念，2017 年

《全国城市市政基础设施规划建设"十三五"规划》正式提出"智慧水务"的概念，要求构建覆盖供排水全过程，涵盖水量、水质、水压、水设施的信息采集、处理与控制体系，随后在生活污水处理、城市内涝治理等领域，也相继出台了智慧化管理的相关政策文件。同时，水利部先后印发了《关于大力推进智慧水利建设的指导意见》《"十四五"期间推进智慧水利建设实施方案》《关于加强河湖水城岸线空间管控的指导意见》等文件，推动水利业务数字化、网络化、智能化转型。2023 年，中共中央、国务院印发的《国家水网建设规划纲要》，作为当前和今后一个时期国家水网建设的重要指导性文件，要求大力推进水网数字化、调度智能化、监测预警自动化，加强实体水网与数字水网融合，提升水网工程科技和智能化水平。

<table>
<tr><td colspan="4">智慧水务行业主要政策</td><td>表 12-1</td></tr>
</table>

时间	部门	政策名称	相关内容
2020 年	国家发展改革委、住房和城乡建设部	《城镇生活污水处理设施补短板强弱项实施方案》	构建城市污水收集处理设施智能化管理平台，利用大数据、物联网、云计算等技术手段，逐步实现远程监控、信息采集、系统智能调度、事故智慧预警等功能，为设施运行维护管理、污染防治提供辅助决策
2021 年	国务院	《关于加强城市内涝治理的实施意见》	建立完善城市综合管理信息平台，整合各部门防洪排涝管理相关信息，在排水设施关键节点、易涝积水点布设必要的智能化感知终端设备，满足日常管理、运行调度、灾情预判、预警预报、防汛调度、应急抢险等功能需要；有条件的城市，要与城市信息模型（CIM）基础平台深度融合，与国土空间基础信息平台充分衔接
2021 年	水利部	《关于大力推进智慧水利建设的指导意见》	按照"需求牵引、应用至上、数字赋能、提升能力"要求，以数字化、网络化、智能化为主线，以数字化场景、智慧化模拟、精准化决策为路径，以构建数字孪生流域为核心，全面推进算据、算法、算力建设，加快构建具有预报、预警、预演、预案功能的智慧水利体系，为新阶段水利高质量发展提供有力支撑和强力驱动
2021 年	国家发展改革委、住房和城乡建设部	《"十四五"城镇污水处理及资源化利用发展规划》	推进信息系统建设，实现城镇污水设施信息化、账册化管理推行排水户、干支管网、泵站、污水处理厂、河湖水体数据智能化联动和动态更新，开展常态化监测评估，保障设施稳定运行
2022 年	住房和城乡建设部、国家发展改革委	《"十四五"全国城市基础设施建设规划》	加强智慧水务、园林绿化、燃气热力等专业领域管理监测、养护系统、公共服务系统研发和应用示范，推进各行业规划、设计、施工、管养全生命过程的智慧支撑技术体系建设
2022 年	水利部	《"十四五"期间推进智慧水利建设实施方案》	以数字化、网络化、智能化为主线，以数字化场景、智慧化模拟、精准化决策为路径，以构建数字孪生流域为核心，全面推进算据、算法、算力建设，加快构建具有预报、预警、预演、预案功能的智慧水利体系，为新阶段水利高质量发展提供有力支撑和强力驱动

续表

时间	部门	政策名称	相关内容
2022 年	水利部	《关于加强河湖水域岸线空间管控的指导意见》	加快数字孪生流域（河流）建设，充分利用大数据、卫星遥感、航空遥感、视频监控等技术手段，推进疑似问题智能识别、预警预判，对侵占河湖问题早发现、早制止、早处置，提高河湖监管的信息化、智能化水平
2022 年	国家发展改革委	《"十四五"新型城镇化实施方案》	推行城市运行一网统管，探索建设"数字孪生城市"，部署智能交通、智能电网、智能水务等感知终端
2023 年	中共中央、国务院	《国家水网建设规划纲要》	一是加强水网数字化建设，深化国家水网工程和新型基础设施建设融合，推动水网工程数字化智能化建设。二是提升水网调度管理智能化水平，加快推进国家水网调度中心、大数据中心及流域分中心建设，构建国家水网调度指挥体系。完善水网监测体系。三是充分利用已有监测站网，加快重要江河干流及主要支流、中小河流监测站网优化与建设，加强水文水资源、取排水、河湖空间、水生态环境、水土保持、水工程安全等监测，全面提升水网监测感知能力

12.1.2　业务需求

1. 节约水资源，助力智慧城市建设

智慧水务的推广对于促进水资源节约和水质改善至关重要，并且是智慧城市发展的核心组成部分，智慧水务能够有效解决管网漏损问题，进而节约水资源。根据国家发展改革委等部门的要求，到 2025 年，我国城市公共供水管网的漏损率需控制在 9% 以内，并且部分试点地区的漏损率目标为 7%。传统的人工巡检等漏损管理方式效率低且成本高，而通过安装流量计、智能水表等智能硬件设备实现智慧水务系统的改造，能够有效发现管网问题从而降低漏损。

例如，斯里兰卡首都科伦坡南部的供水管网通过 DMA（District Metering Area）分区计量技术，配合 GIS 技术快速定位并修复漏损点，成功将漏损率从 49% 降至约 10%。在国内，天津水务集团滨海水务大港油田水务分公司的智慧水务供水改造项目构建了一个集生产运行、应急预警、设施管理、客户服务、分析决策、调度指挥于一体的数字化管理平台，并将供水区域划分为三个级别的分区。智慧水务系统通过统计各分区的产销差，自动派发工单处理漏损问题，使得漏损率在短短三个月内从 27.1% 降至 22.9%。这些实例表明，智慧水务系统能够有效降低漏损，实现水资源的节约。

2. 保障市政污水系统的良好稳定运行

智慧水务系统在水质监测方面发挥着关键作用，确保了污水处理厂进水水质的浓度。以广州市增城区新塘镇为例，该地区在市政排水系统中引入了智慧水务系统。通过利用液位计监测污水管液位变化，系统有效识别并控制了大量的降水倒灌或入侵点。这一措施使得新塘污水处理厂的进水水质浓度显著提高，其中进厂 COD 浓度增加了89.8%，从而提升了污水系统的处理效能。

此外，智慧水务系统通过实时采集仪表数据、化验数据、设备运行状态等信息，有助于确保污水处理厂出水水质的稳定，并达到排放标准。这样的系统监控不仅提高了污水处理的效率和效果，还保障了环境保护的可持续性。

3. 提升快速识别和应对城市内涝能力

准确预测气候变化影响下的水文数据，如年降雨量、极端降雨事件、土壤湿度、海平面上升和地下水位变化，对于排水基础设施的规划与设计至关重要。在综合规划的初期阶段，面临资料缺乏的挑战，可在智慧水务建设的框架内通过持续的监测和定期检查来识别影响排水系统及其效率的其他因素，揭示现有系统的不足。通过对有效数据的挖掘和利用，构建降雨径流模型和内涝风险预警模型，能够在暴雨等紧急情况下对当前状况和潜在后果进行预测，从而有助于应急处理。当接收到内涝预警信号时，管理和运维团队可以远程查看现场实时视频监控，以便快速定位低洼易涝点和人员高危区域，并据此调整应对方案，根据紧急程度进行抢险。

面对城市内涝突发事件，需满足应急预警管理、应急资源管理、应急预案管理、应急调度决策支持和成果管理等基本业务需求。这包括对防汛人员、车辆和物资的综合管理，以及根据应急预案指示和区域分布情况进行在线快速调配。同时，应对应急调度进行规范和科学地监控、记录与反馈，以确保有效应对内涝灾害。

某城市内涝预警监控系统如图 12-1 所示。

图 12-1　某城市内涝预警监控系统

4. 为城市智慧化管理提供有效数据支撑

2023 年 2 月 27 日，中共中央、国务院印发《数字中国建设整体布局规划》，提出到 2025 年，基本形成横向联通、纵向贯通、协调有力的一体化推进格局，确保数字中国建设取得重要进展。到 2035 年，数字化发展水平将达到世界前列。该政策的实施将"数字经济"提升至"数字中国"的高度，并强调在农业、工业、金融、教育、医疗、交通、能源等关键领域加快数字技术的创新应用。

城市水务建设作为基础设施的关键部分，智慧水务的发展将为城市的智慧化管理和科学决策提供基础数据支持。城市用水和排水数据能够真实反映居民的居住和生产状况，直观展示城市发展、经济运行和人口流动等情况。

5. 有效帮助水务运营单位实现降本增效

智慧水务利用智能信息技术对水务系统进行全面的精细监控和数据分析，有效降低能源消耗和人工成本，减少管理不善或处理延误造成的漏损，并提升水厂的运行效率。例如，深圳水务集团对光明水厂进行数字化改造，采用神经元网络算法建立数学模型，精确控制碱铝投加量，实现了生产的精细控制，智能投加显著降低了药耗。深圳洪湖水质净化厂立足于传统的自动化控制及监控体系，运用多种人工智能算法进行数据分析，建立了涵盖有机负荷降解、生物脱氮等环节的完整污水处理智能工艺大脑。这套系统实现了高可靠、高稳定、高精度的工艺优化调控，在保障出厂水质实时达标的同时，节能降耗达到 10% 以上。在湖南省武冈市，城乡供水一体化智慧水务调度系统的应用显著提升了抄表准确率、水费回收率和降低了漏损率。2019—2021 年，该系统分别实现了压降电耗 5.1%、2.95%、3.03%，压降供水成本 51.8 万元、28.01 万元、18.67 万元，并促进供水收入增长 153.16 万元、159.8 万元、144.75 万元，展现了显著的降本增效成果。

12.2　框架设计

为满足智慧水务的需求，构建了一个涵盖"一张图""一张网""一中心"和"一平台"的全方位水务智慧管控平台。智慧水务的总体架构包括以下几个关键部分：

（1）感知层：涵盖信息采集和工程监控，是水务信息系统的重要组成部分，负责信息获取和工程管理决策的执行。作为水务信息工程与实体工程间的接口，它是水务全要素信息的主要来源，是一种不可替代且不应重复建设的共享资源。

（2）ICT 基础设施层：包括网络基础设施、云基础设施和基础设施环境。这一层为智慧水务提供信息传输通道和安全运行环境，可根据业务需求自动扩容，并实现故障转移和运维自动监控。

（3）智慧水务数据资源池：是智慧水务建设与发展的核心。依托水务信息化保障和信息系统运行环境，对水务数据资源进行分类建库，建立标准化的数据存储、调用、共享交换、管理和更新机制，以支持水务业务和政务管理。

（4）智慧应用系统：包括业务平台层、应用层和用户层。业务平台层提供智慧应用所需的公共服务，如统一认证、统一报表和流程服务。应用层由多个业务应用组成，如规划设计、智慧供水、智慧排水、智慧海绵城市管控和水环境整治智慧管控，各应用通过资源共享服务平台实现功能个性化、资源共享和业务协同。用户层通过不同载体获取丰富的展示内容。

（5）安全保障系统：由水务信息化标准规范体系、信息安全与平台运维体系、建设和运行管理规范等要素构成，为智慧水务的持续发展提供基本保障。

智慧水务总体框架如图 12-2 所示。

图 12-2　智慧水务总体框架（作者自绘）

12.3   应用综述

水资源作为城市运行的基础性资源和人民生活的基本保障，其不可替代性和宝贵性要求我们融入智慧化的管理理念和手段，以实现精细化的管理效果。智慧水务工作主要划分为水资源管理（供水）、水安全管理（雨水）、水环境管理（污水）三大部分，这三个体系既相互独立又相互关联。

智慧水务系统的建设是一个规模庞大、结构复杂的项目。它具有众多功能和较高的技术难度，涉及面广，且建设周期长。为此，必须从现有水务管理的要求出发，统筹制定切实可行的信息化规划。在实施过程中，应从业务需求和管理现状出发，分轻重缓急，分阶段、分层次进行建设。应将全面应用与重点推进结合起来，统筹规划和分步实施。同时，应突出重点、急用先建、逐步推进，充分利用已有资源，注重与已有系统的衔接。优先建设信息基础设施，积极营造水务管理信息化保障环境，加强业务应用建设和管理，提高信息系统的安全性和可靠性。

智慧水务系统的架构需要考虑水务的多目标和多维度特征，架构设计既要符合当前业务需要，也要满足未来业务扩展的需要。积极运用新一代信息技术，通过智能设备实时感知水务状态，采集实时信息，并基于统一融合的公共管理平台，将海量信息进行及时分析与处理，并利用模型辅助进行决策支持，以更加精细、动态的方式管理，进而提升城市管理与服务水平。

12.3.1   涉水基础设施及污染源信息化

通过实现涉水基础设施及污染源的信息化，可以获得精准、全面、详细的环境数据管理，并配合网格管理机制，确保所有企业、污染源、排污去向均纳入管理范畴。为此，需建成满足地下管网普查工作业务需求的涉水管网地理信息系统。

（1）设施拓扑分析：根据设施拓扑分析功能中的拓扑检查规则，对排水设施进行拓扑分析。这包括对设施数据的基础图形拓扑检查、属性检查、孤立设点检查、排水逆坡检查等。通过这些分析，实现管网及设施的上下游追溯分析、连通性分析、剖面分析等功能。

（2）GIS地图综合展示：实现排水管网及设施的可视化展示、地图缩放、漫游、刷新、标记、定位等基本操作。

（3）综合查询：实现按区域、按道路、按名称、按类型等方式查询地图上管网设施基础信息的功能，支持对各个类型设施属性进行简单条件查询，根据指定字段的属性输入查询条件，从数据库中查找满足条件的信息。

（4）雨污混接排查：根据管网的上下游接驳关系、管网类型，分别对现状数据与规划数据进行雨污混接排查，分析出混接的管网节点和混接类型并提供改造意见，最终形成雨污混接报告，为管网规划设计提供基础数据。

（5）排水户资料管理：实现对排水户数据资料的更新维护，对排水户进行动态管理，包括增加、删除、修改等操作。管理基本信息、类型、许可证类型、许可证到期时间、相连排放口、地理位置等信息，提供基于 GIS 的排水用户分布展示、查询；提供不同时间、区间段内的排水户、许可证时间内的排水户、过期排水户等的统计、查询、分析；查询与排放口相连接的上游的排水户等；提供排水户许可证到期预警功能；查询排水户的水质监测报告。实现对排水户数据及相关属性的查询功能，提供列表查询、空间选择查询、拓扑关联查询、快速查询和综合条件查询等多种查询方式，查询结果以列表和地图两种方式显示。

（6）排水管网运行规律分析：根据管道内的在线监测设备的实时监测，获取管道水位、水质的大量数据，基于大数据分析，进行管道水位水质变化的时空分析，可有效发现异常排水行为，为水政执法提供支撑。

（7）污染源追溯分析：根据流域内的排水管网数据、立管数据、楼栋数据、排水户数据与它们之间的关系，与管网水质监测联动分析，快速查明发现违法排水行为，摸清排水管网中的任意节点的污水流向，精确分析某一栋楼的接驳井，为有效发现违法排水行为、摸清污染源提供数据支撑。

（8）专题统计：实现按区域、按道路、按空间关系、按属性条件等方式统计地图上设施数据的功能，同时支持自定义条件和组合条件进行统计，以列表和柱状图的形式表示结果。

12.3.2　水务数据在线监测信息化

在水务管理中，内涝点治理、黑臭水体治理、海绵城市建设以及三防（防汛、防旱、防风）等任务均依赖于在线监测数据和预警支持。在各类生产企业、生活区域以及污水、雨水与废水排放关键节点，须实时采集关键参数，包括排水水质、流量、管网内留存的危害气体浓度等，以实现对排放的精确管控。通过对比分析区域内进水与排水情况，整合完善现有水务工程监控系统，提高政府对水务重点防控地区的应急处置能力，并建立应急防控保障体系，为防洪排涝、水环境管理、应急事故处理提供技术支持。

（1）面向重点水污染源和污水排放口的信息采集系统：针对生产企业排污，从单点监测和过程监测升级到区域综合监测模式，实现对企业污水排放的总量终端管理，并通过未来系统监管的扩容实现对整个流域的污水排放的实时监测和综合分析管理。

（2）面向排水管网、河道等重点节点的在线信息采集系统：在现有排水管网、河道等的重要节点安装无线探测装置，进行流量监测，并通过长期监测数据进行液位或流量的趋势性和周期性分析，探究监测区域的排水规律和特征。在现有排水管线中添加感应装置，以便管网信息的精确探测和准确定位，实时监测感知管线破损、淤积等故障，并结合水文地质信息，构建地下排水管线、河道等的综合信息平台系统。

（3）视频监控信息资源整合：建设重要内涝点的视频监控系统，结合水环境综合治理工程开展河流管理视频点建设，整合共享城管、公安等部门的视频资源，实现各类视频监控系统在水务局视频监控平台的整合及统一调用。

（4）工情监控信息建设整合：结合河流综合整治工程进行相关河流闸、坝、泵自动控制系统的建设，对闸门、泵站进行自动化改造；整合现有重要闸门、泵站的工情信息，使管理部门能及时掌握重要闸门泵站的运行信息。

12.3.3 涉水政务管理信息化

当前水务领域的信息化水平尚不充分，因此，通过构建平台，将工作流程进行平台化处理和记录，以提高信息收集和管理的效率。通过在线监测，实现对排水与水环境管理相关信息的及时、准确、完整收集，从而初步建立集治污、排水监管信息收集、分析、评价、统计、整编、发布等功能于一体的水环境信息管理系统，为水环境监管和清源行动提供信息化支持。具体管理措施包括：

（1）排水审批项目管理：对水污染治理规划和年度计划信息进行平台化管理，实现对排水审批项目的全过程跟踪，包括项目的规划、审批、设计、建设、验收、运行维护等环节。

（2）污水处理项目审批论证：对污水处理项目审批论证过程、审批论证信息进行管理，包括审批论证的主要事件、时间节点，审批论证的主要论点、论据，以及审批论证结果等。

（3）污泥处置管理：对污泥处置处理厂的运行进行监管，包括污泥运输车辆基本信息和运行信息、污泥厂的用水用电用药信息、污泥处理情况、进出厂情况等的全过程跟踪。

（4）污水处理厂运行信息管理：通过上报的污水处理厂污水量、电量、泥量、污水水质等信息，对污水处理厂的运行情况进行监管，并对其日常运营维护服务质量进行考核。

（5）排水设施管理：对排水设施的建设验收情况进行管理，与行政审批管理相结合，对建设项目施工方案、拆迁或移动排水设施进行审批。

（6）排污费征收管理：对排污费征收情况进行管理，包括排污费的定价、征收标准、运营服务费支付标准制定等。

（7）雨污分流管理：对各排水小区（工业区、住宅区、医院等）的日常雨污分流监管信息进行管理。

12.3.4　水务工程项目全过程管理信息化

水务工程项目全过程管理涵盖工程全生命周期管理、工程建设监管、安全监管、工程质量监管、造价管理、廉政管理等业务环节。平台功能划分为工程建设全过程管理子系统、工程建设与安全监管子系统、数据分析子系统和移动协同子系统等内容，以实现水务工程管理的全面信息化和智能化。

（1）工程建设全过程管理：构建基于 BIM、CIM 的智慧水务工程建设管控平台，采集关键数据并进行集中管理、分析、应用，形成水务工程大数据，优化建设标准与要求，实现智慧管控，包括质量、安全、投资、进度、审批、决策等方面，为智慧城市民生服务、公共安全、建筑安全、应急指挥等提供数据支撑。

（2）工程建设与安全监管：为水务工程建设提供移动式无纸化办公环境，规范业务流程，提高审批效率，实现全过程智能留痕，提升建设项目管理水平，实现管理的高效化、精细化、智能化。

（3）数据分析：基于水务大数据的数据平台，提供投资合同、质量安全、进度、人员、材料设备等全方位的数据统计和分析，支持电脑浏览器、手机 App、短信、微信等多种应用方式。

（4）移动应用：移动协同系统包括移动门户、设计中心、管理中心、廉政监管、项目管理和综合决策与分析等，遵循移动应用标准体系和移动应用安全体系建立，为工程管理提供移动应用支持。

12.3.5　给水系统漏损控制信息化

针对给水系统漏损控制信息化的产品，其核心需求和产品板块应紧密围绕实时监控、数据分析、智能诊断与预警、漏损定位、数据可视化、远程控制与自动化、决策支持和用户交互等方面展开。

（1）实时监测与数据分析：实现对系统运行状态的实时监测，包括流量、压力、水质等关键参数的持续跟踪，并通过压力传感器、流量计、水质监测设备等收集数据。数据传输至数据处理与分析平台，经过清洗、预处理、存储和管理，利用机器学习和数据挖掘算法识别潜在的漏损点。

（2）智能诊断与预警：基于收集到的数据，系统应具备智能诊断功能，自动判断漏损情况，并预测未来可能出现的漏损风险。建立预警模型和算法，在漏损事件发生时发出预警。

（3）漏损定位：利用声波检测、传感器网络等先进定位技术，精准定位漏损点，减少排查时间和成本，提高修复效率。

（4）数据可视化：提供数据可视化功能，通过实时监控仪表盘、历史数据分析图表、交互式地图等工具，将复杂数据转化为直观图形，便于用户分析和决策。

（5）远程控制与自动化：支持远程控制功能，允许管理人员远程操作阀门、泵站等设备。在检测到漏损时，系统自动调节相关设备，减少水损失，实现系统自动化运行。

（6）决策支持：基于大数据分析，为管理层提供决策支持，包括数据报告、节能减排分析、维护计划优化等，帮助制定有效的漏损控制策略。

（7）用户交互：具备友好的用户界面，使操作人员能够轻松地进行系统管理和操作，包括简单的操作流程、清晰的指示信息、易于理解的界面设计等。

（8）集成与兼容性：与现有给水系统设备和软件平台兼容，具备良好的设备驱动管理能力和第三方系统接口，以及高效的数据交换与共享机制。

12.3.6　内涝风险预警及评估系统信息化

为了增强城市应对极端天气事件的能力，确保人民生命财产安全，本部分的核心需求应集中在实时监测、预警和评估城市内涝风险，以降低内涝造成的损失并增强城市的防洪排涝能力。

（1）数据采集与集成：系统需要整合来自不同来源的数据，包括气象数据、水文数据、地理信息系统（GIS）数据以及城市基础设施状态数据。数据采集模块应具备高度的兼容性和扩展性，以适应不同数据源的接入。

（2）实时监测：利用传感器网络和遥感技术，对内涝风险点（如历史内涝点、低洼点、地下空间等）进行实时监测，包括降雨量、水位、流量等关键指标，确保数据的实时性和准确性。

（3）内涝风险评估模型：选取合适的风险评估模型（可采用机理模型来快速评估、水力模型来精细评估的复合模型策略），根据实时监测数据和历史数据，评估当前内涝风险等级，并预测可能发生的内涝情况。

（4）预警系统：基于风险评估结果，设计对应的预警机制，能够在内涝风险达到一定阈值（如积水深度、积水时间等）时，自动触发预警，并通过多种渠道（如短信、应用推送、社交媒体等）向公众和相关部门发布预警信息。

（5）决策支持系统：为城市管理者提供决策支持工具，包括内涝风险地图、应急响应方案、资源调配建议等，帮助管理者快速制定应对措施。

（6）用户交互界面：设计直观、易用的用户界面，使非专业用户也能轻松获取内涝风险信息，并理解预警和评估结果。

12.3.7　厂网河城综合水环境管理信息化

为了实现污水量的时空分布调节，确保污水设施的运行效率，并充分利用现有设施的输送、调蓄和处理能力。建议采用水力模型对溢流口、管网、泵站、调蓄池和净水厂进行统一管理。这种方法旨在均衡进厂污水流量，调整净水厂的运行负荷，减少污水溢流量，并优化设施的运行管理，从而充分发挥排水设施的效能。

（1）排水管网水力模型模拟：一是建立示范区域的排水管网水力模型，以模拟不同降雨频率下管渠的排水能力，并根据模拟结果提出改善区域排水效果的实施方案和模型。二是模拟城市雨水循环系统，实现城市排水管网系统模型与河道模型的整合，更真实地模拟了地下排水管网系统与地表受纳水体之间的相互作用。

（2）水量水质调配分析：为应对净水厂进水水量日变化大、水质不平衡的问题，通过水量水质调配分析系统进行污水调配，以最大化利用净水厂的保底流量并稳定水质。该模块通过排水模型结合监测数据预测净水厂进水水量，提前制定调度方案，降低进水水量变化幅度，减少非正常溢流，并提高净水厂的处理能力。同时，通过对工业排水户出厂水的水质数据收集和污水管网的在线监测装置，实时动态模型可以对进厂污水的水质进行预报和预警，并在发现污染物超标时采取应急调度，提高净水厂的运行效率和水质保障。

（3）净水厂进水调配预案管理：通过模型模拟典型实测旱季、雨季和自设极端情况下净水厂的进水水量和水质变化，测试并寻找最佳调度方案，以保证进水水质在允许范围内浮动，并尽量减少非正常溢流。在监测系统基本覆盖排水管网干管、总截口和主要排放口的水量水质自动监控后，动态模型通过接入实时的天气状况和监测数据，预测未来一段时间排水管网的水量和水质状况，并根据设定的优化目标，自动寻找最佳调度方案，提供给数据采集与监控系统（SCADA），实现自动远程调度功能。

（4）厂站网一体化联合调度：建立厂网一体化管理分析系统，结合历史经验和实际情况，制定绩效评估体系，并通过计算分析对厂站的关键运营指标进行评估。评估结果通过图表形式展现，辅助管理单位发现运行管理的薄弱环节，并为厂站运行管理优化提供决策支持。

12.4　发展趋势

目前，我国智慧水务建设正处于起步阶段并迅速发展，其在解决方案设计、项目管理模式及操作效率等方面均有显著提升潜力。针对当前城市内涝防治、水资源保护、黑臭水体治理等紧迫问题，智慧水务亟须实现"提质增效"。

12.4.1　监测体系：水务全要素的天地空实时监测

随着遥感、气象卫星、无人机、摄像头、各类传感器等技术与设备的高速发展和普及，相关应用已渗透到城市空间的各个层次和领域，水务全要素天地空实时监测已成为智慧水务建设的大势所趋。通过物联感知手段，包括卫星遥感、智能视频监控设备、

GPS定位、VR技术、传感器等，实现对监管区域内所有水务信息的全方位全天候实时监控，为后期的智能仿真、诊断、预警以及调度等提供坚实基础。完善物联感知数据采集，实现运营信息数字化，通过物联感知进行数据统一采集、传输，建立起水务大数据仓库。

（1）感知技术全面升级，提升管理效率：卫星遥感技术向多光谱、多极化、微型化和高分辨率发展，探索利用更先进的方法，如加入气象、泥沙数据等，精确获取所需水文特征。结合VR技术和BIM系统，实现设施设备的数字化、实时化与可视化管理。利用定位精准系统与CCTV集成，监测设施结构与功能状态，产生分析报告，为设备维护人员提供精准高效的设施管理模式。

（2）物联网平台助力提高数据整编效率：利用物联网平台强大的整合能力，以及各类新兴信息技术互相协调与优化，打通水文自动采集、人工监测数据规整、智能识别、实时整编的在线数据链路，全面提升水文数据整编成果的生产效率和服务质量。

（3）数据通信全面普及，感知技术更经济可靠：随着基础设施的逐步完善和技术不断发展，数据通信技术的运用将日渐成熟，性能、效果与效率趋于稳定，使用成本降低。例如，5G技术、井下物联网、CCTV等技术与工具的使用将不再需要付出巨大的经济代价，有利于技术的普及与不断升级。

人工智能驱动水位预测系统示意图如图12-3所示。

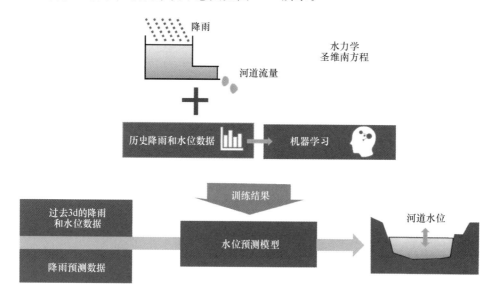

图12-3　人工智能驱动水位预测系统示意图

12.4.2　数据治理：海量数据高效收集整合治理

鉴于目前大部分业务仍以独立项目形式存在，缺乏统一的标准规范，导致统计口径不一、数据通信不畅、运维权费不明、建设标准不统一等问题出现。此外，现有管理模式尚未实现流程化与精细化，大多数新兴数据格式为非结构化，且数据挖掘和治理软件工具难以处理大规模和复杂性问题。由于海量多源异构数据的组织管理复杂，客户地址未标准化，数据统计和服务精准性面临挑战。在日常业务管理中，缺乏过程数据且分析处理能力不足，尚未建立有效的指标体系，难以支撑高层次的信息挖掘和决策支持。因此，数据治理成为智慧水务建设过程中的核心任务。

（1）基于"数据中台"构建数据与业务相互转换的闭环机制：利用数据中台的核心能力，包括数据汇聚整合、提纯加工、服务可视化和价值变现，实现以客户为中心和数据驱动的业务价值，盘活全量数据，形成数据驱动的决策和运营机制。

（2）构建大数据仓库，实现关键业务的智慧应用：构建包含所有子系统的大数据仓库，重点关注物联数据采集、传输、清洗和存储的统一标准，利用数据标准化技术处理非结构化数据，建立异构水文数据的关联关系，深度挖掘信息价值，实现关键业务的智慧运用。

（3）构建城市级、公司级数据仓库，形成主题数据服务：抽取不同应用的核心数据，形成各种主题的数据服务，通过信息整合满足多变、多样的社会需求。系统提供灵活丰富的数据应用接口服务，支持不同形式的数据应用，以实现对生产类、经营服务类等综合指标的展现和专题分析，为决策提供依据，辅助智慧水务的各级领导及管理人员做出有效经营决策。

数据"孤岛"现象如图 12-4 所示。

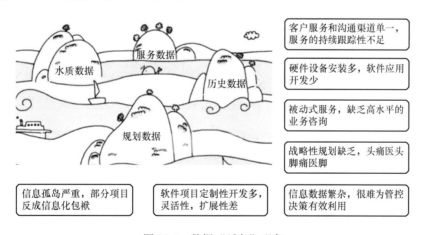

图 12-4　数据"孤岛"现象

12.4.3　业务平台：构建统一的业务处理平台

目前，我国水务基础设施建设尚不完善，综合保障能力相对较弱，运营数据分散于各个单位与业务系统，导致水务资源数据无法及时互通共享，资源配置效率低下。此外，系统内部存在大量重复建设，缺乏业务核心的固化沉淀，导致系统到期后只能推倒重建的现状难以改善。未来智慧水务建设项目应加快统一水务处理平台的构建，实现各级部门、公司在同一平台进行业务处理，增强水务管理部门设施的可视化，整合规范分散在各级单位、业务系统的运营数据，以提高运营质量和决策效率。通过信息系统建设，将运营管理业务中的各项流程与数据中心建立"强关联"，实现运营系统的全流程信息化管理。

（1）建立"业务数据化，数据业务化"的闭环运营管理模式：积极构建并充分利用以"构建水务企业共享服务中心"为核心的业务中台，通过各个业务板块之间的连接与协同，持续提升水务业务的创新效率，确保形成稳定性、高效性与经济性兼备的关键业务链路体系；此外，为了加强组织间的协同，同时突出水务各部门组织与业务机制的协同关系，培养水务企业与公司快速、低成本创新的能力。水务业务中台作为企业级能力承载与共享的中台，需要将大部分解决水务问题的能力积累、沉淀，成为能够提供业务应用层共享与复用的业务能力池。

（2）促成网络互通的一体化平台建设：实现网络互通，即企业内网与电信运营商外网互通、有线与无线互通，内部局域网与广域网互通，各电信运营商之间互通。加强业务融合，各应用功能的信息能够在各应用系统之间相互调用，打破各应用系统之间的功能界限。共享网络资源，以便多个异地水务公司共用同一数据中心与系统平台，通过数据集中采集传输和存储、数据资源共享实现各应用模块之间信息共享。

（3）创建覆盖全领域的统一涉水业务：将供水系统、污水处理系统、管网系统、防汛防旱系统、水资源管理系统、运营管理系统等功能体系在统一平台呈现出来，形成一个完整的水务决策支持与应用服务系统。同时，进一步规范和统一内部水行政业务工作流程，建立水政监察执法统一的法律法规标准、裁量标准、文书标准，构建水务数据信息来源的统一入口、政民互动的渠道、信息资源共享的统一平台。

（4）多源数据、业务子系统集成，提升服务能力：为水务运营、资产管理等提供健全的数据支撑，首先需要实现多源数据的统一集成。打造共性应用支撑与公共服务，形成以综合调度服务为统筹，各业务系统为服务能力支撑的外业管理系统、生产类系统切实落地的运营格局。对各项业务管理系统进行整合，打通各业务应用系统的接口，实现各业务系统间有机联系、互联互通、数据通信、信息共享。通过调用运营平台共性应用支撑与公共服务，实现客服业务线上办理，引导客户服务业向线上转移，最终达到服务能力共性化、数据资源集同化、集团管理协同化、客户服务便捷化的目的。

12.4.4　全域上云：构建水务工程智能一体化云应用平台

鉴于当前智慧水务云平台尚处于逐步完善阶段，数据量持续增长且格式多样，加之数字化转型带来的大规模数据存储需求，水务企业在处理过程中面临千万级复杂工况仿真、优化与数据可靠备份等挑战。全域业务上云为解决这些问题提供了必要条件。首先，业务上云避免了现场数据中心的大量软件设置、补丁更新和其他费时的 IT 管理，使相关人员能够专注于实现更重要的水务业务目标。云端提供按需的自主服务，方便调配海量计算和分析资源，赋予水务企业更大的灵活性，有效缓解容量规划的压力。其次，云服务在安全数据中心上运行，降低应用程序的网络延迟，提高全局缩放的经济性，并提供用于提高整体安全情况的策略、技术与空件，有助于数据保护，同时避免应用和基础架构受到潜在的安全威胁。

因此，"云"是当前水务企业数字化转型的一个重要方面。"云"的标准化、共享特性、自动化等与企业业务相结合，能够产生新的价值，满足水务工程领域对数据传输效率、服务安全以及稳定性的要求，同时解决多部门应用数据的安全防护问题。为了提供便捷化、智能化的仿真应用服务，需要进一步构建水务工程智能一体化云应用平台，实现全域业务上云。

（1）水务企业上云，运营模式向"云"转换：水务企业需要加速 IT 能力建设，这需要大量资金投入，尤其是对中小型水务企业而言。企业上云是重要趋势，有利于促进新技术在企业中的普及与应用，加速 IT 基础设施更新与发展，促进软件架构复用，加快应用部署，缩短业务服务升级周期，在提升业务服务质量的同时降低人员成本与运维费用。企业的运营模式也需向云运营模式转换，体现在服务化运营与产品化运营两方面。

（2）业务需求与发展阶段决定上云方式：企业应根据自身在不同业务发展阶段中的情况，面对的主要问题和挑战，调整、应用不同的上云方案，包括私有云、公有云以及混合云。私有云资源由企业自行购买和建设，具有资源集中、资源共享、资源高效利用等优点。公有云相当于租用企业外部的资源池，具有快速、弹性等优点。对于大型水务企业复杂的管理情况，可采用私有云与公有云相结合的混合上云方式。

（3）利用云技术三大服务模式，提升云服务体验：充分利用云技术的基础设施即服务（IaaS）、平台即服务（PaaS）和软件即服务（SaaS）三大服务模式，新增的管理系统可在"云端"开发，无须增加终端设备。各项水务业务应用管理系统采用 SaaS 模式统一版权，根据功能需求在云端实现软件版本实时在线升级。结合 5G 技术构建水务工程云应用 App，为智慧水务用户提供更优质的业务体验。

水务混合云架构如图 12-5 所示。

12.4.5　智慧生产：实现生产过程的全面智慧化

鉴于当前生产系统缺乏独立的分析判断能力、主动调整优化的功能以及智慧化生产水平不高，采用移动信息化手段来管理整体运营过程，实现运营管理精细化，并提升安全性变得尤为重要。随着传感器技术和控制网络的不断发展，以及智能算法和控制策略

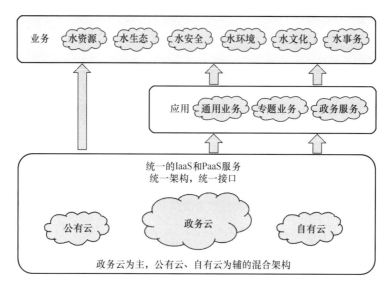

图 12-5　水务混合云架构

的指导，构建全自动化、智能化的控制体系成为可能，从而实现生产过程的全面智慧化。通过先进的信息平台，提高生产管理效率和运营水平，实现供污水处理厂的智慧化建设。利用自动化、电气无线通信、软件技术和云计算技术，建立远程管理云平台，高速高效地采集和处理数据，实时掌握全市排水管网、泵站、污水处理厂的运行情况，实现"少人值守"或"无人值守"改造，同时进行数据远程监测和控制。

（1）机器人搭载的传感器可检测危险空间的环境指标，判断是否超过正常范围，并在异常或超标时回传报警信号，实现远程生产调节、设备控制与诊断调度，减少现场巡视频率、值班人员、运营管理人员，确保设施设备稳定运行。

（2）构建"数字孪生"是实现智慧化生产的重要手段之一。基于管网、泵站和污水处理厂等基础生产设施，结合水务工程仿真专业软件、实测采集数据与实验数据，利用大数据和人工智能等分析手段，建立水务工程数字孪生云服务计算模型，开展实时水务事件演进数值模拟。针对水务工程仿真应用的典型性和复杂性应用场景进行定制化、流程化的分析处理，运用线上方式保持业务正常运行。

（3）通过建立工艺模型，对工艺和能耗进行仿真模拟，预警潜在不达标情况，检验运行方案的合理可行性，预测工艺指标，及时调整运行方案，提高决策能力，实现工艺的实时优化。建设基于信息系统的智慧生产应用，提高劳动生产率，减少岗位人员，降低成本。在智慧化生产中，数据由系统自动计算和传输，减少各部门的数据统计校对工作量。通过机器自我学习和建模仿真等技术，使其独立分析、预测和判断，调整设备运行状态或向决策者发送信号。未来，工控系统将有可能被人工智能取代，工单管理将由跨部门云端流转所取代，水务生产运营的智能水平将大幅提升。

近年来已建的智慧水厂汇总于表 12-2 中。

近年来已建的智慧水厂   表 12-2

序号	水厂	省份/直辖市	城市	产能（万 t/d）	建设/运行时间
1	北部水厂	广东省	广州市	150	2019 年 1 月
2	杨树浦水厂	上海市	杨浦区	148	1883 年 8 月 1 日
3	南京北河口水厂	江苏省	南京市	120	1929 年
4	宗关水厂	湖北省	武汉市	105	1909 年 9 月 4 日
5	泰和水厂	上海市	宝山区	100	1996 年 6 月 25 日
6	宋六陵水厂	浙江省	绍兴市	80	2001 年 1 月 2 日
7	郑州航空港第二水厂	河南省	郑州市	80	2017 年 8 月
8	苏州相城水厂	江苏省	苏州市	70	2007 年 6 月 28 日
9	乐楠水厂	浙江省	乐清市	60	2012 年 3 月
10	锡东水厂	江苏省	无锡市	60	2003 年 11 月 26 日
11	临江水厂	上海市	浦东新区	60	1997 年 7 月
12	合肥供水六水厂	安徽省	合肥市	60	2008 年 5 月
13	闲林水厂	浙江省	杭州市	60	2021 年 5 月 29 日
14	东钱湖水厂	浙江省	宁波市	50	2007 年 8 月
15	宁波桃源水厂	浙江省	宁波市	50	2020 年 6 月 19 日
16	武汉金口水厂	湖北省	武汉市	50	2015 年 12 月 26 日
17	鱼嘴水厂	重庆市	江北区	40	2016 年
18	苏州胥江水厂	江苏省	苏州市	30	2010 年 9 月
19	新洋湖水厂	江西省	景德镇市	25	2018 年 8 月
20	江东水厂	浙江省	宁波市	20	1956 年 8 月 1 日
21	徐泾水厂	上海市	青浦区	20	1993 年
22	深圳光明智慧水厂	广东省	深圳市	20	2020 年 8 月
23	岛北水厂	浙江省	舟山市	16	2014 年 6 月
24	南太湖水厂	湖南省	宁乡市	16	2017 年 7 月 10 日
25	贯泾港水厂	浙江省	嘉兴市	15	2007 年 6 月
26	盐田港水厂	广东省	深圳市	102	2008 年 5 月 5 日
27	高明水厂	广东省	佛山市	710 t/d	1989 年 8 月
28	内江第二水厂	四川省	内江市	10	2019 年 10 月
29	西咸新区第三水厂	陕西省	西咸新区	10	2019 年 12 月
30	北京路水厂	江苏省	淮安市	4	1979 年 9 月
31	太白湖水厂	山东省	济宁市	4	2019 年 6 月 20 日
32	坝光水厂	广东省	深圳市	4	2020 年 3 月

第 13 章 智 慧 环 保

13.1 需求分析

13.1.1 政策需求

在生态文明建设的深入推进下，生态环境保护与管理已成为政府工作的重心，"绿水青山就是金山银山"的理念已深植人心。环境保护工作，作为城市管理和城市基础设施管理的关键组成部分，随着智慧城市和数字政府理念的兴起，正逐步转型为数字化、信息化和智能化的管理模式。"智慧环保"作为"数字环保"概念的延伸和拓展，智慧环保不仅继承了数字环保的理念，还通过整合物联网、大数据、云计算和人工智能等前沿信息技术，推动了环境管理、监测、应用和服务的全面智能化，以实现环境保护工作效率的提升和环境质量的整体提高。

近年来，我国政府出台了一系列智慧环保相关的政策文件，旨在推动智慧环保行业的快速发展。例如，2022 年国务院颁布的《关于加强数字政府建设的指导意见》，明确提出了全面推进生态环境保护领域的数字化转型。该政策提出构建一体化的生态环境智能感知体系，建立生态环境综合管理的信息化平台，以深化大气、水、土壤、自然生态、核与辐射、气候变化等关键领域的数据资源整合和利用，推动重点流域和区域之间的协同治理，共同促进环境的可持续发展。

智慧环保行业主要政策汇总于表 13-1 中。

智慧环保行业主要政策 表 13-1

时间	部门	政策名称	相关内容
2010 年	环境保护部	《关于加快实施国家环境监管信息化的意见》	提出了加快环境监管信息化的总体要求、主要任务和保障措施，强调构建国家环境监管信息平台
2012 年	国务院	《环境保护"十二五"规划》	提到了实施环境监管信息网络化工程，推进环境信息资源共建共享，提升环境信息化水平
2012 年	环境保护部	《关于进一步加强环境保护信息化工作的意见》	明确了环境保护信息化工作的指导思想、基本原则、主要目标和任务，进一步推动环境保护信息化建设
2013 年	住房和城乡建设部	《"国家智慧城市"试点通知》	数字环境向智慧环境演进，云计算和大数据将成为智慧环境的核心技术

续表

时间	部门	政策名称	相关内容
2015 年	国务院	《关于积极推进"互联网+"行动的指导意见》	大力发展智慧环保,建立环境信息数据共享机制,通过互联网实现面向公众的在线查询和定制推送
2016 年	国务院	《"十三五"国家科技创新规划》	开发生态环境大数据应用技术,建立智慧环保管理和技术支撑体系,力争实现生态环保技术的跨越发展,为我国环境污染控制、质量提高和环保产业竞争力提升提供科技支撑
2016 年	国务院	《"十三五"生态环境保护规划》	提出提升环境监测和信息化水平等
2016 年	国家发展改革委	《关于推进"互联网+"智慧环保发展的指导意见》	提出了推进"互联网+"智慧环保发展的指导意见,强调创新环境监测手段,构建环境信息共享平台
2017 年	生态环境部	《生态环境大数据建设总体方案》	对生态环境大数据建设的总体目标、主要任务、具体措施等进行了明确,以大数据技术推动生态环境保护和监管工作
2018 年	生态环境部	《关于深化环境监测改革提高环境监测数据质量的意见》	明确了深化环境监测改革、提高环境监测数据质量的一系列措施,包括推进监测自动化、信息化、标准化等
2019 年	生态环境部	《关于进一步加强生态环境信息化工作的意见》	对进一步加强生态环境信息化工作做出了全面部署,要求加强信息化基础设施建设,推动生态环境数据资源整合
2020 年	生态环境部	《关于全面加强生态环境保护 坚决打好污染防治攻坚战的意见》	强调了要加强生态环境监测和信息化建设,提升环境治理能力和水平
2021 年	国家发展改革委	《关于"十四五"时期深入推进智慧环保发展的指导意见》	明确了"十四五"时期智慧环保发展的主要目标和任务,提出要深入推进智慧环保,提升环境管理与决策的科学化、精细化水平
2021 年	生态环境部	《关于加快构建现代环境治理体系的指导意见》	加快构建现代环境治理体系,包括完善环境法律法规体系、提升环境治理能力、推动环境治理体系现代化等
2022 年	国务院	《"十四五"数字经济发展规划》	加快推进能源、交通运输、水利、物流、环保等领域基础设施数字化改造,推动新型城市基础设施建设,提升市政公用设施和建筑智能化水平

为践行"绿水青山就是金山银山"发展理念,"十四五"规划期间各省市结合本地实际,制定了针对性的环保目标和措施,积极推进智慧环保产业的发展。其中,河北省强调了传统基础设施的数字化和智能化升级,致力于京津冀地区智能交通和环保新基建的构建。湖北省则着重于人才和科技支撑,建立人才培养和科研平台,加强环保人员的专业能力,推动环境治理技术的研究与应用。广东省在《广东省推进新型基础设施建设三年实施方案(2020—2022 年)的通知》中提出智慧环保工程,利用地理数据和遥感技术,建立全省统一的生态环境监测网络。江苏省强调大数据在公共服务领域的应用,

包括智慧环保。黑龙江省的数字经济规划中，将绿色低碳作为数字化发展的关键评价指标，引导资源节约型和节能环保型的数字化升级。广西壮族自治区鼓励新一代信息技术在环保领域的创新应用，探索"互联网＋"环保产业新模式。陕西省聚焦节能环保技术的研发和产业化，推动产业集群发展。青海省支持建立废弃物的综合利用和无害化处理系统，发展节能环保产业，并推进智慧城市建设，实现数字化城市管理和环保项目。总体而言，各地政策均体现了对智慧环保建设的重视，通过科技创新和人才培养，推动环境质量的持续提高，促进经济与生态环境的协调发展。

13.1.2　业务需求

为构建一个高效、透明、互动的环境保护体系，实现环境保护工作的现代化和智能化，对智慧环保业务需求的探讨可以从政务信息化、监管信息化、专题信息化和服务信息化四个维度进行分析。

1. 政务信息化的需求

政务信息化是智慧环保体系的基石，其核心在于通过信息技术提升环境管理的效率和透明度。环境影响评价作为环境保护的第一道关口，其信息化建设要求实现环境影响评价资料的电子提交、在线审查和公开，以及环评过程的实时监控和公众参与。排污许可信息化则要求建立完善的排污许可证电子管理系统，实现从申请、审批到监管的全流程数字化，确保排污单位依法持证、按证排污。

2. 监管信息化的需求

监管信息化侧重于利用信息技术加强对环境质量的监控和污染源的管理。污染源监管信息化要求建立全面的污染源监控网络，通过在线监测设备和移动执法应用，实现对重点污染源的实时监控和快速响应。同时，环境监测信息化应覆盖大气、水质、土壤等环境要素，通过大数据分析和智能预警系统，为环境管理决策提供科学依据。

3. 专题信息化的需求

专题信息化专注于特定环境领域的深入管理和研究，如水环境、大气环境、声环境和近岸海域等。通过构建专题数据库和模型，实现对环境问题的系统分析和综合评估。例如，水环境信息化可以通过水质监测网络和水环境模型，对河流、湖泊和地下水等水体进行综合管理和保护。大气环境信息化则侧重于大气污染物的来源解析和扩散模拟，为大气污染防治提供技术支持。

4. 服务信息化的需求

服务信息化旨在通过信息技术提升环保服务的质量和便捷性。企业服务信息化要求建立环保政务服务平台，为企业提供环评、排污许可等一站式服务，同时通过环保信用评价系统，激励企业自主守法。公众参与信息化则通过网络平台和社交媒体，增强公众对环保事务的参与度和监督能力，提高环保工作的透明度和社会影响力。

13.2　框架设计

为构建一个全方位、多层次、高效能的环境管理和保护体系，通过科技创新实现环境保护工作的智能化、精细化和系统化，智慧环保总体框架如图 13-1 所示。智慧环保系统主要包括以下核心内容：

（1）感知层：聚焦于环境质量监测、污染源监控和环保能力等感知数据的接入、管理、存储和服务，通过部署传感器、视频监控和遥感技术，实现对水、大气、声、土壤、生态环境等生态环境要素，以及工业排放、交通排放等污染源的实时监测与动态监控，确保环境数据的实时获取和异常预警。

（2）网络层：生态环保数据的采集和传输是智慧环保系统的重要组成部分，可以有效支撑生态环境数据的高效传输和互联互通。从形态上一般可分为有线网和无线网，通常根据业务场景对网络稳定性、覆盖范围、传输速率等因素进行考虑和配置。有线网络如以太网、光纤通信方式具有传输稳定、速率快、抗干扰能力强的特点，一般用于水质监测站、大气监测站等需要长期、稳定和大批量监测数据传输的场景。无线网站如Wi-Fi、蓝牙、ZigBee 和蜂窝网络等通信方式具有安装灵活、扩展性强等特点，一般用于移动监测设备、临时监测站或远程监测等场景。

（3）数据层：构建一个高效、可靠、易管理的数据集成、数据处理和数据服务系统，以支撑生态环境决策、监管和服务的智能化，数据层一般分为基础数据库、监测数据库和业务数据库。基础数据库主要用于存储环境监测站点、污染源等基础信息，监测数据库用于记录实时监测数据和历史环境数据，业务数据库涵盖环保业务流程中产生的各类业务数据。

（4）支撑层：应用支撑层的建设主要为智慧环保应用提供统一的 GIS 服务、模型服务，业务支撑层的建设主要为智慧环保系统提供一个集成化、模块化、可扩展的技术支撑平台。如统一认证通过单点登录（SSO）等机制实现用户身份的集中管理和权限控制，确保系统的安全性和用户操作的便捷性；统一报表提供标准化的数据展示和分析工具，使得环境监测数据和业务信息能够以直观、一致的形式进行呈现；工作流引擎可实现环保业务流程的自动化管理，提高工作效率；日志服务主要记录和存储系统操作日志和运行日志，为系统监控、故障排查、性能优化和安全审计提供翔实的数据支持。业务中间件提供消息队列、事件总线等机制，协调不同服务和应用之间的通信，确保业务流程的顺畅执行。

（5）应用层：智慧环保应用层的建设主要是服务于生态环境管理和生态环境服务的业务管理，覆盖政务业务、监管业务、专题业务和服务业务。政务信息化主要包括环评审批和排污许可的在线化处理，监管信息化是通过环境质量监测和污染源监管等手段强化执法能力，专题信息化主要针对水、大气、声、土壤和生态环境等不同领域提供专项信息服务，服务信息化旨在为企业提供环保合规指导和为公众提供环境信息查询和参与渠道。

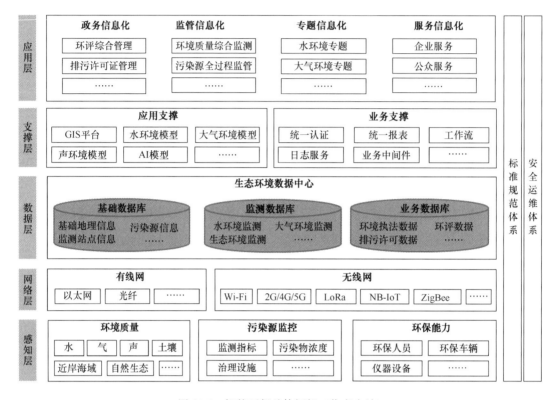

图 13-1   智慧环保总体框架（作者自绘）

13.3   应用综述

生态环境保护工作从管理对象上主要划分为生态环境质量管理和污染源监管，生态环境质量管理业务主要覆盖目标制定、功能区规划、环境质量标准制定、现状监测和质量评价、主要污染分析和目标差距分析、达标方案制定、政策措施制定、措施执行、治理效果评估等环节，污染源全流程管理主要覆盖了固定污染源的行政许可和监测监管执法的管理，包括审批、总量、排污许可管理、监管执法、监测、信访投诉、应急等多个流程。

围绕生态环境质量管理和污染源监管两大业务对象，智慧环保系统以物联网技术和遥感技术为基础，广泛部署各类智能传感器和监测设备，实时采集水环境、大气环境、声环境、土壤环境、生态环境和各类污染源的关键监测指标数据，并通过网络将数据传输至物联网平台，运用大数据分析和人工智能算法对数据进行深度处理和智能分析，从而提供准确的环境质量评估和及时的风险预警，实现了环境监测的全面化、数据管理的智能化、污染源监管的精准化，为环境保护工作提供了强有力的技术支撑，有效促进了环境质量的持续提高和生态文明的建设。

13.3.1　政务信息化

1. 环评综合管理

环评综合管理围绕环境影响评价工作的技术审查、规划环评、项目备案、项目环评、环评机构信息管理等业务流程的数字化应用，依托于智能辅助支持工具，提升环评审批的效率和质量，实现环评审批事项统一审批、统一存储和统一管理，形成备案项目一项一档，为后续执法监管提供有力的数据支撑。

（1）技术审查业务管理，主要覆盖项目登记、审查员指派、现场勘察记录、专家会审结果管理，以及"三线一单"自动审查功能。通过技术审查意见的输出与审核流程，确保了审查工作的规范性和项目办结后的归档管理。同时，系统提供历史审查项目的查询分析与统计汇总功能，为环评工作的持续改进提供数据支持。

（2）规划环评服务管理，基于多规合一平台数据，对规划布局、产业准入、污染物排放等关键信息进行综合管理，提供智能检索功能，实现对规划环评数据的快速查询与分析，从而提升规划环评的效率和质量，确保环境保护规划的有效实施。

（3）项目备案管理，实现"省—市—区"环评备案数据的初始化、智能备案、信息检索与公示，以及备案回执的打印。通过与相关部门的数据互通，实现了备案项目的统计与分类展示，提高了备案工作的透明度和效率。

（4）项目环评审批管理，支持各级环评审批数据的初始化、网上申报、审批流程管理，以及环评稽查和后评价管理，依托智能辅助功能保障审批工作的规范性和审批效率，并确保审批结果的公正性和准确性。

（5）环评机构信息管理，实现环评机构数据的本地化、项目信息管理、审批状态查询、信用评价管理，以及技术能力评价，确保环评服务质量和机构的诚信运营。

2. 排污许可证管理

排污许可证管理系统构成了一个综合的信息平台，即"一库四系统"，用以规范排污许可证的申请与核发流程，并促进固定污染源数据的整合与共享。该系统包括固定污染源数据库、排污许可申请核发系统、排污许可实施与监管系统、排污许可信息公开系统以及固定污染源数据挖掘与应用系统。平台通过集成化管理，提高了排污许可证管理的效率和透明度，加强了对固定污染源的监管能力。

全国排污许可证管理框架如图 13-2 所示。

（1）固定污染源数据库：统一接入、存储、管理固定污染源的排污许可证信息、企业台账、执行报告、自行监测、在线监测，并建立统一的编码库，实现固定污染源数据从环境影响评价、排污许可到监督管理全生命周期的数据管理和比对分析，并对固定污

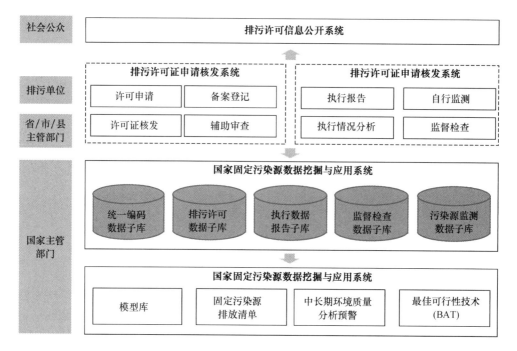

图 13-2　全国排污许可证管理框架（作者自绘）

染源的环境统计、排放清单、最佳可行技术等提供统一、标准化数据来源。

（2）排污许可申请核发系统：建设固定污染源排污许可证申请核发系统，实现排污许可证在统一平台上在线申请、受理、审核、发证、变更、延续、注销、撤销、遗失补办等。开发核发辅助支持模块，实现许可排放量在线辅助计算、最佳可行技术辅助判别、填报数据逻辑分析与纠错等智能化辅助功能，提高用户体验，提升排污许可核发工作的规范性和科学性。

（3）排污许可实施与监管系统：建设排污许可证实施与监管系统，为排污单位提供在线填写证后监管数据的功能，包括执行报告及台账记录等内容。为各级环保主管部门提供排污许可证执行情况分析、排污单位的达标分析、监督检查和无证排污登记等功能，为固定污染源的证后监管提供支撑。

（4）排污许可信息公开系统：按照排污许可证管理办法的要求，及时公开企业按许可证要求自主管理的执行报告，包含污染治理设施的故障发生情况、企业的实际污染物排放量情况的主要信息等。公开许可执行情况检查结果、处罚信息等监督管理内容。鼓励公众举报无证和违法排污行为，引导社会力量加强对固定污染源的监督。

（5）固定污染源数据挖掘与应用系统：以固定污染源数据库的各级各类固定污染源数据为基础，借助数据分析、数据挖掘、GIS 技术、大数据、环境专业模型等实现对各类固定污染源的综合分析，主要包括污染排放形势分析、宏观经济分析、中长期环境质量分析预警。

13.3.2　监管信息化

1. 环境质量综合监测管理

环境质量综合监测管理，主要是利用物联网接入平台将所有环境在线监测数据统一接入数据中心，并实现统一监控、审核和修约管理，实现数据汇集和互通共享，并通过水、气、声、土壤、生态等环境要素和污染源在线监测分析，支撑环境质量和污染源监控进行专题分析。

环境质量综合监测管理框架如图 13-3 所示。

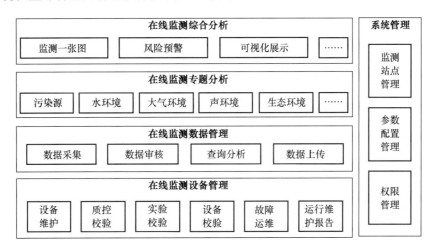

图 13-3　环境质量综合监测管理框架（作者自绘）

环境在线监测管理模块主要实现以下内容：

（1）在线监测设备管理：主要实现对监测设备的全面运维管理，包括设备维护、质控校验、实验校验和设备校准等。运维公司在平台上记录维护活动，中心监控端进行审核和报警，确保设备的正常运行和数据的准确性。同时，基于运行情况自动生成运行维护报告，支撑设备的故障处理和状态更新。

（2）在线监测数据管理：覆盖数据采集、审核、查询、统计和分析等数据管理全流程，监控中心负责采集各类监测数据，并进行自动化预处理，确保数据的平滑性和准确性。数据审核流程包括自动审核和人工复核，以确保数据质量。

（3）在线监测专题分析：以对污染源的监控和对水、大气、声、土壤、生态环境等环境要素的质量管理为主要专题，通过实时监控、数据审核、设备管理等管理功能和数据看板、专题分析，使监测管理人员能够整体上便捷、准确地把握区域环境监测数据情况，确保了监测业务的全面性和高效性，为环境管理和决策提供支持。

（4）在线监测综合分析：通过整合了水、大气、土壤等多个监测主体，集中管理实现了对多个环境要素的综合监测与分析，利用三维综合看板等形式，以可视化图表形式展示污染源排放指标、风险预警等关键信息。

（5）系统管理：系统管理员可以进行站点管理、权限设置和参数配置等操作，确保系统的高效运行。

2. 双随机抽查管理

根据生态环境部《关于在污染源日常环境监管领域推广随机抽查制度的实施方案》等对生态环境监察的要求，需要对抽查主体和抽查对象建立随机抽查机制，从而保障市场的公平竞争。双随机抽查管理是为落实这一抽查机制搭建的平台功能，主要通过整合污染源和执行人员数据，实现污染源日常监管对象抽查可配置、日常监管监察人员可配置、抽查名单的管理；同时建立污染源抽查名单与检查人员的随机配对规则，自动生成污染源日常监管任务，提升污染源日常监管工作的跟踪管理效率。

3. 污染源信息管理

污染源信息管理主要是以污染普查名单为中心，以排污许可证管理信息（执行跟踪）为核心，对污染源数据进行梳理、整合，构建污染源的动态更新管理机制，建设固定污染源身份信息数据订阅服务，供各业务系统调用，实现污染源的全流程业务数据共享交换，从而构建统一的污染源动态信息库。同时根据污染源全流程管理业务的实际情况，对固定污染源的动态更新管理机制进行更新改造，实现污染源的全流程业务管理，最终形成污染源管理"一套数"，解决污染源底数不清、一数多源等问题，真正实现不同层级污染源数据的完整性、统一性、规范性。

同时，将以固定污染源企业为主体，建立"一企一档"管理机制，基于污染源身份信息和污染源全流程业务管理的思路，实现对污染源各个业务主题数据进行串联，形成污染源身份信息＋业务主题组合的"一企一档"式管理，为各个业务应用提供统一的、标准的、完善的污染源信息档案服务。

4. 环境监察执法闭环管理

环境监察执法工作是生态环境保护体系中的关键环节（图 13-4），涉及对环境法律

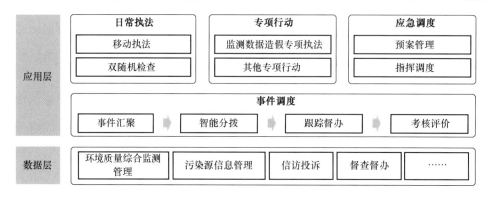

图 13-4　环境监察执法闭环管理框架（作者自绘）

法规的执行、监督和维护，确保环境质量标准得到遵守，以及对违法行为的查处。

环境监察执法闭环管理指挥调度平台以执法人员为中心，以事件为主线，以污染源信息数据为核心。通过信息化手段串联环境监管业务所有流程，实时汇聚各类环保业务系统的环境事件，打造全天候、全方位（全要素）、全覆盖、全流程、全连通的指挥调度体系，实现对不同来源的生态环境事件进行统一规范的管理，构建从事件发现、甄别、分拨、跟踪、督办、反馈、办结、考核等全过程封闭式管理模式。同时，强化环境行政监管，规范生态环境保护的流程管理，提高环境信息资源处理和协同能力，同时助力简政放权，健全事中事后监管机制，实现"用数据管理"。利用数据支撑法治、信用、社会等监管手段，提高生态环境监管的主动性、准确性和有效性。

（1）数据层：数据层的构建能够为环境监察执法提供坚实的信息基础，通过高效的信息整合机制，统一汇聚来自污染源在线监控系统、环境质量综合监控管理系统、信访投诉系统、督查督办系统以及其他相关业务系统的问题线索和数据信息，实现了多源数据的集中存储和管理，并对各类环境问题线索进行智能分析和分类，为执法决策提供科学依据。

（2）应用层：建设以综合性指挥调度平台为环境事件管理核心，通过事件调度、日常执法、专项行动和应急调度等多功能模块的应用平台，确保环境事件的全面监控和及时响应。

事件调度模块，通过统一汇聚各类环境事件，并结合智能分拨规则，将事件自动分配至相应的巡查执法业务系统。这一过程不仅整合了水环境、大气环境、信访投诉、污染源监管等多个业务系统的数据，还与移动执法系统、网格管理系统等巡查执法业务相衔接，形成了从事件发现到解决的全过程闭环管理。事件汇聚功能为各类环境事件提供了统一的处理入口，智能分拨功能根据事件特征自动分配任务，而事件监督功能则对事件处理过程进行实时跟踪和督办，确保事件得到有效解决。

专项行动模块针对特定环境问题，如危险废物环境违法、监测数据造假、大气污染防治等，开展专项执法行动。通过集中资源和专业力量，对突出问题进行重点打击和监督，提升执法效果。

应急调度模块则利用 GIS 技术，将环境事件、执法队伍、应急处置队伍等资源在一张图上进行可视化展示，为领导指挥调度提供便捷操作和决策支持。在接到环境事件报告后，系统能够智能匹配最优的应急处置方案和资源，通过视频通话、GPS 轨迹跟踪等功能，实现前后方的实时信息互通和高效组织协同，确保应急处置的及时性和有效性。

13.3.3　专题信息化

1. 水环境专题应用

水环境专题应用是以水质达标为目标，涵盖数据管理、平台应用和业务应用，覆盖水环境态势展示、目标管理、决策辅助、污染防治以及黑臭水体整治监管等多个方面，为水环境质量的持续改善提供科学依据和技术支撑。利用信息化手段明确和分解水质改善目标，压实工作任务。通过充分整合现有数据资源，建立完善的河流水环境管理功能，实现对水资源的全面监控和有效管理。建立黑臭水体整治台账，确保整治措施得到有效执行。针对重点流域，实施总量控制管理，实时监控污染物排放，防止污染负荷超标。公开合法入河排污口信息，依法清理整治非法或不达标排污口。水环境专题应用如图13-5所示。

图 13-5　水环境专题应用（作者自绘）

（1）数据层：水环境相关数据的整合与管理是实现有效监控和决策支持的关键，包括基础地理数据、水环境监测数据、污染源监控数据以及外部共享数据的集成。基础地理数据管理模块负责统一组织各类地理信息数据，支持空间数据分析和可视化；监测数据管理模块整合了水质自动监测和手工监测数据，为水环境质量评估提供翔实信息；污染源监控数据模块涵盖点源和面源污染的监测，为污染源管理提供定量分析基础；外部共享数据管理模块定期收集相关部门数据，确保数据的规范化和系统化。

（2）支撑层：基于 GIS 的图层服务和基于模型的模拟能力服务是支撑水环境专题应用分析与展示的关键所在。GIS 图层服务模块通过对基础地理信息、遥感数据和水环境图层数据进行整合并基于 GIS 技术发布服务，使系统能够实现内外部调用。其中，基础地理信息图层包括行政区、流域边界等，水环境遥感数据图层涵盖影像和地貌数据，水环境基础图层管理关注河流、水库等关键地理信息的维护，专题图层管理则侧重于黑臭水体专题、防治攻坚专题等专题内容。模型库管理则集成多种水质数值模型，为水质预测、水环境容量测算和污染防治规划提供决策支持，实现数据的自动输入和模拟结果的自动解析，从而提高水环境污染决策分析的效率和准确性。

（3）应用层：水环境目标管理旨在统一国家、省级和市级环境保护目标，并通过规划编制、目标进度和目标考核进行跟踪落实。水环境质量决策是基于水环境监测数据和GIS 技术，构建水环境态势展示、全市流域总体管理和导览、水功能区管理、地表水环境质量状况分析、饮用水环境质量状况分析、地下水环境质量状况分析、水环境承载力评估、水环境质量预测预警等模块，利用 GIS 技术水质模型库，进行空间分析和时间序列分析，构建水质预测预警模型，实现对未来水质变化的预测和风险预警。水污染防治决策包括污染排放数据分析、入河排污口管理、污染总量控制管理、污染溯源分析、污染防治规划情景模拟、污染物超标扩散模拟和水环境容量测算等功能模块，可以实现追踪污染源、评估污染负荷、制定有效的污染防治措施，并对突发性水质污染事故进行应急处理。黑臭水体整治管理以对黑臭水体的有效巡查和管理为目标，包括巡查任务、巡查监督、监测分析、评估报告等模块，涵盖了例行巡查、应急巡查、数据分析、队伍管理、设备维护、信息上报、问题核实和考核评价等功能。

2. 大气环境专题应用

大气环境专题应用是支撑大气环境管理与决策的统一平台，主要包括大气环境综合决策、大气全景展示、大气污染源动态排放清单管理、大气环境大数据决策、大气环境基础信息管理五大组成部分。

（1）大气环境综合决策：该模块提供决策支持，通过数据分析和模型预测，辅助决策者制定科学合理的环境政策和减排措施。它涉及对大气质量、污染总量、趋势变化等多维数据的综合分析，以及减排潜力的评估和策略的优化。

（2）大气全景展示：通过先进的数据可视化技术，实现了对大气环境状况的全面展示，包括空气质量指数、污染物分布、气象条件等关键指标的实时监控和动态展示，以便决策者和公众直观了解大气环境现状。

（3）大气污染源动态排放清单管理：这一模块旨在建立和维护一个动态更新的大气污染源清单，通过精细化管理，跟踪不同污染源的排放变化，为减排措施提供数据支持，包括污染源的识别、分类、排放量监测和减排效果评估等功能。

（4）大气环境大数据决策：利用大数据技术和机器学习算法，对海量环境数据进行深度分析，挖掘污染物的来源、迁移规律和影响因素，为决策者提供科学依据，包括数据采集、存储、处理、分析和决策支持系统的构建。

（5）大气环境基础信息管理：该模块负责整合和管理大气环境相关的基础信息，如监测站点布局、污染源特性、气象条件等，为其他子项提供准确的数据支持，包括信息录入、更新、查询和报告生成等功能。

3. 声环境专题应用

声环境专题应用主要是开展功能区划定、预测评估、噪声地图绘制等相关工作，支撑噪声污染防治规划和政策制定；建立针对重点区域的噪声监测和评估系统，科学分析区域声环境质量和噪声污染产生原因，有效应对信访投诉，有效解决人民群众重点关切的环境问题。系统依据噪声源类型，维护区域内潜在噪声源分布信息，结合噪声在线监测数据、移动监测数据、交通流量数据、信访举报、监督性监测、职能部门的共享数据等，基于大数据建模构建辖区内敏感区域噪声地图。噪声地图对辖区噪声进行动态模拟，实现道路交通、区域、功能区噪声决策立体可视化呈现，实现区域噪声评估、预测动态模拟，实现噪声污染问题跟踪，为执法人员随时查阅噪声投诉、环评审批等内容提供支撑；并提供辅助的影响范围、功能区域等分析功能，为环保管理人员进行噪声专项治理、功能区划调整等决策提供支撑。依靠数据共享，对污染贡献度大的企业，采取巡查、警告、整治、关停等措施，减少投诉，实现噪声污染的联合共治。

4. 近岸海域环境专题应用

近岸海域环境专题应用致力于通过信息化手段，实现对近岸海域水质、陆源污染物入海情况等环境要素的全面监测和管理，以期为近岸海域环境保护和海洋生态安全提供数据和技术支撑。通过收集和整合近岸海域的水质监测数据、陆源污染物排放数据、气象数据等多种数据资源，构建近岸海域环境数据库。在此基础上，应用大数据分析技术，对近岸海域水质状况进行实时分析和预测，为近岸海域水环境管理提供科学依据。针对近岸海域陆源污染物的输入问题，通过遥感技术、地理信息系统（GIS）和预测模型的结合，对陆源污染物入海途径和负荷进行追踪和模拟，评估预测不同排放情景下近岸海域水质的变化趋势，量化评价陆源污染物对近岸海域环境的影响，为制定陆源污染物减排策略和近岸海域污染防治措施提供科学依据。

5. 土壤环境专题应用

围绕《中华人民共和国土壤污染防治法》《土壤污染防治行动计划》《广东省实施〈中华人民共和国土壤污染防治法〉办法》等相关法律法规及有关文件的有关要求，建立土壤环境监管的信息监测体系，提升土壤环境监管能力，为土壤环境监管提供技术支持。建立覆盖土壤环境基础数据、监测数据、业务数据的土壤环境数据库，实现数据汇聚共享。利用物联网、GPS、GIS等技术手段，构建土壤环境信息化平台，实现对土壤基本信息、土壤监测信息、污染地块信息、土壤环境重点监管企业信息等的管理，并结合土壤污染溯源分析，对土壤环境管理数据进行多维深入分析，用于决策应用。针对每个地块进行建档、分类和管控，实现真正意义上的"一地一档"。逐步建立污染地块名录及开发利用的负面清单，并进行动态更新和动态监管，实现综合评估。开展土壤环境状况调查评估、农用地污染防治、建设用地污染防治等业务领域的监管工作。建立完备的风险评估体系，为土壤环境应急监测、应急响应、应急指挥提供技术保障。

6. 自然生态环境专题应用

自然生态环境专题应用主要基于多源、多时相遥感数据，在各类地面调查、观测数据，生态、各要素监测与管理背景数据支撑下，建立生态环境管理系统和生态红线相关信息的数据库，统一科学划定生态红线，实现全市生态红线"一张图"管理（图 13-6）。建立统一的生态红线监测监管软件平台和应用，接收监测硬件数据并进行分析、评估和预警。对感知和基础信息数据进行处理加工，实现生态保护红线监管、生物多样性监管；以生态环境质量评估、生态保护红线、生物多样性监管为支撑，建立自然生态管理"一张图"多源立体综合展示；构建自然生态管理目标、监管、功能区划、规划措施等动态化、可视化决策管理体系。

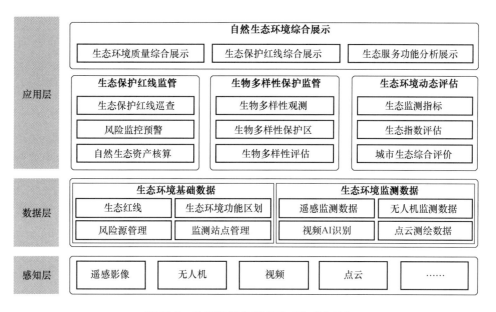

图 13-6　生态环境专题应用（作者自绘）

7. 碳排放专题应用

碳排放专题应用的主要目标是实现碳排放和碳汇的量化、监测、报告和核查管理，系统通过集成能源消耗数据、工业生产数据、交通流量信息、自然生态碳汇评价和碳通量监测等多种数据源，实现对建筑碳排、工业碳排、交通碳排等碳排放量和森林绿地的碳汇量的动态信息掌握，利用先进的计算模型和算法，对各类经济活动的碳排放进行估算。同时，通过大数据分析功能，系统还能分析各类碳排放活动降碳潜力及其节能减碳贡献率，为政府更有针对性地降低能耗提供决策依据。

13.3.4 服务信息化

1. 企业服务

企业服务平台主要以构建统一的企业环保业务办事为目标，基于企业办事的线上线下咨询、统一申报平台，规整所有涉及企业申报相关信息的数据项，企业可以实现一次填报，多处共享的效果。企业服务模块可以安装在智能手机或平板电脑上的 App 应用，面向排污企业使用。通过企业统一信息填报、企业专题业务申办、企业信息公开、与企业项目政策文件/企业常见问题总结/企业交流互动等功能，让排污企业能够自行修改维护企业基本信息，随时随地掌握本企业的环境监管信息。

2. 公众服务

近几年移动互联网应用飞速发展，移动端应用的便捷性、易用性已被居民大众认可，并广泛使用于生活的各个场景中，常用的渠道如移动端应用（App）、微信公众号、支付宝生活号、微信小程序等。为完善公众服务功能，公众服务主要是建立统一的公众服务网站、App、公众号等多渠道信息更新和服务提供机制，实现全平台、全终端互联互通和同步更新，建立健全各渠道端的覆盖，让广大居民享受数字化政府服务的便捷性，参与到生态环境保护的教育、宣传与监督工作中。

13.4 发展趋势

当前智慧环保建设，主要存在监测设备不成熟、数据的集成程度不足、应用平台兼容性低等发展瓶颈。监测设备精度的不稳定性和抗干扰能力差，导致环境监测数据的权威性受到挑战；数据资源的集成不足，导致环境数据的潜在价值未能得到充分利用；应用平台之间缺乏有效的数据共享和业务协同机制，限制了智慧环保系统的整合效能。因而当前智慧环保的发展重点聚焦于监测设备技术革新、数据集成与平台统一建设等方面。

13.4.1 环境监测设备的技术革新

随着环境保护意识的增强和环境治理需求的提升，环境监测设备正往高精度、低成本、智能化和长期稳定运行的方向进行技术革新。

高精度监测设备的研发是确保环境数据准确性的前提。传统的监测设备受限于传感器的精度和稳定性，往往难以满足日益严格的环境监测标准。为此，研究人员正致力于开发新型传感器，利用纳米技术、生物识别技术等提高传感器的灵敏度和选择性。例如，采用量子点技术的传感器能够在极低浓度下检测特定污染物，而基于生物分子识别的传感器则能够实现对复杂样品的高选择性检测。

低成本监测设备的研发对于环境监测的普及至关重要。通过采用创新材料、优化制造流程及实施规模化生产，生产成本得以有效削减。开源硬件与模块化设计的策略进一步降低了成本，使得监测设备更加经济高效。在这一背景下，设备的小型化和低功耗设计成为显著趋势。小型化便于在空间受限的环境中部署，而低功耗设计通过减少能源需求延长了设备的使用寿命，如利用 LoRa 和 NB-IoT 等低功耗广域网技术的设备能够实现长时间的远程监控与数据传输。

智能化是环境监测设备发展的关键趋势。它不仅提高了设备的自动化运作和数据处理能力，还包括了自我诊断与维护的功能。得益于集成的尖端数据处理算法和人工智能技术，监测设备得以执行实时数据分析，提供及时的环境状态评估与预警信息。同时，智能化设备得益于持续学习的算法，能够不断调整和提升其监测性能，从而增强其在现场应用中的适应性和可靠性。

环境监测设备的长期稳定运行对其效能至关重要。在当前实践中，设备通常每五年更换一次，但若运维管理不善，周期可能缩短，从而大幅增加维护成本。为保障设备在多变的环境条件下的稳定运作，研究人员正致力于开发更耐用的材料和更可靠的机械设计。此外，利用远程诊断和自动校准技术，有望简化维护流程，降低成本，同时确保监测数据的持续性和准确性。

13.4.2　环保数据资源中心和业务应用集成平台建设

环保数据资源中心和业务应用统一平台的建设是智慧环保发展的重要方向，其核心目标是通过集中化、标准化和智能化的手段，提升环境数据的管理和应用效率，从而为环境保护决策提供科学、精准的支持。

环保数据资源中心的建设意味着对环境监测数据进行集中存储和管理。这不仅涉及数据的收集、整理和存储，还包括数据的清洗、融合和分析。通过建立统一的数据资源中心，可以实现对海量环境数据的有效整合，确保数据的一致性和可靠性，为后续的数据分析和应用提供坚实的基础。

业务应用统一平台的构建则侧重于将环保数据资源中心的数据转化为实际的环境管理行动。这一平台应具备高度的灵活性和可扩展性，能够根据不同业务需求，快速部署相应的环境监测、污染防控、应急响应等应用模块。此外，统一平台还应支持跨部门、跨地区的业务协同，通过数据共享和业务流程的优化，提高环境管理的整体效能。平台的建设还需要考虑到数据安全和隐私保护的问题。随着环境数据量的不断增长，如何确保数据在传输、存储和处理过程中的安全性，防止数据泄露和滥用，成为一个亟待解决的问题。因此，平台建设中应加强数据加密、访问控制和安全审计等安全措施，确保环境数据的安全和可靠。

第14章　智　慧　电　力

14.1　需求分析

14.1.1　政策需求

在"碳达峰、碳中和"工作不断深化和新能源加速发展的双重驱动下，电力行业成为降本增效的排头兵。传统电力行业正在积极转型，引入人工智能和数字化技术，以优化核心业务场景、提升核心竞争力。"智慧电力"作为电力行业智慧化、数字化和信息化的发展方向，正逐步成为行业的新标杆，通过引入人工智能和数字化技术，应用先进的传感和测量技术、设备技术、控制方法和决策支持系统技术，构建既可靠又安全、既经济又高效、既环保又易于使用的电力系统，提升电网的生产能力、企业运营效率和客户服务体验，为电力行业的可持续发展注入新的活力。

相对于美国、日本等发达国家，中国智慧电力建设起步较晚。2009年，国家电网首次提出"坚强智能电网"发展战略，并陆续开展一系列智能电网研究与实践，智慧电网才逐步成为电力发展的一个新方向。随后，各类相关政策纷纷发布，为智慧电力行业的发展奠定了政策基础。习近平总书记在中央财经委员会第九次会议上提出"构建以新能源为主体的新型电力系统"。习近平总书记在党的二十大报告中强调"加快规划建设新型能源体系"。《2030年前碳达峰行动方案》提出构建新能源占比逐渐提高的新型电力系统，推动清洁电力资源大范围优化配置。2023年，国家能源局发布《新型电力系统发展蓝皮书》，强调数字化、智慧化和网络化是新型电力系统的必然趋势，并将加强电力系统智慧化运行体系建设作为近期重点任务。主要政策汇总于表14-1。

智慧电力行业主要政策　　　　　　　　　　　　　　　　表14-1

时间	部门	政策名称	相关内容
2009年	国务院	《关于进一步实施东北地区等老工业基地振兴战略的若干意见》	提出率先在东北电网开展智能电网建设试点
2010年	国务院	《关于加快培育和发展战略性新兴产业的决定》	提高风电技术装备水平，有序推进风电规模化发展，加快适应新能源发展的智能电网及运行体系建设
2011年	国务院	《关于印发"十二五"节能减排综合性工作方案的通知》	提出要加强工业节能减排，开展智能电网试点

续表

时间	部门	政策名称	相关内容
2013 年	国务院	《国务院关于促进信息消费扩大内需的若干意见》	要求加快智慧城市建设，加快实施智能电网、智能交通、智能水务、智慧国土、智慧物流等工程
2014 年	国务院	《国务院关于节能减排工作情况的报告》	要求加快技术研发，重点突破能源高效和分级梯级利用、污染防治和安全处置、资源回收和循环利用、智能电网等关键技术和装备
2015 年	国家发展改革委、国家能源局	《关于促进智能电网发展的指导意见》	要求推进电力系统的信息化、自动化和智能化改造；实现电网设备的智能监测、远程控制和优化调度；加强电力信息安全保护等
2016 年	国家能源局等	《关于推动电力物联网发展的指导意见》	要求推动电力系统与物联网技术的深度融合；实现电力设备的互联互通和智能化管理；鼓励建设电力物联网平台等
2017 年	国家能源局等	《关于积极推进新能源智慧电网建设的指导意见》	提出了加快建设智能化的新能源电网；推动清洁能源的高比例消纳；新能源电力系统的智能化运行和调度等
2019 年	国家发展改革委	《关于推进电力市场改革的若干意见》	提出电力企业进行智能化改造；建立开放、竞争的电力市场体系；加强电力市场监管等
2021 年	国务院	《关于印发 2030 年前碳达峰行动方案的通知》	提出大力提升电力系统综合调节能力，加快灵活调节电源建设，引导自备电厂、传统高载能工业负荷工商业可中断负荷、电动汽车充电网络、虚拟电厂等参与系统调节，建设坚强智能电网，提升电网安全保障水平
2022 年	国家发展改革委	《关于促进新时代新能源高质量发展的实施方案》	要求构建适应新能源占比逐渐提高的新型电力系统；提高配电网接纳分布式新能源的能力等
2023 年	国家能源局	《关于加快推进能源数字化智能化发展的若干意见》	提出了加快行业转型升级；以数字化智能化技术加速发电清洁低碳转型；以数字化智能化电网支撑新型电力系统建设等
2023 年	国家能源局	《新型电力系统发展蓝皮书》	要求加强电力系统智慧化运行体系建设。建设适应新能源发展的新型智慧化调度运行体系，推动电网智能升级，打造新型数字基础设施，构建能源电力数字经济平台
2023 年	国家发展改革委	《关于深化电力体制改革构建新型电力系统的指导意见》	强调要深化电力体制改革，加快构建清洁低碳、安全充裕、经济高效、供需协同、灵活智能的新型电力系统

在当前"双碳"目标的大背景下，智慧电力作为推动能源行业高质量发展的关键力量，同样受到了各地方政府的高度重视。"十四五"规划期间，各省市积极响应电力数字化、智能化转型的号召，结合本地实际陆续发布了智慧电力相关的政策，在新一代信息技术与电力系统的融合以及利用智能电网促进各类新能源融合发展等方面提出具体要

求，共同推动着智慧电力行业的创新和发展。这些政策不仅有助于提升能源利用效率和电网的安全性，也为新能源的接入和消纳提供了强有力的支持，进一步促进了能源结构的优化和绿色低碳发展。相关政策汇总于表 14-2。

部分省市智慧电力政策汇总　　　　　　　　　　表 14-2

省市	发布时间	政策名称	相关内容
北京	2022 年	《北京市"十四五"时期电力发展规划》	提出建设智能电力系统。推进新一代信息技术与电力系统融合创新，提升全自愈配电网、柔性输电、精准电网末端感知等智能电网技术水平，示范建设智能微网。探索远程集控、智慧巡检、智能诊断等电力智能运维新模式
	2023 年	《北京市智慧电网建设行动计划》	提出推进智能电网建设，提升电力调度运行智能化水平，促进新能源接入与消纳。同时，加强电力设施保护和升级，提高电网的安全性和可靠性
上海	2021 年	《上海市推进智能电网建设实施方案》	要求加快构建以新能源为主体的新型电力系统，推动智能电网建设，促进新能源接入与消纳。加强电力设施保护和升级，提高电网的安全性和可靠性
	2022 年	《上海市能源发展"十四五"规划》	提出全面提升电力系统低碳能源开发利用水平，坚持科技创新，加强关键核心技术装备的创新示范和新场景推广应用
天津	2020 年	《天津市智能电网综合示范工程实施方案》	建设智能电网综合示范工程，包括智能配电网、微电网、储能电站等基础设施建设，推动清洁能源发展和能源互联网试点
	2021 年	《天津市"十四五"能源发展规划》	明确智能电网作为天津市能源发展的重要支撑，提出加强电网调度运行智能化、推动分布式能源和储能技术发展等具体措施
重庆	2021 年	《重庆市推进新型基础设施建设实施方案》	提出加快智慧电网建设，推动能源互联网发展，提高电力系统的调度运行水平和安全可靠性。促进新能源发展，推进可再生能源的接入和消纳
	2022 年	《重庆市数字经济"十四五"发展规划》	规划中提出推进智慧能源建设，包括加快智能电网、微电网等基础设施建设，推广智能电表、智能用电终端等设备，促进能源与信息技术的融合发展
	2023 年	《重庆市能源发展"十四五"规划》	强调提升能源智能化水平，加快智慧电网建设，加强能源储存和调峰能力建设，推进清洁能源高质量发展。同时，推动体制机制改革，促进市场化和多元化发展
广东	2020 年	《广东省加快新型基础设施建设三年行动计划（2020—2022 年）》	提出推进智能电网等基础设施建设，加快能源互联网和 5G 等新一代信息技术与智能电网的融合
	2021 年	《广东省推进新型基础设施建设三年实施方案（2020—2022 年）》	提出加快智能电网等新型基础设施建设，推动能源互联网、5G 等新一代信息技术与智能电网的融合，提升电网智能化水平

续表

省市	发布时间	政策名称	相关内容
广东	2022 年	《广东省数字经济促进条例》	明确支持智能电网、智慧能源等数字经济相关产业的发展，加强能源数据的采集、分析和应用，推动能源数字化和智能化转型
	2023 年	《广东省"十四五"电力发展规划》	强调加强智能电网建设，提升电力调度运行智能化水平，推进新能源和可再生能源的接入与消纳，促进能源结构优化和绿色低碳发展
江苏	2021 年	《江苏省"十四五"智能电网发展规划》	提出完善智能电网布局，加强电网技术创新和装备升级，推进源网荷储互动和新能源消纳
	2022 年	《关于促进新能源产业发展的若干政策措施》	提出支持新能源接入智能电网，提升电网对新能源的接纳能力，促进新能源与智能电网融合发展
	2023 年	《关于加快推进智慧能源发展的实施意见》	意见提出支持智能电网技术创新和应用，加强能源储存、转换、配送等环节的智能化建设，提高能源利用效率和可持续发展水平，促进能源结构优化
浙江	2021 年	《浙江省数字化转型促进条例》	支持电力等重点行业加快数字化转型，加强能源数据的采集、分析和应用，推动能源数字化和智能化
	2022 年	《浙江省数字经济五年倍增计划》	提出鼓励和支持智能电网等数字经济的发展，推动大数据、人工智能等新一代信息技术与电网的融合，提升电网的智能化水平
	2023 年	《关于加快推进浙江省智慧电网建设的实施意见》	提出了一系列具体措施，包括加强电网基础设施建设、推进电力体制改革、促进新能源发展等，以加快智慧电网建设，提升能源利用效率
陕西	2021 年	《陕西省支持新能源产业发展若干政策措施》	强调支持新能源与智能电网的融合发展，推动新能源产业的技术创新和升级
	2022 年	《陕西省电力体制综合改革试点方案》	强调支持智能电网等新兴产业的发展，推动电力市场的开放和竞争，提高电力资源配置效率
	2023 年	《陕西省"十四五"能源发展规划》	提出加快智能电网建设，提升电网的智能化水平，促进新能源接入和消纳

14.1.2　业务需求

电力系统是一个庞大的、复杂的、相互关联的网络，是由发电、输电、变电、配电和用电等环节组成的电能生产与消费系统，其主要任务是将电能从发电端输送到用电端。智能电力业务需求可从发电、输配电和用电等环节进行分析。

1. 发电智慧化的需求

发电智慧化侧重于利用信息技术加强对电力供应的一体化管控与决策。智慧电厂通过构建智慧生产控制中心与智慧管理中心相结合的智慧管控一体化平台，实时响应电网需求，保证电力供给的高可调度性、高安全性，实现生产控制智慧化、生产安全智慧化以及生产管理智慧化三大功能。这覆盖了发电企业的生产维护、经营管理等各个方面，更好地实现了节能高效、降低排放、灵活调节、少人值守、智能监视、信息安全、精细管理、安全管控等需求。

2. 输配电智慧化的需求

输配电智慧化旨在通过信息技术提升电网服务的质量和便捷性。智慧输电强调集成先进传感设备，实现输电线路状态实时感知与智能诊断，提高电网安全性和电力系统效率、节省人工成本。智慧配电要求配电系统智能设备互联互通，实现配电设备的高效维护，保障配电设备安全、可靠运行，提升应用经济性。

3. 用电智慧化的需求

用电智慧化侧重于关注需求端用电服务的数字化与智慧化，强调构建双向互动的智慧用电服务体系。用电用户通过电器耗电情况主动改变用电习惯，减少浪费电能情况；电力公司及时监测用户用电情况，了解用电分布，合理地制定分时电价等策略，准确进行需求侧管理。

14.2　框架设计

为实现电力系统的智能化、高效化和安全化，通过对电力设备、控制系统等数据的采集处理、数据建模及仿真构建智慧电力系统，将物理电力系统以数字化方式映射至虚拟空间，以实现对物理电力系统的全面精准监测，基于对物理电力系统状态信息的诊断及预测等计算分析，将分析结果反馈至物理电力系统，从而推动物理电力系统的优化调整。智慧电力的框架设计如图 14-1 所示。

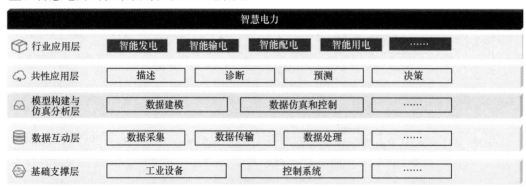

图 14-1　智慧电力系统框架示意图

智慧电力系统主要包括以下核心内容：

（1）基础支撑层：负责电力系统的硬件和软件基础设施建设，包括电力系统的设备、网络、数据中心等。

（2）数据互动层：主要负责通过各种传感器、计量表等设备，对电力系统的运行状态进行实时监测和数据采集，并将采集的数据进行传输，通过各种网络协议和通信技术，将数据传输到下一层进行处理。采集的数据包括电力系统的电压、电流、功率因数、电量等参数，以及设备的温度、湿度、压力等指标，为发、输、变、配、用各环节的设备状态监测、运行数据采集、在线控制提供数据基础。

（3）模型构建与仿真分析层：主要负责数据建模、数据仿真和控制等。智慧电力需要构建的数据模型主要包括发电数据模型、可再生能源数字发电数据模型、输电数据模型和配用电数据模型。数据仿真和控制主要对传输过来的数据进行处理和分析，包括数据清洗、数据转换、数据挖掘等。

（4）共性应用层：主要负责将处理后的数据进行应用，包括电力系统的调度运行、能源管理、能效评估、状态监测等，推进电力行业包括能源生产、能源传输、能源应用、能源服务等全链条的信息互联，实现跨企业、跨层级、跨领域的数据协同联动，营造开放共享的智慧电力体系。通过这些数据的应用，可以推进电力行业的全链条信息互联。

（5）行业应用层：发电端主要基于发电设备及系统的数字化，构建发电生产、经营和管理的技术系统，包括对传统发电以及可再生能源发电的精益化管理、动态实时监测以及精准预测；输配电端在输变电设备、配电设备和系统数字化基础上，实现输变配电业务的全流程在线管理、远程设备控制、智能调度和设备及线路的动态监测；用电端是建立在电力营销管理上的智慧化平台，通过用电数据采集系统、用电客户信息采集系统、客户用电特征管理系统和电力营销管理系统协调电力营销操作，实现电力营销过程的数字化。

14.3　应用综述

14.3.1　智慧发电

智慧电厂以统一的管控一体化平台作为支撑，围绕智慧生产控制和智慧管理两个中心，融合智慧设备层、智慧控制层、智慧生产监管层以及智慧管理层，形成一种具备自趋优全程控制、自学习分析诊断、自恢复故障（事故）处理、自适应多目标优化、自组织精细管理等特征的智能发电运行控制与管理模式，最终借助可视化、云计算与服务、移动应用等技术，为发电企业带来更高设备可靠度、更优出力与运行、更低能耗排放、更强外部条件适应性、更少人力需求和更好企业效益（图 14-2、图 14-3）。

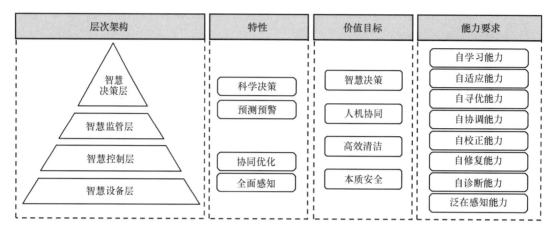

图 14-2   智慧电厂系统层级架构与核心能力（作者自绘）

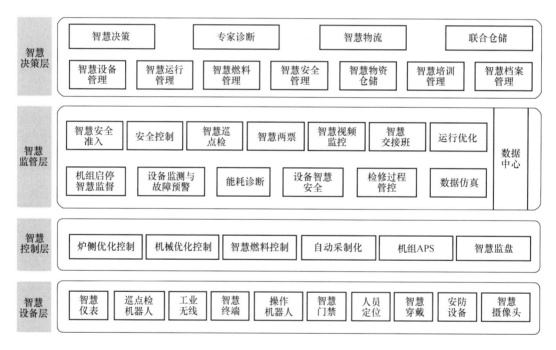

图 14-3   智慧电厂系统部署示意图（作者自绘）

（1）智慧设备层：在电厂传统运行设备层的基础上，采用先进的测量传感技术，对电厂生产过程进行全方位检测和感知，并将关键状态参数、设备状态信息及环境因素转换为数字信息，对其进行相应的处理和高效传输，为智慧控制层及智慧管理层提供基础数据支持。智慧设备方面重点部署先进的监测设备，如包括入炉煤质、锅炉入炉煤粉流量、烟气含氧量等机组重要参数的高精度的软测量系统、火焰图像频谱分析系统；工业无线和全厂 Wi-Fi，可提升各层级的数据交互和融合能力；使用智能机器人完成一些高劳动强度的重复操作和高风险的操作等。

（2）智慧控制层：通过建立电厂生产工艺的数字孪生体和高级算法程序，实现自适应协同优化控制，着重满足电厂安全、经济、环保多目标优化控制要求，重点部署燃烧优化、环保优化、锅炉吹灰优化、制粉系统优化等节能环保优化控制算法和系统；在燃料区域结合智能设备改造，实现燃料部分工艺过程无人值守；对于部分设备通过智慧监督系统部署实现无人值守；通过进阶生产规划及排程系统实现机组级自启停。

（3）智慧监管层：通过厂级监控信息系统实现电厂设备的智能化管理，整合生产与管理数据，实现能效考核、运行管理、智能巡检、设备健康监测和远程诊断等。重点在于建立设备物理模型和维护规则模型，接收控制层的实时数据、智慧设备层的现场信息及智慧决策层的策略和优化模型，以智慧化方式进行生产过程监控、设备健康管控和安全管理，同时利用智能巡检和视频监控提升现场设备健康监测和异常情况的及时响应。

（4）智慧决策层：利用大数据和相关模块开发，整合生产与运营管理数据，实现辅助决策、成本分析、智慧供应链和绩效评价，提升电力精细化管理。核心是工业大数据和管理云平台，与智慧监管层共同实现生产经营要素的数字化，构建数字孪生。智能决策层依据管理职责，通过数据中心开发智慧化管理系统和模型，融合生产与管理数据，以实现科学决策。

14.3.2　智慧输配电

1. 智慧输电

智慧输电的全场景应用主要包括构建数字化输电线路通道、多维融合与协同自主巡视、智能操作检修与动态防护、全景智能识别与及时预警、智能安全管控、智能防灾减灾与决策支持六大领域（图 14-4）。

图 14-4　智慧输电系统功能（作者自绘）

（1）构建数字化输电线路通道：通过构建与多种信息对应的输电线路数字化通道，集成设备信息、作业信息、在线监测、调度运行、环境信息等，形成输电线路信息门户平台。从而实现输电线路信息可视化，提供巡视规划、场景拟、隐患预测、技能培训等应用，利用输电线路数字化通道实现输电线路的空间可视化展示与应用，为生产管理提供支持。

（2）多维融合与协同自主巡视：综合了边缘智能、安全连接、图像识别等核心技术，并利用无人机自动化巡检等智能感知手段，结合人工巡检，构建了新一代输电线路巡视体系。该体系实现了设备、数据中台、人员的泛在互联，并在空间上进行地面、空中和天上的全方位巡检，形成了空天地一体的立体巡检。时间上，各种感知手段协同工作，共享巡检数据，优化资源配置。在平台层，新技术如大数据、云计算、物联网等被深度融入运检业务，实现了多源数据与运检信息的有效融合，支持多设备联合分析，并辅助智能决策。

（3）智能操作检修与动态防护：通过操作系统远程、自动地对无人机、机器人、视频监控等进行操作，并利用这些设备的状态信息和巡检数据来判断操作的有效性，实现了输电操作的自动化和智能化。辅助装置如无人机、直升机和机器人被用来优化检修流程，提高效率，并实现智能辅助下的动态防护。物联网技术用于感知关键部件和环境状态，结合历史数据和标准检修方案，自动评估线路状态并提出检修建议。云计算、远程视频和智能穿戴技术则用于现场作业的远程监测和安全管控。

（4）全景智能识别与及时预警：应用先进技术构建输电设备物联网，实现全方位监控与数据处理，推动输电管理模式智慧化、高效化、安全化。预警系统监测线路和环境异常，通过实时数据采集与分析，实现远程检测与故障预警。全面融合多源数据，实现深度感知、风险预警和全景展示，主动推送预警信息，提升输电线路状态感知的及时性、主动性和准确性，为缺陷、隐患的及时发现、处置提供保障。

（5）智能安全管控：通过智能巡视、操作和信息建模实现有机互联和信息互通，贯穿生产作业各环节，逐步替代传统管控模式，实现设备、作业、人身风险的全面管控，以达到本质安全。智能技术全面应用于运检作业，覆盖作业准备、资质审核、现场监管、在线监控、关键节点管控和安全辅助等安全管控领域，通过智能方案调整或取代传统管控，实现风险辨识、全局管控、安全措施检查和行为模式监控等。

（6）智能防灾减灾与决策支持：通过完善自然灾害智能预测预警模型，并与输电全域网格化气象监测系统相结合，建立统一数据模型，实现海量数据融合。利用无人机航拍、地理信息、图像处理和数值模拟技术，自动勘测和建模输电线路走廊地质灾害，快速生成二维和三维模型图，实现灾情快速定位和定性。系统推动生产运营与防灾减灾智能化，提升灾害预警和气象监测精细化、网格化能力，实现从被动防御到主动防御的转变。

2. 智慧配电

智慧配电是提高配电网综合服务能力，实现配电网优化配置和配电网综合创新的一种综合管理平台。一是对分布式发电机组的接入控制和纠错管理，提供完整的智能配电解决方案，确保供电的高可靠性，从而适应系统内分布式发电的智能化。二是管理能源网络结构为城市发展的多样化提供支持，并且保证智慧城市供电的安全性和可靠性。通过制定相应完善的智能化供电方案，可以保证配电网运行监测与管理的信息化，不断地完善运行模式，降低所用能源消耗。三是随着时间的不断推移，及时发现智慧电力系统运行中所存在的故障，采取有效针对的措施进行维修，抵御各种干扰的因素，保证供电的安全性和可靠性，为智能化电力系统的正常运行提供有效的保障。

智慧配电系统包括智能终端设备、传感器、数据通信网络、数据中心和人工智能算法等组成部分，可以实现对电网各个环节的实时监测、分析和预测，并对电力设备进行智能化控制和调度，使得电力系统在实现电能供应的同时，最大限度地节约电力资源、减少能源浪费和环境污染。

（1）智能化监测：通过传感器和智能终端设备对电网各个环节进行实时监测，包括电力负荷、电压、电流、电能等参数的采集和处理。同时，还可以对电力设备的运行状态进行监测，实现故障诊断和预测，提高电网的可用性和可靠性。

（2）智能化控制：通过智能化终端设备对电力设备进行智能化控制和调度，实现电网的动态平衡和优化调度，从而最大限度地利用电力资源，提高电力系统的经济效益。

（3）数据化管理：通过数据采集和处理，实现对电力系统的数据化管理和分析，包括电力负荷预测、电能质量分析、设备运行状态分析等，为电力系统的优化调度提供数据支持。

（4）人工智能算法：通过人工智能算法实现对电力系统的智能化分析和预测，包括机器学习、数据挖掘、深度学习等技术，可对电力负荷、电能质量、电力设备运行状态进行智能化分析和预测，提高电力系统的运行效率和稳定性。

14.3.3　智慧用电

用户侧智慧化应用场景主要包括通过智能仪表和采集器等设备采集电力信息，利用大数据和遥感技术分析用电数据，建立数据分析平台。同时，整合各级电网数据资源，进行智能决策支持，提升能源接入、调度、服务和经营管理的效率。同时，构建可视化平台，利用多媒体技术实现电网运行状态的全面展示，通过平台实现操作指令的快速执行和数据联动，增强电网系统的智能化监控和安全性（图 14-5）。

（1）感知层：由各个家庭的用电采集终端构成，以传统远程抄表技术为基础，负责负荷数据的采集与发送，主要包括传感器、微处理器以及通信模块。其中，传感器是感知层的典型单元，实现负荷数据信息的实时采集。微处理器与通信模块是感知层的重要组成部分，通过用电采集终端的微处理器将数据进行封装，减少数据传输以及处理的压力。通信模块负责实时传输用电信息，将处理好的信息传输到计算中心，实现用电信息高效传输。

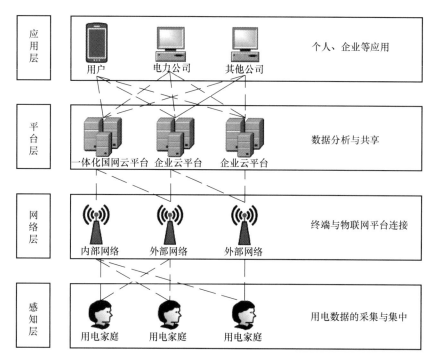

图 14-5 智慧用电系统架构

（2）网络层：满足感知层中不同模块的接入，将采集到的数据传输到平台层上。感知层中采集到的数据量通常较为庞大，应优先选用较强可延拓性的通信技术。

（3）平台层：整个系统框架的关键，对电力相关数据进行存储与管理，完成用电整理以及隐私保护等工作，整理好的数据可以共享到其他部门或者行业。

（4）应用层：即用户服务层，用户可以通过手机等途径实现电力与信息的双向互动，通过实时监测的用电信息了解电器耗电情况，并主动改变用电习惯，减少电能浪费，电力公司及时监测用户用电情况，了解用电分布，合理制定分时电价等策略，准确进行需求侧管理。

14.4 发展趋势

14.4.1 电力装备智慧化升级

随着全球能源需求的增长和能源转型的加速，电力设备行业正在经历一个快速发展阶段，人工智能、5G、大数据、工业互联网等数字技术的应用正加速促进电力装备的数字化和智慧化升级。

1. 智能感知设备

电力系统智能感知设备的应用是实现电网数字化转型和提升电网可观性、可控性的关键。随着可再生能源的大规模并网和电力电子装备的广泛应用，电力系统面临更加复杂的运行环境和安全稳定挑战。智能感知设备能够提供全面的实时数据，支持电力系统的智能分析、预测和控制，从而增强电力系统的韧性和效率，保障电力供应的可靠性和安全性。

目前，电力系统智能感知技术已经取得了一定的进展，尤其是在 MEMS 传感器、光传感技术和传感器融合集成等方面。然而，现有技术在高灵敏度信号检测、复杂工况下的抗干扰能力、微型化集成以及多物理场信息融合等方面仍有待提升。此外，国内智能传感器产业与国际先进水平相比还存在差距，高性能传感器的研发和应用受制于人，这限制了智能电网技术的进一步发展。

未来，电力系统智能感知设备的发展将聚焦于提升感知灵敏度和多参数融合技术，增强传感器的抗干扰能力和可靠性，并推动微型化、集成化和边缘智能化。同时，将加强信息与物理系统大数据集成、信息安全和 5G 通信技术的研究，以支持智慧电网的建设。人工智能和数字孪生技术的应用将进一步优化电力系统的分析和控制，实现电网的自适应、自愈和低碳高效运行，为实现能源转型和"碳中和"目标提供技术支撑。

2. 电力巡检机器人

人口老龄化和劳动力成本的上升导致人工巡检的模式不再经济高效，电力系统智能运检技术的应用变得日益必要。随着技术的进步，特别是机器人、无人机和智能监测设备的发展，智能运检技术能够提供更为高效、安全的电力系统维护解决方案。例如，智能巡检机器人可以自动执行日常巡检任务，无人机能够覆盖人工难以到达的区域，而智能监测设备则可以实现对电力设备的实时监控和状态评估。

当前，电力系统智能运检技术已经在多个方面得到应用，包括变电站轮式巡检机器人、挂轨巡检机器人、无人机巡检以及状态检修模式等。市场对于这些技术的需求正在增长，特别是在智能电网建设不断推进的背景下，电力巡检人工替代需求加速释放。然而，尽管市场前景广阔，智能巡检机器人等技术的应用仍面临一些挑战，如技术成熟度、成本效益分析以及行业标准制定等。

未来，电力系统智能运检技术的发展趋势将集中在进一步提升智能化水平、平台化和差异化。随着人工智能、大数据和物联网技术的融合，预计智能运检技术将实现更高精度的故障检测、预测性维护和自动化决策支持。此外，随着技术成本的降低和产业链的成熟，智能巡检设备的市场渗透率有望进一步提升，特别是在泛在电力物联网的推动下，智能运检将成为电力系统运行维护的常规手段。同时，政策支持和市场需求的双重驱动将为智能运检技术的快速发展提供持续动力。

14.4.2　电力系统智慧化运行体系建设

依托电力系统设备设施、运行控制等各类技术以及"云大物移智链边"等数字技术的创新和升级，推动建设适应新能源发展的新型智慧化调度运行体系，推动电网向能源互联网升级，打造安全可靠的电力数字基础设施，构建能源数字化平台，助力构建高质量的新型电力系统。

（1）建设适应新能源发展的新型调度运行体系。提高新能源感知与网络通信能力，提高新能源功率与发电能力预测精度，推广长时间尺度新能源功率预测技术。建设新一代调度运行技术支持系统，统筹全系统调节资源，依托大电网的资源配置能力和各地区的错峰效应，实现基于电力市场交易的新能源远程集控和多能互补，提升系统平衡能力，支撑新能源快速发展和高效利用，支撑"源网荷储"协同控制。建设以多时间尺度、平台化、智能化为特征的大电网仿真分析平台，精准掌握电力系统特性变化，构建故障防御体系。构建全景观测、精准控制、主配协同的新型有源配电网调度模式，加强跨区域、跨流域风光水火储联合运行支撑分布式智能电网快速发展。

（2）推动电网智能升级。创新应用"云大物移智链边"等技术，实现源网荷储协调发展，推动各类能源互联互通、互济互动支撑新能源发电、新型储能、多元化负荷大规模友好接入。加强电网资源共性服务能力建设，全面提高电网优化配置资源能力、多元负荷承载能力及安全供电保障能力。加快信息采集、感知处理、应用等环节建设，推进各能源品种数据共享和价值挖掘，推动电网智能化升级，构建完整的能源互联网生态圈。强化新型电力系统网络安全保障能力，推进电力行业区域应急力量建设，不断提升网络安全应急处置能力。

（3）打造新型数字基础设施。推进电力系统与网络、计算、存储等数字基础设施的融合与升级，实现电力系统生产、经营管理等核心业务数字化转型。深化电力系统数字化平台建设应用，打造业务中台、数据中台和技术中台，构建智慧物联体系，打造多种通信技术相融合的电力通信网，推广共性平台和创新应用，提高能源电力全环节全息感知能力，提升分布式能源、电动汽车和微电网接入互动能力，推动"源网荷储"协同互动、柔性控制。

（4）构建能源电力数字经济平台。推动各级各类能源云平台建设，强化完善新能源资源优化、碳中和支撑服务、新能源工业互联网、新型电力系统科技创新等功能，接入各类能源数据汇聚能源全产业链信息，推进数字流与能源电力流深度融合，全方位支撑经济社会发展。加强能源电力数据网络设施建设，推动能源电力数据统一汇聚与共享应用，为能源电力产业链上下游企业提供"上云用数赋智"服务，打造电力市场服务生态体系。

第15章　智　慧　燃　气

15.1　需求分析

15.1.1　政策需求

在国家推动新型城镇化、信息化与工业化深度融合的大环境下，"智慧燃气"作为智慧城市的重要组成部分，是体现城市管理水平的重要标志之一。同时，它也是促进燃气行业技术进步和加速数字化转型的关键。在"双碳"目标背景下，随着物联网、云计算、大数据等新技术的不断涌现，燃气智慧化转型也迎来前所未有的机遇，燃气行业正积极借力新技术推动企业持续发展，通过信息化来提升企业工作效率并优化业务运作模式，为客户提供更高质量的服务。

为落实中央关于加强新型城镇化建设和新型基础设施建设的决策部署，近年来政府部门结合燃气行业的特点，出台了一系列政策文件以促进燃气行业的数字化、智能化升级，要求充分利用物联网、大数据、云计算等现代信息技术，提升燃气服务的效率和安全水平，实现燃气供应的智能调度与优化管理，同时保障城市能源供应的安全和可靠性，推动燃气行业的高质量发展。为提升燃气供应的效率和安全性、推动燃气行业的智能化发展，2017年住房和城乡建设部发布了行业标准《城镇燃气工程智能化技术规范》CJJ/T 268—2017，明确了智能燃气系统的技术架构、应用领域、智能设备设施的性能要求、信息安全等方面的内容，强调通过智能化技术提升城镇燃气的整体性能和服务质量。主要政策汇总于表15-1。

智慧燃气行业主要政策　　　　　　　　　　　　　　　　表15-1

时间	部门	政策名称	相关内容
2010年	国家能源局	《关于加快智慧城市建设的意见》	推动智慧能源建设，包括智慧燃气在内的能源管理和服务体系
2011年	国家发展改革委	《关于印发促进智慧城市健康发展的指导意见的通知》	鼓励发展智慧燃气等智能基础设施建设
2012年	科技部	《关于印发〈智慧城市试点工作指导意见〉的通知》	探索智慧燃气在智慧城市建设中的应用

续表

时间	部门	政策名称	相关内容
2013 年	工业和信息化部	《关于印发〈信息化和工业化深度融合专项行动计划（2013—2018 年）〉的通知》	推动信息技术在燃气行业的应用，包括智慧燃气系统的建设
2014 年	国务院办公厅	《关于印发〈推进物联网有序健康发展的指导意见〉的通知》	支持物联网技术在燃气安全、监控等领域的应用
2015 年	国家发展改革委	《关于印发〈"互联网＋"行动指导意见〉的通知》	推动互联网与燃气等行业深度融合，发展智慧燃气服务模式
2016 年	国务院办公厅	《关于印发〈"十三五"国家战略性新兴产业发展规划〉的通知》	推动智能电网、智慧水务、智慧燃气等基础设施建设
2017 年	住房和城乡建设部	《关于印发〈住房和城乡建设科技创新"十三五"专项规划〉的通知》	研究开发智慧燃气等城市基础设施智能化管理技术
2017 年	住房和城乡建设部	《城镇智能燃气网工程技术规范》	推动燃气行业向数字化、网络化、自动化、一体化、低能耗方向发展
2018 年	国家能源局	《关于印发〈能源发展"十三五"规划〉的通知》	加强燃气等能源系统智能化建设，提高智慧燃气水平
2019 年	工业和信息化部	《关于印发〈"5G＋工业互联网"512 工程推进方案〉的通知》	推动 5G 技术在智慧燃气等重点领域的应用
2020 年	国务院办公厅	《关于印发〈新时期促进集成电路产业和软件产业高质量发展的若干政策〉的通知》	支持基础软件和集成电路在智慧燃气等领域的创新应用
2020 年	住房和城乡建设部	《关于加强城市地下市政基础设施建设的指导意见》	建立和完善燃气、热力等综合管理信息平台，推动数字化、智能化建设
2021 年	住房和城乡建设部	《关于加强瓶装液化石油气安全管理的指导意见》	运用物联网、大数据、人工智能等前沿技术，推动管理手段、管理模式、管理理念创新，加强智慧燃气管理平台建设
2022 年	国务院	《"十四五"国家应急体系规划》	推进城市电力、燃气、供水、排水管网和桥梁等城市生命线及地质灾害隐患点、重大危险源的城乡安全监测预警网络建设
2022 年	国家能源局	《中国天然气发展报告（2022）》	强调智慧燃气在能源系统中的重要性
2023 年	国家能源局	《关于加快推进能源数字化智能化发展的若干意见》	强调提升能源产业竞争力和高质量发展

为积极推动智慧燃气行业的发展，各省市也纷纷发布了相关政策，要求利用数字化技术推进"智慧燃气"建设，不断提升燃气监管信息化水平。其中，北京重点关注燃气管网的智能化建设，通过感知、监测、诊断等技术应用，提高管网运行的安全性和可靠性，同时也注重用户用气行为的智能分析，优化用气效率。上海则更加注重完善燃气管网的数字化监测和预警系统，及时发现管网异常情况，并针对终端用户开展用气数据分析，为用户提供优化建议。重庆则将重点放在推进全流程的燃气数字化管理，从生产、供给到用户各环节实现数据融合和智能化应用；而天津则更关注燃气管网的智能感知和安全预警技术，同时天津也在建设用户用气大数据分析平台，为用户提供个性化的智能服务。总的来说，各地在智慧燃气建设上都有自己的侧重点，但最终目标都是通过数字化和智能化技术，提高燃气供给和利用的安全性、可靠性和效率。电力政策汇总于表 15-2。

我国部分省市智慧电力政策汇总　　　　　　　　　　　表 15-2

省市	发布时间	政策名称	相关内容
北京	2021 年	《"十四五"时期北京市数字政府建设规划》	加强燃气管网运行监测预警和远程调度，提升燃气供给智能化水平
	2022 年	《北京市"十四五"时期燃气发展规划》	提升科技与信息化管理水平，推进智慧燃气建设
上海	2021 年	《上海市"十四五"数字政府建设实施方案》	推动燃气管网感知设备智能化改造，实现管网运行状态精准监测
	2022 年	《上海市能源发展"十四五"规划》	推进能源新技术、新模式、新基建发展，促进能源系统高效化、低碳化、数字化、智能化、互动化转型
天津	2022 年	《天津市能源发展"十四五"规划》	提出要促进高效智慧能源发展，推动能源效率变革，强化用能管理，大力推进节能增效行动；推动 5G、大数据、物联网、"互联网＋"、云计算等先进信息技术与传统能源深度融合，推进综合智慧能源发展
	2023 年	《天津市"十四五"数字政府建设规划》	推进燃气管网全生命周期数字化管理，建设燃气用户行为分析系统
重庆	2022 年	《重庆市能源发展"十四五"规划（2021—2025 年）》	着力发展智慧能源产业，推动大数据、云计算、5G 等信息技术在能源领域应用，构建智慧能源体系；加快推动能源数字化转型，整合气源、管网、客户端等供应链数据，推进物联网在燃气网络中的应用
	2023 年	《重庆市"十四五"数字政府建设规划》	构建燃气管网全流程数字化管理平台，提高燃气供给效率和可靠性
广东	2022 年	《广东省"十四五"数字政府建设实施方案》	推进燃气管网感知监测、故障诊断等智能化技术应用，开展燃气用户用气行为分析，提供个性化用气优化建议
	2023 年	《深圳经济特区城市燃气管理条例》	发展智慧燃气，推动燃气经营和安全生产全流程信息化管理，提升燃气管理智能化水平
浙江	2021 年	《浙江省"十四五"数字政府建设规划》	加强燃气管网全生命周期的数字化管理，建设燃气用户用气大数据分析平台，提高用气效率

省市	发布时间	政策名称	相关内容
江苏	2023 年	《江苏省"十四五"数字政府建设实施方案》	构建燃气管网智能化感知和预警系统，开展燃气用户用气行为分析，为用户提供差异化服务
江西	2023 年	《关于加强数字赋能优化营商环境的若干措施》	积极推进供水供气报装电子化建设，推进用水用气业务管理系统与绩效监测的互动，建立健全智慧水务、智慧燃气"云平台"
江西	2023 年	《江西省数字政府建设总体方案》	有效整合多方资源，通过建立信易用水、电、燃气，信易行，信易游，信易购等场景，为守信主体带来温馨、便捷的生活体验，加快信息归集，为守信激励奠定基石
陕西	2022 年	《陕西省"十四五"数字政府建设实施方案》	推进燃气管网智能化监测和远程调控技术应用，实现燃气生产、供给、用户全流程的数据互联互通
陕西	2023 年	《关于深入推进跨部门综合监管的实施意见》	2023 年底前，食品、药品、医疗器械、危险化学品、燃气、特种设备、建筑工程质量、非法金融活动等重点领域，以及问题比较突出的监管领域，要率先实施跨部门综合监管
海南	2023 年	《海南省城市供排水管道老化更新改造实施方案（2023—2025 年)》	各市县政府要加强管理和监督，做好与燃气管道老化更新改造、城镇老旧小区改造、城市道路桥梁改造建设、综合管廊建设、汛期防洪排涝等工作的衔接，有效避免更新改造工程碎片化、重复开挖、多次扰民等问题
贵州	2023 年	《贵州省政务数据资源管理办法》	提供公共服务的供水、供电、燃气、通信、民航、铁路、道路客运等公共企业的数据资源采集、存储、共享、开放等行为及其相关管理活动

15.1.2　业务需求

燃气作为清洁、高效的能源之一，被广泛应用于居民生活、工业生产和商业领域。随着燃气需求的不断增加，传统的燃气系统面临着安全管理、供应效率和能源利用等方面的挑战。为了解决这些问题，智慧燃气应运而生。智慧燃气建设通过引入物联网、大数据、云计算等技术手段，实现对燃气系统各个环节的精确监测、远程控制和智能管理，从而提高整个系统的运行效率和管理水平，提高燃气系统的安全性、供应效率和用户体验。智慧燃气业务需求可从管网、计量、客户服务、调度运营等方面进行分析。

1. 燃气管网智慧化的需求

燃气管网是燃气输送的承载体，是实现智能改造的承载体，智慧燃气管网建设是智能燃气建设的核心环节。智慧管网并不是几个管网功能的简单叠加，而是一个系统。过去分开考虑和分开管理的管网运营管理，实际上就是具有普遍联系，相互促进和相互影响的管网运营管理。随着科技手段的不断升级，智慧管网能够实现各个领域核心环节的统一集成。

2. 燃气计量智慧化的需求

燃气计量是城市燃气经营管理中的核心部分，是燃气行业对用户使用燃气量进行结算的重要依据。近年来，传统的人工抄表计量燃气的方法暴露出越来越多的弊端，抄表效率低、计量准确度不高、管理成本高等情况均反映了传统燃气计量已不能满足当下人们需求。智慧燃气计量技术是智慧燃气系统建立的前提条件，通过对燃气使用量进行实时采集，实现对燃气使用情况的精准监测与控制，实现更有针对性、科学性的动态管理，提升燃气系统的智慧管理效率和服务水平。

3. 燃气客服智慧化的需求

随着市场发展的需要，能源市场进行了深化改革，这直接推动了燃气行业向更加市场化、竞争化的方向发展。燃气企业的垄断经营局面被打破，燃气市场竞争日趋激烈，过去粗放的客户管理方式成为制约燃气公司发展的重要因素。燃气企业开始由生产型向经营型转变，客户服务就成为燃气企业发展实施过程中的重要步骤。燃气企业拥有庞大的客户资源，客户服务的智慧化需求主要体现在利用互联网技术对现有客户服务进行优化升级改造、深度挖掘客户服务需求及客户痛点，优化客户体验，加大对客户资源的开发利用，拓展增值服务渠道，提升客户体验和服务水平等方面。

4. 燃气调度运营智慧化的需求

燃气系统的智慧调度运营是燃气行业转型升级的重要方向。传统燃气系统的调度运营方式弊端非常明显，调度效率较低、调度成本较高、调度及时性较差。燃气调度智慧化主要从智慧运行、智慧物联以及智慧服务等方面进行，在物联网等技术应用下完成对多个系统的整合，从而形成一体化的调度管理平台，促进智慧燃气运营信息化升级，大幅降低相关部门的工作难度，提高工作效率，提升用户使用体验。

15.2　框架设计

智慧燃气解决方案是基于物联网、大数据存储和分析、云计算、移动互联网等先进技术，结合燃气行业特征，通过智能设备全面感知企业生产、环境、状态等信息的全方位变化，对海量感知数据进行传输、存储和处理，实现大数据时代下对数据的智能分析，以更加精细、动态的方式管理燃气企业生产、经营、服务和管理的各个环节，从而达到"智慧"的状态（图 15-1）。

（1）感知层：燃气行业的感知终端包括民用燃气表、工商业流量计、管网 RTU（Remote Terminal Unit）、DTU（Data Transfer Unit）等多种类型设备，随着物联网的发展，终端由原有的哑终端逐步向智能终端演进，通过增加各种传感器，通信模块使得终端可控、可管、可互通。终端设备通过集成通信模组，与基站连接来实现通信能力，

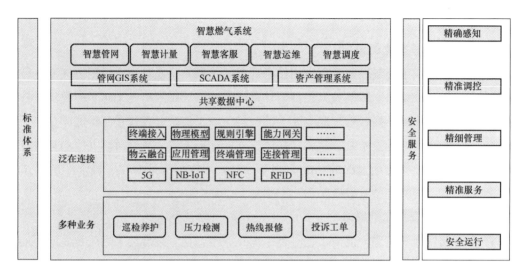

图 15-1   智慧燃气系统框架示意图

智能终端通过基站将信息上传给平台。

（2）网络层：网络是整个物联网应用的通信基础，可靠、稳定、安全、可视的传输网络是核心诉求。运营商的无线蜂窝网络扁平化的网络结构，节省了中间网络建设、运营维护成本，减少布线工程，解决线路老化改造问题，数据传输可靠、安全，是智慧燃气业务构建过程中网络层技术选型的优选方案。NB-IoT 技术深覆盖、低功耗等技术特征很好地契合了智慧燃气感知层设备建设过程的场景要求。

（3）物联网开放平台：智慧燃气终端类型众多，燃气企业为应对海量计量设备与各类型传感设备的并发连接和数据的采集，需要付出大量成本建设 IT 基础设施。例如中国电信物联网开放平台基于微服务架构，部署在天翼云上，以 PaaS 云服务的形式向燃气行业提供连接管理、设备管理、数据分析、API 开放等基础功能，同时燃气生产经营系统、客户管理系统也可以迁移到云上，企业将更专注于自身的核心业务。

物联网开放平台提供连接感知、连接诊断、连接控制等连接状态查询及管理功能；通过统一的协议与接口实现不同终端的接入，上层的燃气应用无须关心终端设备具体物理连接和数据传输，实现终端对象化管理；平台提供灵活高效的数据管理，包括数据采集、分类、结构化存储，数据调用、使用量分析，提供分析型的业务定制报表。业务模块化设计，业务逻辑可实现灵活编排，满足燃气应用的快速开发需求。

15.3   应用综述

15.3.1   智慧燃气管网

智慧燃气管网的建设，主要依托于物联网、云计算和智能决策等新一代信息技术。

通过感知技术，将管网的物理、信息和社会属性紧密联结，实现深度的互联互通与智能化。其智慧化的具体体现在于，它使各业务领域和子系统之间的关系更为明确，同时也促进了各部门、各业务之间的数据集成与信息集成，从而极大地提升了信息资源的价值。智能燃气管网作为一个复杂且综合的系统工程，其架构自上而下清晰划分为五个层级：决策层、执行层、数据层、通信层和感知层，各层级相互支撑确保系统的整体运作效率和智能决策能力（图 15-2）。

图 15-2　智慧燃气管网技术架构（作者自绘）

（1）决策层：智能燃气管网的最高层级，可对燃气管网内各类数据进行类似人脑的智慧决策。利用大数据知识库进行基础判断结合多种复合计算分析方法，对实际管网内收集的实时数据进行实际分析并运算处理计算，可以制定出最优的计划；具体包括可以进行分析决策的复杂计算方法、直观对比图表、日常运行的图像记录、管网实时动态数据以及经多维分析的结果等，可以为决策者提供关键分析数据以及终端监控信息，实现"智慧思考"。

（2）执行层：智能燃气管网的综合运营层级，它真正实现了现代信息软件技术与传统燃气行业管理知识的互联，是对各个孤立的系统综合利用的层面；具体为燃气管网发展规划制定、设备维修作业、生产调度监控、抢险维修作业、安全管理运营以及客户服务管理等方面的数据检测，流程跟踪，监控控制。执行层的建设程度高低、应用能力水平、建设完善程度直接制约影响了燃气智能管网综合管理水平的层次。

（3）数据层：智能燃气管网的数据共享层级，将分散的孤立的数据进行整体统一编码集成梳理。数据层负责统一存储和共享传输各类数据，包括基础台账信息、实时监控信息、管理分析数据。

（4）通信层：智能燃气管网的网络通信层级，是智能管网的承载体。管网不同时间点都会产生大量"新鲜"数据，利用不同的数据通信网络进行数据的交换与传输完成信息的传递。利用通信网、因特网、物联网构建智慧燃气管网的通信网络系统，改造传统管网中的通信设备，加增基于无线通信的数据交换形式，达到可以通过智能手机、平板电脑、笔记本电脑、台式电脑等各类终端设备，实时获得管网监控的数据信息，以便将运营现场的数据以无线网络等多样性的输送形式传输到数据中心给数据访问者查看，彻底改变了原有传统燃气管网只利用有线传输一种通信方式进行的信息传输的方法。

（5）感知层：智能燃气管网的物理传感层级，也是最基础的层级。感知层通过加装终端监控设备收集数据。因此，物理层的感知是智能管网数据的来源，比如门站处的监控设备、调压站（箱）的监控设备、阴极闸井的监控设备、井盖防入侵监控，传输视频监控器等，是智能管网的基础。

15.3.2　智慧燃气计量

智能燃气计量技术作为智慧燃气系统的核心应用，引起了广泛的关注和研究。其中，NB-IoT，即基于蜂窝的窄带物联网，作为远距离无线通信技术中的领先技术，具备高安全、广覆盖、低功耗、大连接和低成本等优势，能够解决传统智能表的各种问题，特别适合燃气领域智能抄表、智慧运营的需求。

基于 NB-IoT 技术的城市智慧燃气计量，可以完成对用户终端天然气使用量、压力等信息的在线实时采集，并进行有效分析，为能源大数据以及生产、管理、调度等提供必要的参考依据，有助于燃气使用的安全和计量远程监控，体现了我国"智慧能源"的发展理念。此技术为人们的日常生产管理提供了重要的数据参考，通过远程抄表，智能缴费等方式及时将燃气情况对客户进行反馈，提供了高效的燃气服务。

智慧燃气计量技术的出现，不仅仅是为了提高燃气计量的准确性，更是为了实现对燃气使用情况的智能监控和管理。通过引入智慧计量装置，可以实现对燃气的实时监测和远程抄表，大大提高了计量的准确性和效率。同时，智能计量装置还可以与用户的智能终端设备相连接，实现对燃气使用情况的实时监控和数据分析，为用户提供更加智慧化的燃气使用方案。

此外，智慧燃气计量技术的应用不仅仅局限于居民用户，还可以广泛应用于工业和商业领域。在工业领域，智能燃气计量技术可以实现对燃气的精确计量和实时监控，帮助企业提高能源利用效率，降低能源消耗成本。在商业领域，智能燃气计量技术可以帮助商业建筑实现对燃气使用情况的智能监控和管理，提高能源利用效率，降低能源消耗成本，同时还可以提供更加智能化的能源管理服务。

智能燃气计量技术的发展还带来了许多其他的应用和创新。例如，通过与智能电表的联动，可以实现对电气和燃气的综合计量和管理，为用户提供更加全面的能源使用方案。另外，智能燃气计量技术还可以与人工智能和大数据分析相结合，实现对燃气使用情况的智能预测和优化，为用户提供更加个性化的能源管理服务。

智能燃气计量技术作为智慧燃气系统的核心应用，正在改变着我们对燃气使用的认知和管理方式。它不仅提高了燃气计量的准确性和效率，还为用户提供了更加智能化的燃气使用方案。

15.3.3　智慧燃气客户服务

智慧燃气客户服务通常由智能燃气表、CRM（Customer Relationship Management）系统、办公 OA 系统组成，实现客户服务信息的自动化采集，降低管理作业强度和难度，提升业务办理、服务效率。其中智能燃气表实现燃气用户用气信息的自动计量，用气数据、燃气具状态等数据的自动采集和传输，计量表具远程控制与管理等；CRM 系统实现对抄表、收费、账务、表务管理、入户安检、客户管理、燃气报装、业绩考核、查询统计等业务数据的管理。

（1）实现业务协作：构建办公 OA 系统，打通业务间数据通道，统一公司业务办理平台，实现业务流、数据流在不同部门间的流转、共享，使得内部协作高效、沟通顺畅，提高办公审批的效率，实现业务协作高效、实时、无纸化和移动化，节约办公成本；业务流程产生的各类运营数据和业务报表能够实时送达领导层，为企业经营提供决策依据，工作过程中产生的各类业务知识可以在系统里得到沉淀，方便开发和利用，形成公司知识库，共享给员工培训使用，可以提供高价值的专业学习培训知识库，提升员工整体业务能力，实现业务协作共享化。

（2）实现内外高效沟通：将微信公众号等在线服务平台与 CRM 系统对接，把燃气服务业务办理推广到移动端办理。如智能抄表、在线服务开通燃气开户、销户、在线购气、缴费、客户管理、服务申请、安装预约、维修受理等，包括现场费用支付、开单业务；开放办公 OA 系统，实现数据对接，可以进行移动报表、移动派单等移动办公。

（3）建设在线燃气商城：在线燃气商城类似网上营业厅，可以办理各种业务，围绕燃气利用的厨房用品小家电产品等可以在燃气商城产生品牌效应和聚集效应，通过品质建设、团购、促销等手段获取利润，打造一个以燃气利用为核心的，可以在社交网站、媒体进行传播的生态链体系，同时还可为高端用户定制个性化燃气灶、炊具、厨房用品，设计以燃气为核心功能的居家旅行生活，推行围绕智慧燃气利用的生活方式等带动燃气服务与利用的提升。

15.3.4　智慧燃气调度运营

智慧燃气调度系统作为科技与能源交叉应用的产物，通过实时监测与分析天然气输送、储存、分配等信息，为燃气调度管理人员做出有效决策提供可靠数据支持，输配系统的安全稳定运行提供保障（图 15-3）。

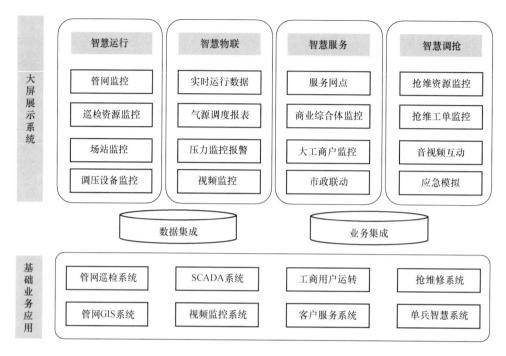

图 15-3　智慧燃气调度业务架构示意图（作者自绘）

　　智慧燃气调度运营系统应以满足燃气运营管理需求、提高调度效率、确保安全稳定运行和降低运营成本为核心目标，充分考虑市场需求、技术发展趋势以及运营管理实际情况，结合信息化技术、物联网技术和人工智能技术，构建兼具智慧化管理、安全管控、紧急响应以及数据分析等多功能于一体的智能化、数字化的燃气调度系统。

　　（1）智慧化管理：通过集成先进的信息技术，实现了对燃气管道、储气罐等关键设施的实时监测。利用 SCADA 系统采集设备运行状态、气压、温度等关键数据，并通过建立实时监控系统确保安全生产。此外，系统采用大数据分析技术和机器学习算法对采集的数据进行深入分析和预测，以识别潜在问题并避免事故发生。基于实时数据和预测结果，智慧燃气调度系统建立了智能化的燃气调度方案，自动计算和优化供气方案，实现资源的高效利用和分配。结合物联网技术，系统能够实现远程监控和操作管控，有效应对突发情况和灾害，保障燃气管道系统的安全稳定运行。

　　（2）安全管控：通过传感器实时监测输配系统的压力、温度、流量和泄漏告警等关键参数，数据采集频率高达每秒 100 次，确保对系统运行状况的全面监测。系统能够在监测到异常情况时，如管道压力异常或泄漏告警，立即发出警报，并将数据实时传输至运营人员终端，实现对异常情况的及时发现和处理。同时，系统根据实时监测数据和预设的应急预案，自动采取应急措施，如关闭相关阀门、启动备用系统等，以最小化事故影响。

　　（3）紧急响应：实时泄漏监测，通过 SCADA 系统实时监测管道状态，在监测到泄漏紧急情况时，立即启动紧急响应程序。SCADA 系统能够迅速分析泄漏位置和范围，确定需要关闭的气源阀的位置和数量，并生成关阀操作指令，快速响应泄漏监测。此外，系统通过远程控制系统实时关闭相关气源阀，以缩小泄漏燃气的范围，预防事故扩大。抢险车辆的 GPS 定位功能也被应用于紧急响应中，系统通过 GPS 定位功能实时获取抢险车辆位置信息，确保对抢险资源的及时了解和调度，提高抢修工作的效率和准确性。

（4）数据分析：主要体现在任务工单量化管理机制和管道完整性管理系统的风险管理理念上。系统通过任务工单的形式对巡查巡检和设施维保等业务进行管理，确保全过程质量管控。系统实时监控巡查员的位置和轨迹，提高工作效率和管理水平。管道完整性管理系统则通过全面采集管道运行数据，包括压力、温度、流量等关键参数，进行科学评价，识别管道的隐患和风险，并根据评价结果实施针对性的管控措施，以提高管道运行的安全性和可靠性。

15.4 发展趋势

15.4.1 燃气智慧计量设备升级

近年来，随着全球范围内数字化技术的迅猛发展和普及，各地积极拥抱"智慧燃气"建设，不仅极大提升了燃气监管的信息化和智能化水平，而且实现了从管网、关键节点、设施设备到各类燃气用户的全方位、全天候的智能监管和预警，从而揭开了燃气行业迈向"智"时代的新篇章。在这一趋势中，智能燃气表作为燃气运营管理不可或缺的一环，正随着智慧城市建设的深入、物联网技术的革新以及我国经济和技术实力的增强，经历着从手动操作到全面智能化的历史性转变。

智能燃气表，作为集成了智能模块的燃气计量设备，不仅具备精确的计量功能，还能实现计量数据的实时传输、远程控制等高级功能。目前，国内市场上主流的智能燃气表包括 IC 卡智能燃气表、CPU 卡智能燃气表、射频卡智能燃气表、有线远传燃气表以及无线远传燃气表、物联网智能燃气表等多种类型。其中，物联网智能燃气表凭借其强大的联网功能，实现了居民用气与燃气管理后台的实时信息互通。这为居民带来了便利，可以通过手机在微信公众号等平台上随时随地进行自助缴费，彻底告别了排队充值的繁琐过程；同时，也为燃气管理部门提供了强大的技术支持，后台系统能够实时监控燃气使用情况，一旦发现异常，便能迅速响应。

未来随着 5G、人工智能等技术的进一步发展，智能燃气表的发展趋势将继续朝着更加智能化、网络化和用户友好的方向迈进，以适应不断变化的市场需求和提高城市燃气管理的智能化水平。智能燃气表将实现更加精准的数据采集、分析和控制，为用户提供更加个性化、高效的燃气服务。此外，智能燃气表还将与智能家居、智慧城市等其他智能系统实现更深层次的融合,打造出一个多系统协同、高效节能的智慧燃气生态系统。

15.4.2 燃气系统智能巡护技术应用

随着城镇化的加速推进,燃气管网作为城市能源供应的"生命线",其安全性和稳定性日益受到重视。鉴于燃气管网的高危性质、复杂工艺流程以及潜在的腐蚀泄漏风险,高效及时的巡护变得至关重要。近年来,人工智能、物联网、移动通信等技术的飞速发展,为燃气系统智能巡护技术带来了革命性的变革。

(1)无人机及GIS系统的集成应用:基于无人机及GIS系统的管网场站巡护技术,将进一步提升燃气巡检的效率和准确性。该技术能够实时获取管网场站的图像数据,并通过智能分析,实现巡检工作的可视化、智能化管理。未来,随着无人机技术的不断进步和GIS系统的持续优化,这种技术将在燃气巡检领域发挥更大的作用,助力实现更加精准、高效的管网巡检。

(2)智能巡检机器人的广泛应用:场站智能巡检机器人的引入,将进一步提升燃气场站巡检的智能化水平。这些机器人具备自主导航、智能识别、远程控制等功能,能够实时检测场站内的设施状况,及时发现并处理异常情况。未来,随着机器人技术的不断进步和成本的降低,智能巡检机器人将在燃气场站巡检领域得到更广泛的应用,成为无人值守站智能化巡检的重要力量。

(3)车犬联动高精准检测技术的创新应用:"车犬联动"即燃气嗅探犬和ppb级天然气泄漏检测车同时进行管网的泄漏检测工作,与人工检测方式相比,该检测方式具有检测范围大、辐射面广、检测效率快、精度高等优点,能对天然气泄漏隐患做到提前发现与及时处治,从而避免事故发生。车犬联动高精准检测技术作为燃气行业智能化泄漏检测的新模式,已经展现出其独特的优势。未来,这种技术将结合更多的先进技术,如激光检测、气体传感器等,进一步提升检测的精准度和效率。同时,车犬联动高精准检测技术还将与燃气公司的应急抢险体系相结合,形成一套完整的燃气泄漏检测与应急处理流程,为燃气安全保驾护航。

(4)伴行光纤及AI智能监控技术的深度融合:伴行光纤及AI智能监控技术的引入,为城镇燃气管网的安全保护提供了新的思路。通过实时监测燃气管网周边的危险作业行为,并结合AI智能分析,可以及时发现并处理潜在的安全隐患。未来,这种技术将与更多的先进技术相融合,如物联网、大数据等,形成一套完整的燃气管网安全保护体系,进一步提升管网的安全性和稳定性。

随着大数据、人工智能、物联网等技术的不断进步和"智慧燃气"的发展需求,燃气系统智能巡护技术将迎来更加广阔的发展前景。多种技术将不断探索、取长补短、融合使用,共同推动城镇燃气管网智能化巡护管理的新发展。

第 16 章　智　慧　环　卫

随着城市化进程的加速和城市人口的不断增长，城市环境卫生管理面临着前所未有的挑战。传统的环卫工作模式已经难以满足现代城市对于环境卫生的高标准要求。环卫工作通常依赖于人工清扫和垃圾收集，效率低下且成本高昂。在垃圾处理和环境保护方面，传统方法往往难以做到及时响应和有效管理。一旦环卫工作不到位，不仅影响城市形象，还可能引发环境污染和公共卫生问题，给居民的生活质量带来负面影响。相较于传统环卫，智慧环卫的核心优势在于运用现代信息技术，构建了一套智能监测、智能调度、智能处理的环卫管理体系。这一体系通过物联网、大数据分析、智能设备等手段，实现了环卫工作的精细化管理和高效运作。智慧环卫倡导预防为主、源头减量的管理理念，建立健全的日常环卫作业与应急处理无缝对接机制，实现动态调整环卫服务资源。在实践过程中，智慧环卫不仅提高了作业效率，降低了运营成本，还显著提升了城市环境卫生质量，充分体现了以人民为中心、环境至上的环卫价值观。本章节主要简要阐述城市智慧环卫管理平台建设的相关内容。

16.1　需求分析

16.1.1　政策需求

环卫工作是城市管理不可或缺的一部分，传统的环卫作业依赖于环卫工人打扫等工作，具有效率低下、环境恶劣等特点。随着科技的进步和城市化的发展，智慧化已成为环卫领域发展的重要方向，近年来国家也出台了一系列政策以指导智慧环卫行业的发展（表 16-1）。

智慧环卫行业主要政策　　　　　　　　　　　　表 16-1

时间	部门	政策名称	相关内容
2018 年	住房和城乡建设部	《关于做好推进"厕所革命"提升城镇公共厕所服务水平有关工作的通知》	打造"城市公厕云平台"、完善公共厕所标识指引系统
2020 年	中国城市环境卫生协会	《环卫产业互联网平台白皮书（2020）》	提出了环卫产业互联网平台的概念，设计了平台的总体架构与 SaaS 应用体系，提出了平台的相关标准体系，以期为平台落地应用和战略部署提供标准化支持

时间	部门	政策名称	相关内容
2021年	中国城市环境卫生协会	《中国城市环卫行业智慧化发展白皮书（2021）》	白皮书全面分析了智慧环卫的当前现状、面临的问题、解决方案和未来发展方向。它强调了智慧环卫在提升城市管理水平、促进生态文明建设和绿色发展方面的重要作用，并对智慧环卫系统架构、与智慧城市的关系、建设方案和模式等进行了详细阐述
2021年	国家发展改革委、住房和城乡建设部	《"十四五"城镇生活垃圾分类和处理设施发展规划》	健全监测监管网络体系，依托大数据、物联网、云计算等新兴技术，加快建设全过程管理信息共享平台，通过智能终端感知设备进行数据采集，进一步提升垃圾分类处理全过程的监控能力、预警能力、溯源能力
2022年	国家发展改革委等	《关于加快推进城镇环境基础设施建设的指导意见》	该指导意见强调了城镇环境基础设施建设的重要性，提出了加快推进城镇环境基础设施建设的总体要求、工作原则和重点任务。其中包括提升基础设施现代化水平、推动环境基础设施一体化、智能化、绿色化发展等方面的内容
2022年	住房和城乡建设部、国管局等	《关于进一步推进生活垃圾分类工作的若干意见》	鼓励探索运用大数据、人工智能、物联网、互联网、移动端AI等技术手段，推进生活垃圾分类相关产业发展
2024年	住房和城乡建设部办公厅	《智慧环卫系统建设标准（征求意见稿)》	该文件是关于智慧环卫系统建设标准的征求意见稿，旨在指导和规范智慧环卫系统的建设

16.1.2 业务需求

智慧环卫市场覆盖智慧环卫设备、智慧环卫平台、智慧环卫服务承包三大业务板块。预计到2025年，中国智慧环卫市场规模将增长至1200亿以上。智慧环卫业务梳理如图16-1所示。

数字经济、环保政策、城镇化建设、美丽乡村建设以及老龄化趋势等因素，均为智慧环卫服务需求的快速增长提供了动力，主要包括以下六项业务需求。

1. 实时监控与管理需求

智慧环卫需要实现对环卫作业的实时监控，包括垃圾清扫、分类、运输、处理等各个环节。通过安装传感器和监控设备，收集作业数据，实现对环卫工作的实时管理和调度。

2. 数据分析与决策支持需求

智慧环卫系统应具备强大的数据分析能力，能够对收集到的大量数据进行处理和分析，为环卫管理提供决策支持，主要包括预测垃圾产生量、优化环卫路线、评估环卫作业效果等。

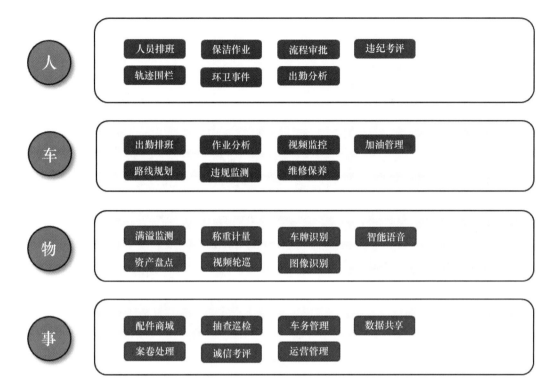

图 16-1　智慧环卫业务梳理

3. 垃圾分类与资源回收需求

随着环保意识的提升，垃圾分类和资源回收成为智慧环卫的重要需求。智慧环卫系统需要能够有效地指导和监督垃圾分类工作，提高资源回收率，减少环境污染。

4. 机械化与自动化作业需求

为减少对人力的依赖，提高环卫作业效率和安全性，智慧环卫系统需要集成先进的机械化和自动化设备，如无人驾驶清扫车、智能垃圾分类机器人等。

5. 移动应用与信息服务需求

智慧环卫系统应提供移动应用和信息服务，方便管理人员和公众获取环卫信息，参与环卫工作。这包括环卫作业进度查询、问题反馈、环卫知识普及等功能。

6. 政策与法规遵循需求

智慧环卫系统需要符合国家和地方的相关政策与法规要求，包括环保法规、城市卫生标准、智慧城管规范等，确保环卫工作的合法合规。

16.2　框架设计

智慧环卫信息化业务是城市环境卫生管理向智能化转型的重要举措，它通过现代信息技术的应用，旨在提高环卫作业的效率，降低运营成本，提高环境质量，并增强市民的满意度。构建一个专业的智慧环卫系统，可以从以下六个关键层面进行框架设计（图 16-2）。

图 16-2   智慧环卫系统框架截图

（1）数据采集层：构成智慧环卫系统的基础，负责收集各类环境卫生相关的数据。包括物联网设备，如垃圾桶满溢传感器和空气质量监测器，它们实时监控环境卫生状况；移动终端，如环卫工人的智能手机或专用设备，用于现场数据的即时录入和反馈。此外，公众参与平台让市民可以通过手机应用或社交媒体报告环境卫生问题，积极参与到城市环卫管理中来。

（2）通信网络层：通信网络层确保了数据的有效传输，为数据处理与分析层提供了必要条件。将数据采集层收集的数据传输到数据处理层。无线通信网络，如 Wi-Fi 和 4G/5G 网络，确保数据的实时和稳定传输。数据中心连接则通过有线或无线方式，将数据发送至中央处理系统进行分析和处理。

（3）数据处理与分析层：是智慧环卫系统的核心，主要负责对收集的数据进行处理和分析。数据中心存储和处理海量环卫数据，进行数据清洗、整合和备份。智能分析系统运用大数据分析和人工智能技术，对数据进行深入分析，识别环卫问题和优化作业流程。决策支持系统基于数据分析结果，提供环卫资源配置、作业计划和应急响应的决策支持。

（4）应用服务层：直接向环卫管理部门和公众提供各类智慧环卫服务。环卫管理平台提供环卫作业调度、车辆管理、人员管理等功能，提高管理效率。环境监测服务实时监控城市环境质量，发布环境报告和预警信息。公众服务平台则提供环境问题报告、查询环卫信息、参与环保活动等服务。

（5）安全与维护层：确保智慧环卫系统的安全性和可靠性。数据安全采取加密、访问控制等措施，保护数据不被非法访问和篡改。定期对系统进行维护和升级，确保系统稳定运行。建立应急响应机制，以处理系统故障和安全事件。

（6）业务运营与优化层：负责智慧环卫系统的运营管理和持续优化。业务监控系统运行状态和服务质量，确保业务目标的实现。服务优化根据用户反馈和系统分析结果，不断优化服务流程和提升用户体验。创新研发跟踪技术发展趋势，研发新功能和服务，推动智慧环卫业务的持续创新。

16.3　应用综述

16.3.1　智慧公厕信息化

智慧公厕管理系统致力于实现厕所革命的战略目标，通过整合物联网、传感感知技术、大数据、云计算等先进科技，结合科学管理和智慧监测的创新模式，构建一个可靠、高效、精准的智能化平台。智慧公厕管理系统主要包括以下六大功能模块，并依托云平台作为系统的核心，负责数据统计、存储、分析、业务逻辑处理和功能联动（图 16-3）。

图 16-3　深圳市城管局智慧公厕小程序

（1）智慧显示屏引导：厕位人体感应，占用状态指示，智慧厕所综合显示屏。利用厕位传感器和激光红外感应＋雷达监测技术，实时监测厕位的使用状态，并将信息传输至管理平台，在手机 App 和智慧厕所综合显示屏上展示，确保厕位占用状态的清晰可见（图 16-4）。

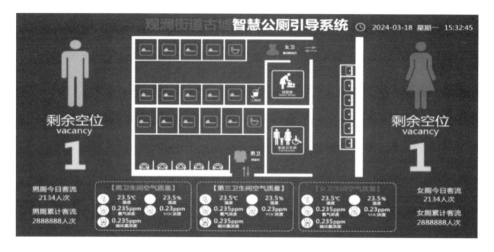

图 16-4   "智慧公厕"显示大屏

（2）环境监测：氨气、硫化氢、温湿度、PM2.5 监测。通过高敏传感器和科学算法，实时监测公厕内环境数据，一旦数据指标超标，立即进行提示并通过消杀设备和排风系统自动调节，确保公厕环境始终处于健康状态（图 16-5）。

图 16-5   深圳市宝安区某"智慧公厕驿站"

（3）能耗监测：确保资源使用的效率。智能水表、智能电表、智能取纸机、洗手液机等。依赖智能仪表对水、电等资源消耗进行监测和数据分析，同时实现厕纸、洗手液等耗材的余量监测和短缺提示，合理配置耗材，减少浪费，实现节能减排。

（4）报警预警：保障使用者的安全。包括 SOS 紧急呼叫系统、智慧管理监控平台、短信、App 信息推送。通过一键报警系统，为如厕遭遇突发意外提供求救措施，如老人摔倒时，红外感应装置会在两分钟内无响应时自动报警。

（5）智能消杀：除臭杀菌机、新风系统、空调联动、智能魔镜、音响、灯光。通过智慧环境控制技术，监测环境变化并自动调节空调、湿度、除臭杀菌机和新风系统，使公厕环境保持最佳状态。

（6）云平台管理：大数据云服务平台、设备管理、数据分析、第三方平台接口。核心功能是通过云平台对公厕设施进行统一集中式的智慧管理，监测设施状态，并通过智慧联动实现公厕的智能管理（图 16-6）。

图 16-6　"智慧公厕"各类子系统

16.3.2　垃圾分类信息化

垃圾分类全过程综合管理平台解决方案基于智慧城市管理理念，融合互联网、物联网、云计算、大数据等技术，通过全方位数据采集和深度数据分析，对垃圾分类全过程业务进行统筹管理。该方案旨在建立科学、标准的垃圾分类考核体系，实现分类业务多源数据汇聚，打造"优化服务、全局监管、多级联动、量化考核、科学决策"的垃圾分类管理体系（图 16-7）。

（1）分类垃圾全过程监管，实现全生命周期管控。通过建立投收运处全过程信息化监管流程，对生活垃圾进行源头数字化管理、收运过程实时监管、终端处理可视化管理，及时掌握垃圾的产生量和去向，对违规行为进行识别和报警，实现全流程、全要素掌控。例如，杭州市滨江区推出了名为"垃圾全链路数字驾驶舱"的环卫系统，通过物联网和移动互联网技术，实现了对机械化作业和人工清扫的精细化管理。该系统能够实时监督和管理环卫作业车辆，并通过北斗定位系统，实现了主干道和次干道作业完成情况的实时监控。

（2）构建科学考核工具，助力分类成效量化督查与考核。提供智能抽样、主动派

图 16-7　垃圾清运管理系统

发、整改复查等多种考核方式，对个人、小区、企业、街道等多类型对象进行分类考核分析，建立诚信、履约合规成绩单，确保考核及时全面、客观量化，执法案件留痕可查。例如，杭州市西湖区实现了环卫作业管理的可视化和数据化。该平台包括报站式小程序和大数据看板，能够远程实时监管垃圾分类收运的全流程，并优化了传统环卫作业模式。例如，深圳市罗湖试点建设了全溯源管理内容，主要将全区 13141 个垃圾收运桶配置 RFID（Radio Frequency Identification）电子标签，对罗湖区 233 辆垃圾收运车辆配置卫星定位、实时车载视频监控、图片抓拍和 RFID 读写识别，全区 54 个转运站配置 RFID 远距离读写器，120 个压缩箱配置移动称重终端，同时压缩箱配置电子标签和卫星定位终端，通过位置和身份识别融合计算，精确记录全区垃圾从 1541 个垃圾收集源头到 54 个转运站到末端处理厂的动态收运过程，实现全程可溯源量化监管（图 16-8）。

（3）构建公众服务系统，促进政府服务效能提升。基于 App、公众号、小程序等，建立"宣、商、管"全覆盖的在线互动渠道，建立垃圾分类全过程业务的信息公开机制和公众监督机制，实现全民互动、全民参与分类。

（4）实现横向、纵向分类数据共享协同，降低信息获取成本。依托统一的垃圾分类数据标准，与横向和纵向管理部门系统对接、协同管理，实现业务基础数据、日常工作记录、审批数据的在线快速流转，降低信息获取沟通成本、时间成本。

（5）分类数据智能分析，精准指导分类工作。基于信息化平台感知与积累的海量数据，建立分类智能深度挖掘数据价值、简化分类数据处理工作，为短期决策与长期规划提供数据支撑，定向指导分类工作调整方向。

图 16-8　无人驾驶小型环卫清扫车设备（来源：深圳城管）

（6）"垃圾分类一张图"全局掌握分类进程。定制分类资源动态地图，直观展示分类主体覆盖数量及趋势、设施建设进度、宣传开展情况、各区域垃圾产量、垃圾流向、分类三化指标等，宏观掌握城市垃圾分类进程，全面了解各关键节点的垃圾分类业务执行情况。深圳市基于大数据技术，全市每日可采集各类环卫数据 41502400 条。其中，压缩箱称重器日采集 2592000 条、压缩箱 GPS 定位日采集 3360000 条、智能工牌日采集 8702400 条、车辆设备日采集 3520000 条、作业视频 60.09GB。所有的采集数据都将汇集到环卫大数据中心，通过数据的沉淀和积累，可以及时发现全市环卫问题点，并可针对环卫问题点加以监管。同时可以根据数据分析每日产生的垃圾重量和流向，量化源头小区垃圾产生量，实现垃圾溯源监管等，为环卫设施规划、建设、环卫管理制度标准制定、环卫治理水平提升提供了更精细、更全面、更科学的数据支撑（图 16-9）。

图 16-9　南山能源生态园无害化焚烧处理

16.4　发展趋势

智慧环卫业务的未来发展将是多元化、综合性的，需要各方面的技术和资源共同推动。随着科技的进步和政策的支持，智慧环卫业务将不断提升其智能化、绿色化水平，为城市的可持续发展做出更大的贡献。

1. 物联网技术的应用深化

物联网技术是智慧环卫业务发展的重要基础。传感器和智能终端的广泛应用使得环卫设施能够实现实时监控和数据收集。未来，物联网技术将进一步深化应用，通过更广泛的设备连接和更高效的数据处理，提高环卫业务的智能化水平，实现对城市垃圾处理、道路清洁、绿化养护等业务的精细化管理。

2. 大数据分析的普及

随着智慧环卫业务数据量的不断增加，大数据分析技术将成为提升业务决策能力的关键。海量数据的分析和挖掘有助于更准确地预测环卫需求、优化资源配置和提高服务效率。此外，大数据分析还能帮助政府和企业更好地理解市民需求，提供更个性化、人性化的环卫服务。

3. 人工智能的融合创新

人工智能技术的发展将为智慧环卫业务带来革命性的变化。机器学习和图像识别等AI技术使得环卫工作能够实现自动化和智能化，例如智能垃圾分类和无人驾驶清扫车。未来，人工智能将进一步与环卫业务融合，推动业务流程的优化和创新，提高环卫工作的效率和质量。

4. 云计算平台的支撑

云计算平台为智慧环卫业务提供了强大的数据存储、计算和分析能力。云计算平台使得数据能够实现集中管理和共享，从而提高业务协同效率。未来，随着云计算技术的不断成熟，智慧环卫业务将更加依赖于云计算平台，实现更高效的资源利用和服务创新。

5. 跨界合作的拓展

智慧环卫业务的发展需要多方面的技术和资源整合。未来，环卫企业将与IT企业、环保企业和科研机构等展开更广泛的跨界合作，共同推动智慧环卫技术的研发和应用，以实现业务的协同创新和价值最大化。

第 17 章　智　慧　通　信

随着信息技术的飞速发展和通信需求的日益增长，通信系统已成为现代社会运行的重要基础设施。然而，传统通信系统在应对大规模、高并发通信需求时，往往显得效率不足。一旦通信系统出现拥堵或故障，不仅会导致信息传递延迟，还可能引发安全问题，将会对社会经济活动和人们日常生活造成严重影响。相较于传统通信，智慧通信的核心优势在于构建了一套高效、稳定、智能的通信体系。这一体系以用户需求为导向，采用先进的技术手段，实现了通信资源的优化配置和智能调度。在实践过程中，智慧通信不仅提高了通信效率，还降低了通信成本，充分体现了以人民为中心的发展理念。本章节主要简要阐述城市智慧通信系统建设的相关内容。

17.1　需求分析

17.1.1　政策需求

在城乡规划体系中，城市通信工程主要由电信通信、广播电视、邮政通信组成，共同形成城市信息化载体。随着新一代信息技术的快速发展，信息通信的智慧化建设与智慧化管理得到重视，智慧通信已成为推动经济社会发展的重要驱动力。为了把握数字化转型的机遇，工业和信息化部等部门制定了《"十四五"信息通信行业发展规划》《关于进一步深化电信基础设施 共建共享 促进"双千兆"网络高质量发展的实施意见》等重要文件，旨在推动智慧通信行业的高质量发展（表 17-1）。

智慧通信行业主要政策　　　　　　　　　　　　　　　表 17-1

时间	部门	政策名称	相关内容
2020 年	国家广播电视总局	《关于促进智慧广电发展的指导意见》	以推进广播电视高质量发展为主线，以深化广播电视与新一代信息技术融合创新为重点，推动广播电视从数字化网络化向智慧化发展，推动广播电视又一轮重大技术革新与转型升级，从功能业务型向创新服务型转变，开发新业态、提供新服务、激发新动能、引导新供给、拉动新消费，为数字中国、智慧城市、乡村振兴和数字经济发展提供有力支撑
2021 年	工业和信息化部	《"十四五"信息通信行业发展规划》	设定了六大类 20 个量化发展目标，强调了 5G、千兆光网、工业互联网等新型数字基础设施的部署和应用

时间	部门	政策名称	相关内容
2021年	工业和信息化部等	《关于进一步深化电信基础设施 共建共享 促进"双千兆"网络高质量发展的实施意见》	《实施意见》明确了推进"双千兆"网络建设的目标，即通过共建共享提升网络质量，为网络强国、数字中国建设奠定基础
2021年	中国邮政集团有限公司	《中国邮政集团有限公司"十四五"发展规划和2035年远景目标》	推进平台化、数字化、集约化、特色化、国际化"五化"转型
2022年	国家邮政局	《"十四五"邮政业发展规划》	推进北斗、互联网、大数据、人工智能、云计算、区块链、第五代移动通信、物联网、数字地图等先进技术同产业深度融合，培育新技术、新产品，打造技术产品体系，推动智慧邮政建设
2023年	中国信息通信研究院	《电信业数字化转型发展白皮书（2022）》	从业务转型、云网升级、智慧运营提出转型发展方向

17.1.2 业务需求

据统计，2019年中国企业智慧通信市场规模达到871亿元人民币，预计未来几年将继续保持增长。新基建的加速、手机网民的普及、行业标准的确立等因素都是推动智慧通信产品快速发展的重要因素。智慧通信行业的业务需求正随着技术进步和市场变化而不断演进。企业需要的不仅是通信工具，更是能够提升运营效率、保障数据安全、支持业务集成的智能化通信解决方案。随着数字化转型的深入，智慧通信行业的发展潜力巨大，为企业和投资者提供了广阔的市场空间和发展机遇。基于这些因素，智慧通信行业的核心需求可以概括为以下几点：

（1）多场景沟通工具：企业在日常运营中需要多种沟通方式来满足不同的业务需求。因此，智慧通信产品应提供包括视频会议、即时消息、语音调度、在线办公等功能，以适应企业内部协作、客户沟通和远程办公等多种场景。

（2）智能化服务：智能化服务是智慧通信行业的一个重要发展方向。企业需要通过智能技术提高通信效率，降低运营成本。这包括使用AI技术进行语音识别、自动翻译、情感分析等服务，以及通过机器学习优化通信流程和提升用户体验。

（3）集成化平台：集成化平台能够将通信服务与企业的CRM、ERP等业务系统集成，实现数据共享和业务协同。企业需要这样的平台来提高工作效率，减少信息孤岛，确保信息流的实时性和准确性。

（4）数据安全与合规：数据安全和合规是企业通信中的重要考虑因素。智慧通信解决方案需要确保通信过程中的数据加密、访问控制和审计跟踪等安全措施，同时遵守相关的数据保护法规，如GDPR（General Data Protection Regulation）等。

（5）云服务与移动性：随着云服务的普及，企业需要能够随时随地访问通信服务的云解决方案。这包括云存储、云呼叫中心、移动应用程序等，以支持企业的灵活工作模式和业务连续性。

17.2　框架设计

智慧通信整体框架如图 17-1 所示。

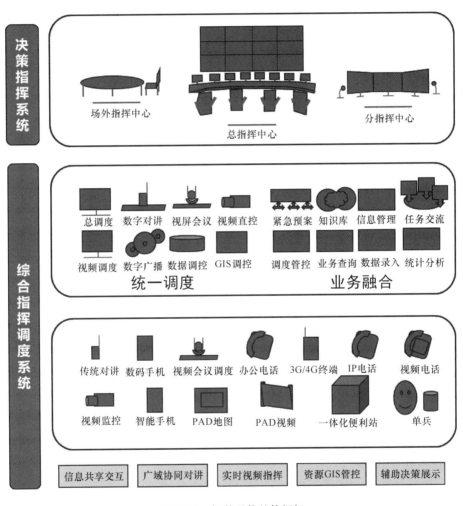

图 17-1　智慧通信整体框架

智慧通信业务是一个集成了先进技术和创新理念的系统，旨在通过智能化的手段提升通信效率、增强通信安全性，并提供更加丰富和便捷的通信体验。为了实现这一目标，智慧通信的框架设计可以划分为六个主要层面，每个层面都承载着系统不可或缺的功能和作用。

（1）基础设施层：构成智慧通信系统的物理和网络基础。这一层包括路由器、交换机等网络设备以及光纤、电缆等传输介质，共同保障数据的高速稳定传输。数据中心则作为通信数据的存储和处理中心，是系统稳定运行的关键。

（2）网络服务层：提供基础通信服务并管理通信网络。在这一层中，通信协议定义了数据传输的标准和规则，网络管理负责监控网络状态并进行故障诊断，而服务提供则涵盖了语音、数据、视频等基础通信服务，以满足用户的多样化需求。

（3）应用平台层：提供各种应用服务的核心平台。这一层提供了即时通信、协作工具和智能助手等服务，支持文本、语音、视频等多种形式的通信，并集成了人工智能技术以提供更加智能化的用户体验。

（4）用户界面层：直接与用户交互，提供友好的用户界面和体验。客户端应用为不同设备和操作系统提供定制化的应用程序，网页服务则通过网页形式提供服务，而交互设计注重用户体验，使得操作界面直观且易用。

（5）安全与隐私保护层：是确保通信安全性和用户数据隐私的关键。在这一层中，加密技术保护数据传输的安全性，身份验证确保用户身份的合法性，而隐私保护则遵守相关法律法规，防止用户个人信息的非法获取和使用。

（6）业务支持与创新层：负责智慧通信系统的商业运营和持续创新。业务模型寻求可持续性，市场分析指导产品开发策略，技术创新如 5G 和物联网推动智慧通信的持续发展。

17.3　应用综述

17.3.1　智慧应急通信

当前发生紧急情况时，通信系统面临着如调度系统覆盖不足、事故现场情况不明、应急指挥复杂多变、预警信息发布不畅等主要问题，需要建立智慧应急通信系统，以视频会商、融合通信、指挥信息网打造联动指挥系统，跨部门、跨层级、跨区域协同作战。将通信延伸到"最后一公里"，打通救援生命线，保障"断电，断网，断路"三断场景下的通信能力。为了实现快速响应，系统还需具备以下功能：

（1）科普与多形态接入：系统需集成安全生产和科普教育功能，实现大屏的多功能复用。同时，支持多种接入方式，如会议硬件终端、联动指挥屏、手机 App 等，使用户能够在不同场景下便捷接入。

（2）随时组织与精准救援：通过应急 App，用户可随时查看现场视频和进行视频会商，支持快速决策和指挥。此外，建立应急基层组织动员机制，实现快速有序的精准救援。

（3）及时预警与上报：构建 24h 在线的官方信息和预警发布体系，实现区域精准预警以减少灾害影响。加强值班值守机制，确保应急事件能够快速上报，提升响应速度。

（4）统一指挥与通信网络：支持多形态/终端入会的视频会商，实现云上、云下协同工作，并具备网络抗丢包能力。构建稳定、高效的通信网络，保证在各种突发情况下系统的正常运行。

（5）应急指挥调度与资源管理：在突发事件发生时，负责指挥调度相关部门和人员，实现快速响应，减少损失。对应急资源进行统一管理和调度，确保救援资源迅速到位，提高救援效率。

（6）预警发布与数据分析决策支持：根据实时信息和历史数据，提前发布预警信息，提高市民的安全意识，减少潜在风险。对历史应急事件数据进行挖掘和分析，为决策者提供有力支持，结合实时数据为现场救援提供智能化决策建议。

17.3.2　企业智慧通信

目前行业用户的通信系统仅仅解决的是通信问题，与业务系统之间存在壁垒。一是系统融合性需求：当前行业用户面临通信系统与业务系统之间的壁垒问题，需构建一个高度融合的通信系统。此系统需打破现有通信与业务系统之间的隔阂，并实现无缝对接，以确保指挥过程的顺畅性和高效性。二是多功能集成需求：新的智能通信系统需集成语音调度、集群对讲、视频调度、数据调度和 GIS 调度等功能，实现多模态通信手段的综合运用，以满足用户多样化的通信需求。三是业务联动需求：通信系统需与业务系统深度联动，实现业务与通信能力的一体化。通过移动化、实时化、数据化和规范化的业务处理，提升整体业务流程的效率和智能化水平。四是智能化驱动需求：通信系统应以场景事件为驱动，以业务为导向，实现通信过程的智能化。通过智能算法和数据分析，优化通信流程，提升用户体验。针对上述需求，智慧通信系统应包括以下几个关键模块：

（1）资源统一管控：资源统一管控模块为综合管理系统，通过机构、队伍、物资、值班和设备管理子模块，实现资源的集中管理和动态调配。该系统构建了机构信息数据库，实时更新维护信息，并实现队伍状态跟踪、物资实时监控、值班人员排班和交接、设备状态监控等功能，提高了资源配置效率和使用效益。此外，基于 GIS 技术的位置动态管控，实现了资源与地理位置的关联，优化了资源配置，提高了响应速度和资源利用效率。

（2）演练管理：演练管理模块旨在提升团队的应急响应和业务技能，涵盖知识库和预案库管理两个子模块。知识库提供应急知识、操作规程和案例研究供团队学习；预案库存储和更新应急预案，确保其适用性。通过日常演练，该模块验证预案有效性，增强团队操作和应急处置能力。

（3）业务联动：业务联动模块通过建立事件上报、确认、资源调度、处置、指令下达和评估机制，实现业务与通信系统的信息共享和协同工作。该模块确保事件能够及时上报、快速识别、有效处置，并通过实时信息共享和流程无缝对接，提高事件处理的效率和效果。

（4）事件回溯：智慧通信事件回溯系统通过数据采集模块实时记录事件处置过程中的视频、图片、语音信息和决策审批节点，为事件追溯提供翔实数据。系统以时间轴形式展示事件发展脉络，关联处置过程中的各类信息，提高处理效率。用户可通过查询检索模块快速定位相关数据，同时系统采用可视化技术提升信息可读性。此外，系统具备完善的安全保障措施，确保数据安全和系统稳定，为用户提供可靠服务。

（5）多级组网：智慧通信多级组网调度系统支持灵活的分级组网，适应不同组织结构，实现多级调度与管理。系统具备多级调度功能，支持各级间多种通信方式，满足复杂通信需求。权限管理确保系统安全稳定，数据加密保护通信安全，故障处理保证网络稳定。友好的操作界面提升用户体验，提高工作效率。整个系统通过多层架构，提供安全、稳定、高效的通信调度和管理服务。

17.4　发展趋势

智慧通信业务未来的发展趋势将是以技术创新为驱动，深入应用于各个行业，注重用户体验，同时实现可持续发展。智慧通信业务将更加智能化、个性化和绿色化，为用户提供更优质、更便捷的通信服务，主要有以下四个方面。

1. 技术创新

随着 5G 和未来潜在的 6G 通信技术、物联网、人工智能、云计算、边缘计算等技术的不断发展，智慧通信业务将迎来新一轮的技术革新。通信技术将提供更高的数据传输速度和更低的延迟，为智慧通信业务的发展奠定基础。物联网技术将实现更广泛的设备连接，推动智慧通信业务向更多领域拓展。人工智能技术将在智慧通信中发挥重要作用，提供智能语音助手、智能客服等功能，提升用户体验。云计算和边缘计算技术将提供更强大的数据处理能力，支持智慧通信业务的快速发展。

2. 行业应用

智慧通信业务将深入应用于各个行业，包括智能制造、智慧城市、智慧医疗、智慧农业等。通过与其他行业的深度融合，智慧通信业务将提供定制化的解决方案，满足不同行业的需求。在智能制造、智慧城市、智慧医疗、智慧农业等领域，智慧通信将支持远程监控、智能化管理、远程医疗、信息化管理等。

3. 用户体验

用户体验是智慧通信业务发展的重要方向。未来的智慧通信业务将更加注重个性化服务，根据用户的需求和行为习惯提供定制化的通信服务。同时，智慧通信业务将提供更智能、更便捷的用户界面，使用户能够更轻松地进行通信和管理通信服务。此外，智慧通信业务还将提供更丰富的通信功能，如高清视频通话、多方会议、实时翻译等，满足用户多样化的通信需求。

4. 可持续发展

可持续发展是智慧通信业务发展的重要考量。未来的智慧通信业务将注重环境保护和资源节约，推动绿色通信的发展。通过采用节能技术和可再生能源，智慧通信业务将减少对环境的影响。同时，智慧通信业务将推动循环经济的发展，通过设备的回收和再利用，减少资源的浪费。

第18章 智 慧 应 急

随着城市规模的无序扩展和复杂性的不断提升，应急管理日益成为城市发展的重要支柱。然而，传统应急管理工作主要依赖于预案的制定和执行，往往在突发事件发生时，成为第一道也是最后一道防线。一旦应急防线被击穿，预案便无法发挥预期效用，导致社会经济承受巨大损失，后果不堪设想。相较于传统应急，智慧应急的核心优势在于构建了一套预报、预警、预案、预演四位一体的应急体系。这一体系积极倡导关口前移、防御为主的新型应急理念，建立健全日常态与应急态适时转换的机制，动态设置多道应急防线。在实践过程中，充分体现了人民至上、生命至上的应急价值观。本章节主要简要阐述城市智慧应急管理平台建设的相关内容。

18.1 需求分析

18.1.1 政策需求

我国的应急管理体系发展经历了四个主要阶段：2003 年之前，以分部门、单灾种管理为主；2003—2007 年，应急管理体系初步形成；2008—2012 年，应急管理体系得到深化建设；2013 年至今，综合应急管理能力持续提升。2018 年，根据党和国家机构改革部署，组建了应急管理部，成为国务院的组成部门。应急管理部的成立，整合了改革前国务院九个部门的事故灾害防治和应急救援业务职责，以及五个议事协调机构的职责，并负责统一管理综合性应急骨干力量。经过调整，应急管理部将安全生产和防灾减灾两大领域的全部工作流程整合，实现事故灾害的"防抗救"统一管理。在地方政府层面，职能调整与国家部委层面保持一致。

党的十八大以来，中国特色社会主义进入新时代，安全发展成为国家发展的重大主题。党和国家高度重视应急管理，社会舆论对突发事件应对的关注度提高，人民群众对获得感、幸福感、安全感的需求增加。同时，应急管理涉及的部门多，风险防范涉及行业范围广，突发事件应急响应时间紧、任务重，应急管理能力面临严峻挑战。随着我国城市化进程的加快，城市运行系统日益复杂，安全风险不断增大。城市安全基础薄弱，安全管理水平与现代化城市发展要求不适应、不协调的问题比较突出。

当前正值"十四五"规划的关键时期，《智慧应急"十四五"规划》指出，这一时期是信息化引领应急管理事业全面创新、全新发展、构筑智慧应急新格局的重要战略机遇期。城市智慧应急是指运用物联网、云计算、大数据、人工智能等先进技术，提升国家应急事业的能力。近年来，一系列政策文件对智慧应急提出了具体要求（表 18-1）。

智慧应急行业主要政策 表 18-1

时间	部门	政策名称	相关内容
2021 年	应急管理部	《关于推进应急管理信息化建设的意见》	强调了信息技术与应急管理业务的深度融合，旨在推动应急管理的高质量发展。它涵盖了信息化推进应急管理现代化的多个方面，包括基础设施建设、应用系统建设、网络安全防护等
2022 年	国务院	《"十四五"国家应急体系规划》	强调了应急管理体系和能力现代化的重要性。它涵盖了安全生产、防灾减灾救灾等多个方面，旨在推动应急管理的现代化进程
2021 年	中央网络安全和信息化委员会	《"十四五"国家信息化规划》	提出了打造平战结合的应急信息化体系，建设应急管理现代化能力提升工程，以信息化推动应急管理现代化，并提升多部门协同的监测预警能力、监管执法能力、辅助指挥决策能力、救援实战能力和社会动员能力

此外，在全国多个地区开展了"智慧应急"试点项目，旨在提升监测预警、监管执法、辅助指挥决策、救援实战和社会动员"五大能力"。这些试点项目采用了 5G、工业互联网、人工智能及大数据和云计算等先进技术，提高了应急管理的科学化、专业化、智能化和精细化水平。

18.1.2 业务需求

智慧应急管理的业务需求涵盖了从监测预警到救援实战的全过程，需要多方面的技术支持和资源整合。通过满足这些业务需求，可以有效提升应急管理的现代化水平，智慧应急管理涉及多个方面，具体包括：

（1）监测预警需求：包括自然灾害监测、安全生产风险监测和城市生命线监测。首先，自然灾害监测需要构建全面的自然灾害监测网络，利用遥感技术和物联网设备，实现对地震、洪水、台风等灾害的实时监测与预警，提升预警系统的准确性和响应速度。其次，针对工业生产领域，特别是工矿企业和危化品行业，建立安全生产风险监测系统，通过传感器和监控设备实时监测潜在风险，预防事故的发生。最后，城市生命线监测需要对城市基础设施，如燃气管网、供水系统等，建立安全运行监测中心，实现对城市生命线工程的实时监控和预警，确保城市运行安全。

（2）监管执法需求：包括线上执法平台、智能执法辅助和企业自查自报。首先，需要开发线上执法平台，运用大数据分析技术对企业风险进行评估，实现精准执法和监管，提高执法效率和公正性。其次，需要引入智能执法辅助，通过图像识别等技术自动发现关键设备和共性隐患，提高执法的专业性和准确性。最后，需要鼓励企业自查自报，通过智慧应急平台进行自查自报，强化企业安全生产主体责任，提升企业自我管理能力。

（3）辅助指挥决策需求：包括决策支持系统、应急资源管理和应急演练模拟。首先，需要建立基于大数据分析的决策支持系统，为应急管理提供科学的决策依据，提高决策的科学性和有效性。其次，需要构建应急资源管理，以实现资源的高效调配和利用，确保在紧急情况下能够迅速响应。最后，需要利用虚拟现实等技术进行应急演练模拟，提高应急指挥和处置能力，增强应急队伍的实战经验。

（4）救援实战需求：包括应急通信保障、现场指挥调度和救援力量管理。首先，应急通信保障需要建立稳定的应急通信网络，确保在极端条件下通信畅通无阻，为救援指挥提供坚实的通信保障。其次，现场指挥调度需要研发数字化现场指挥调度平台，提高救援指挥的效率和精准度，确保救援行动的有序进行。最后，救援力量管理需要通过智慧应急平台对救援力量进行实时监控和调度，提升救援效率和救援行动的协调性。

（5）社会动员需求：包括公众参与机制、应急知识普及和志愿者管理。首先，需要建立公众参与机制，通过奖励激励机制鼓励公众参与灾害事故报送和风险隐患排查，提高社会公众的参与度和责任感。其次，需要利用新媒体等平台进行应急知识普及，提高公众的应急意识和自救互救能力，构建坚实的社会防线。最后，需要建立志愿者管理系统，有效组织和动员社会力量参与应急救援工作，提升社会救援力量的组织性和专业性。

18.2　框架设计

智慧应急框架设计参考如图 18-1 所示。

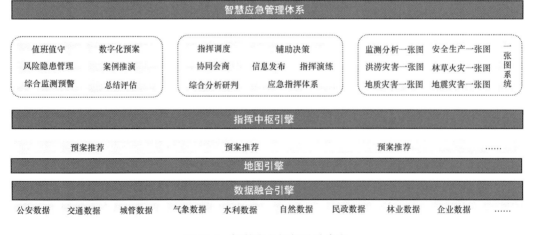

图 18-1　智慧应急框架设计参考

智慧应急管理系统是一个综合性极强的系统，旨在提高应急管理的效率和效果，保障公共安全。该系统的框架设计可以从六个关键层面进行构建。

（1）感知层：作为系统的基础，负责收集各类突发事件和环境数据。这包括部署广泛的传感器网络，如摄像头、气象传感器和地质监测设备，用于实时监测环境变化和潜在风险。同时，移动设备如智能手机和无人机也被用于快速收集现场信息，社交媒体和网络数据分析也被用于获取公众报告的事件信息，以增强数据的全面性。

（2）传输层：确保感知层收集的数据能够实时传输到处理中心。这依赖于稳定的通信网络，如 4G/5G 网络和卫星通信，以及数据加密技术，以保障数据传输过程的安全性和防止数据泄露或被篡改。

（3）处理层：位于智慧应急系统的核心，负责对收集的数据进行分析和处理。数据中心存储和处理大量数据，并运用机器学习和人工智能技术等智能算法进行数据挖掘和趋势预测。基于这些分析结果，决策支持系统能够提供关键的应急管理决策，如资源分配和疏散路线规划。

（4）应用层：直接服务于应急管理的各个方面，提供实际的输出。应急指挥平台集成了各类信息，提供实时的应急指挥和调度功能。公众信息服务平台则向公众提供及时的预警信息和安全指导。应急资源管理系统负责管理应急物资、人员和设备，确保资源的有效利用。

（5）保障层：作用是确保整个系统的安全性和可靠性。系统通过防火墙和入侵检测系统等安全措施来防止网络攻击。数据安全方面，系统严格遵守相关法律法规，保障个人隐私和敏感数据的安全。同时，业务连续性计划的制定确保了在突发事件中系统的稳定运行。

（6）管理与维护层：负责系统的日常运维和持续改进。专业的运维团队负责系统的日常维护和故障排除。系统升级根据技术发展和用户需求定期进行，以保持系统的最佳性能。此外，对相关人员的专业培训也是这一层的重要任务，旨在提高整体的应急管理能力。

18.3　应用综述

18.3.1　智慧应急指挥调度一张图

"智慧应急指挥调度一张图"的核心应用场景包括自然灾害应对、事故灾难管理、公共卫生事件响应、公共安全监控和日常应急管理（图 18-2）。该系统应能整合多源数据，实现实时更新和可视化展示，快速规划生成救援路径，调度救援队伍和物资，确保救援效率。同时，系统还应具备一键报警、资源调度、现场指挥等功能，利用人工智能技术，实现对异常行为的识别预警，提高公共安全管理的效率。此外，系统还应支持日常的应急演练、预案管理、应急资源管理等功能，提升应急队伍的专业能力。

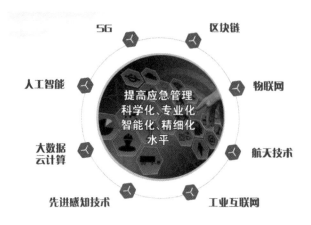

图 18-2　智慧应急体系

（1）数据集成与标准化模块：从多个数据源集成异构数据，涵盖地理信息、气象、交通、公共安全等。通过数据清洗、转换和标准化处理，确保所有数据符合统一的数据规格和标准规范。此外，该模块还包括数据的实时更新机制，确保数据的时效性。

（2）地理信息可视化模块：基于地理信息系统，实现应急业务各项资源的图层化标识展示。这包括应急资源"一张图"、监测分析"一张图"和辅助决策"一张图"，实现对应急资源、监测数据和决策支持信息的空间可视化。

（3）资源管理与服务模块：管理应急资源，包括人员、物资、设备和基础设施等。通过图层化管理，实现对资源的快速查询、调度和补充。同时，提供资源服务接口，支持应急响应时的资源调配和任务分配。

（4）监测分析与预警模块：实时监测关键指标和数据，结合历史数据和预警模型，进行风险分析和预警发布。该模块能够针对不同类型的应急事件，提供定制化的监测分析"一张图"，辅助决策者及时做出响应。

（5）决策支持与指挥调度模块：基于实时数据和空间分析，生成智能化的决策建议。该模块结合辅助决策"一张图"，为指挥调度提供依据，实现对应急响应的实时指挥和调度。

（6）协同共享与通信模块：建立一个高效的通信网络，支持多部门、多层级之间的信息共享和协同工作。该模块使得所有相关部门能够访问和更新"一张图"系统中的数据，提高应急响应的协同效率。

18.3.2　智慧安全生产管理

党中央、国务院高度重视安全生产管理工作，2020 年 4 月发布的《全国安全生产专项整治三年行动计划》确立了"2 专题＋9 实施方案"的工作框架，旨在推动安全生产治理体系和治理能力现代化，实现事故总量持续下降、重特大事故有效遏制，以及全国安全生产整体水平的显著提升。围绕安全生产管理的核心需求，可采用"摸清风险底数分布、实时掌握风险动态、闭环处置精准防控、应急托底快速联动"的工作思路，并构建了"一张网、一中心、一平台、一张图"的安全生产监管一体化解决方案，全面提升城市生产安全保障能力。

智慧应急体系如图 18-3 所示。

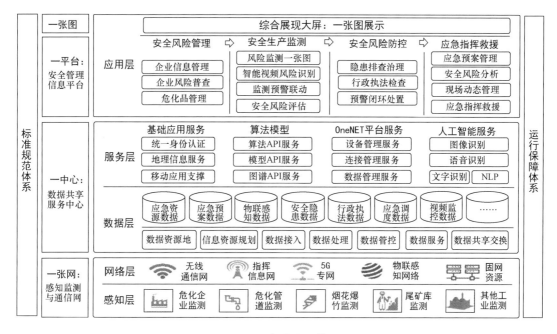

图 18-3 智慧应急体系

（1）风险底数分布识别系统：旨在建立一套全面的风险评估体系，通过"一企一清单"模式，提供标准化的风险普查工具。企业通过在线填报，政府部门进行监督审核，确保风险普查工作的高效性与科学性。此系统将帮助相关部门全面掌握风险源头，为风险预防和应对提供数据支持。

（2）风险动态监测平台：集成危化品、危化管道、烟花爆竹、尾矿库等安全生产监测数据，利用地理信息系统（GIS）实现监测指标的实时展示与预警功能。通过直观的地图界面，政府和企业可以实时掌握安全生产状态，为决策提供即时信息。

（3）闭环风险防控机制：强调预防为主，建立政府与企业之间的闭环工作机制。通过加强日常安全风险防控工作的执行管控，确保各项预防措施得到有效实施，从而降低安全生产事故的发生概率。

（4）应急响应与联动系统：提供全方位的应急信息管理，支持全流程的事故处置跟进，并实现跨级别联动指挥调度。通过集成通信、数据分析和决策支持工具，为安全事故的科学、高效处置提供坚实的技术支持。

（5）综合监管一张图平台：整合安全生产感知监测、视频监控、企业风险、安全执法等多元数据源，运用人工智能（AI）、大数据挖掘、时空分析等技术，实现数据的综合分析与可视化展示。这将为政府和企业的日常安全防控与应急指挥决策提供全面的数据支持和高效的决策辅助。

18.4　发展趋势

（1）智慧应急系统的应用将更为广泛，渗透至包括乡村、社区、工业、教育、医疗、交通、旅游等多个领域，构建起一张全面的应急管理网络，以有效预防和应对各类风险与危机。未来的智慧应急业务将侧重于数据的采集、处理与分析，通过建立大数据平台，实现跨部门与跨行业的数据共享和协作，从而提升应急决策的科学性和精确性。此外，基于数据的评估和预警模型将提供更为精确的预警信息，以增强应急准备工作。

（2）智慧应急系统将更加智能化和具有更强的适应性，借助人工智能、机器学习、深度学习等技术，增强对应急信息的分析、挖掘、预测和推演能力，实现应急情况的动态识别、智能匹配、自适应调整和持续优化，为应急决策和处置提供更为科学和精确的支持。新兴技术将在应急事件的预测、预警和决策支持方面得到广泛应用，提升应急响应的准确性和效率。物联网技术将构建更广泛的监测网络，实时收集关键信息。5G 通信技术将确保应急通信的实时性和可靠性。无人机和卫星遥感技术将在灾情侦察和评估中发挥关键作用。

（3）智慧应急系统将更加开放和协作，通过建立应急管理的云平台和协作平台，实现应急信息的共享、应急资源的整合、应急任务的协作和应急效果的反馈，形成应急管理的联动机制和流程，提高应急响应的速度和质量。智慧应急业务将与城市管理系统、公共安全系统、医疗救援系统等其他平台深度融合，通过平台间的数据共享和业务协作，实现应急资源的最优配置和高效调度。同时，智慧应急平台将向云端迁移，提供弹性伸缩的服务能力，以应对不同规模的应急事件。

（4）智慧应急系统将更加注重人性化和服务化，关注应急管理的公众参与和社会动员，利用移动互联网、社交媒体、虚拟现实等技术，实现应急知识的普及、应急技能的培训、应急演练的模拟、应急救援的互助等，提升应急管理的公众意识和能力，为应急管理提供人才保障和社会支持。

（5）智慧应急系统将持续创新和发展，关注应急管理的前沿技术和未来问题，利用物联网、区块链、边缘计算、量子计算等技术，实现应急信息的安全传输、应急资源的高效分配、应急指挥的快速响应、应急处置的智能控制等，提升应急管理的安全性和可靠性，为应急管理的优化升级提供技术支撑和创新动力。

第 4 篇

案例篇

　　案例是理论与实践的桥梁。 本篇精选了一系列市政基础设施智慧化转型的成功案例，通过深入分析这些案例的背景、策略、实施过程和成效，为读者提供直观的参考和启示。 本书通过典型案例的介绍，展示了我们在智慧市政领域的技术实力和创新成果。 这些案例不仅证明了智慧市政的实践价值，也反映了我们在智慧化转型过程中所获得的荣誉和认可。

第 19 章 跨专业规划协同的市政信息管理平台

19.1 建设背景

19.1.1 政策背景

城市地下管线的管理水平关乎城市安全运行和防灾应急，以往城市规划和建设重地上、轻地下，导致地下市政基础设施存在底数不清、统筹协调不够、运行管理不到位等问题，城市道路塌陷、管道开挖占地等严重影响城市高质量发展。但城市地下管线管理面临诸多困难，一是管线要素复杂，仅是管线就包括供水、雨水、污水、燃气、电力、通信等八大类 20 多种，增加了统筹管理的难度；二是地下空间不可见，传统二维平面管理视角难以识别管线重叠、交错等情况。

《"十四五"住房和城乡建设科技发展规划》提出数字化、智能化技术是城市治理体系和治理能力现代化的重要支撑，要求加快推进基于数字化、网络化、智能化的新型城市基础设施建设，提升城市精细化管理水平，加强城市治理方式创新，推进 5G、大数据、云计算、人工智能等新一代信息技术与住房和城乡建设领域的深度融合。《关于推动智能建造与建筑工业化协同发展的指导意见》提出推进数字化设计体系建设，推行一体化集成设计，要求积极应用自主可控的 BIM 技术，加快构建数字设计基础平台和集成系统，实现设计、工艺、制造协同。2021 年，深圳市政府印发《关于印发加快推进建筑信息模型（BIM）技术应用的实施意见（试行）的通知》（深府办函〔2021〕103 号），要求新建政府投资和国有资金投资建设项目、重大项目、重点片区工程项目全面实施 BIM 技术应用，并先后发布了 BIM 标准体系、报建审批系统和 BIM 建模工作的要求。可以看出，信息化平台已成为政府部门管理的趋势。

对于规划设计单位，规划、设计的成果质量直接决定着后续城市运行的安全与品质，住建等主管部门也从数字政府、智能建造等角度提出了数字化转型的要求，对于其管理也由传统的 CAD 成果管理转向 GIS、BIM 化管理，对于地下管线的设计成果也提出了相关要求，BIM 方案报建、BIM 报建审批、人工智能审图等逐步成为趋势。然而当前企业内部对于市政管线的设计工作，仍停留在传统的 CAD 图纸和成果管理阶段，因此规划设计成果数字化设计、数字化管理和数字化呈现成为必然要求，因此将原有设计成果的积累转变成有用的数据资源，推动传统设计成果转向数字化成果交付，未来成果的可视化展示平台建设迫在眉睫。

19.1.2　业务需求

市政规划既有单一专业的专项规划，如水务、电力、燃气、通信等专项规划，也有所有专业的统筹规划，如市政综合规划、市政详细规划等。根据对规划业务的流程梳理和数据流图分析，将企业通用的设计流程细分为资料输入、规划设计、专业协同、成果校审、成果管理和成果输出环节，如图 19-1 所示。

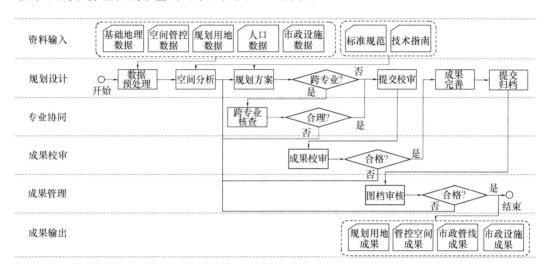

图 19-1　市政规划设计的业务流程

传统的规划设计流程，由于依赖人工操作，存在专业内容复杂、数据尺度不一、计算精确性不足等问题，导致效率低下、人员流动影响大等管理困难。经过调查及梳理分析，主要业务需求如下：

1. 规范化数据建设

建设内容完备、标准统一的数据资源中心，涵盖多专业、多尺度、多版本，采用标准化分类、命名、属性、时空基准，以及可视化表达。

2. 便捷化信息浏览

满足数据全览、属性易查、区域统计等便捷化信息浏览需求，直观显示二维、三维的空间分布，一键查看指定对象关键属性，多样展示重点区域总体概况。

3. 科学化数据分析

服务市政规划全过程，涵盖提供数据基础、现状评估分析、需求量预测、设施负荷评估、设施初步选址、合规核查、方案评估，以及二维、三维空间分析等规划设计分析支持。

4. 高效化重复任务

实现部分重复性任务的自动化输出，如提供初步布线方案、输出多样式统计报表、定期出具监测报告等，使得重复性高、标准性强的规划设计环节任务高效化。

19.1.3 建设目标

利用GIS+BIM技术搭建市政信息管理平台，对接企业内部其他数据资源平台、系统开发管理工具，以支持市政管线数据的导入和维护，市政资源统一管理平台支持市政资源的二维/三维浏览、查询和下载等。基于市政规划工作流程开发空间分析、需求预测、负荷评价、布线选址、图表导出等辅助工具，提升人员工作效率。

1. 市政基础设施规划成果资源一体化管理

构建市政基础设施规划成果资源一体化管理平台，实现市政各类成果资源（包括但不限于地下管线数据、规划设计文档、项目执行资料等）的全面整合与高效管理。通过制定严格的地下管线数据库标准及管理规范，保障数据质量，同时引入流程化、标准化、规范化的数据管理机制，提升数据处理效率与安全性。通过集中存储、智能检索与权限控制等功能，为规划编制、审批、实施及后期运维提供了坚实的数据支撑。

2. 市政基础设施规划成果可视化展示

构建一个集成化、直观化的市政基础设施规划成果展示平台，通过可视化技术与工具，系统性地呈现市政规划中涵盖多个专业领域（如给水排水、能源供应、通信工程、燃气工程等）的详细规划成果。通过高清晰度地图、三维建模、动态模拟及交互式界面，用户能够方便浏览、理解并评估各项规划设计的细节与整体布局，为规划管理、项目实施提供强有力的技术支撑。

3. 市政规划智能辅助决策系统

通过构建市政基础设施规划智能辅助决策系统，集成空间分析、需求预测、负荷评价、管线智能布线、设施智能选址及图表自动化导出等核心功能于一体，形成全面而高效的规划工具平台。规划人员能够轻松执行复杂的规划运算与操作，实现规划流程的智能化、自动化升级。增强规划成果的科学性与实用性，为市政规划开创全新的、以数据驱动和智能决策为核心的新模式。

19.2 建设内容

19.2.1 一套市政基础设施数据标准体系

根据调研及梳理，市政基础设施数据从内容上可分为基础数据、给水、污水、雨水、再生水、电力、通信、燃气、环卫、生态环保等数据类型，当前市政基础设施相关的数据主要存在如下特点：

（1）在数据标准规范方面，目前各专业的数据一般按行业规范执行，特别是在深圳市 2016 年和 2019 年先后发布的《深圳市地下管线数据建库标准》和《深圳市市政详细规划编制指引（试行）》推行后，对成果逐步形成约束，但此前的数据未进行数据治理，且缺乏有效的数据校核检视工具。

（2）在数据存储方面，除了公司内部统一要求的归档成果外，现状数据、规划成果零散分布在不同项目负责人、项目组中。

（3）在数据属性方面，大部分图形成果采用 AutoCAD 格式存储，该类数据所包含的属性以注记形式显示在图面上，如尺寸、规模、等级、地形等信息。少部分以 SHP 格式存储，该类数据属性以属性表形式挂接在空间图形上，但存在属性名称不规范和属性值缺失的问题。在数据坐标系方面，存在大地 2000 和深圳独立坐标两种坐标系，需要进行坐标转换。

（4）在数据共享方面，通常是通过部门内询问的方式进行线下共享，一般是专业内的数据共享，有时会涉及跨专业的数据共享，而公司内部归档成果的利用率却比较低。

（5）在图例规范方面，随着行业标准规范及技术指引的发布，逐渐统一规范图例。

因此，需要制定适用于市政基础设施数据的数据标准规范体系，明确市政数据的分类编码、数据存储（基础库、监测库、专题库）、图示表达以及传输交换等标准规范，建立统一数据标准规范、数据存储空间和共享机制。根据梳理，市政基础设施数据标准体系如表 19-1 所示。

市政基础设施标准体系　　　　　　　　　　　　　　　　表 19-1

分类	标准体系内容	标准内容
分类编码	基础数据分类编码	对市政相关的基础地理等对象的分类类目和编码方法进行规定
	市政设施分类编码	对市政各子系统设施如水厂、电厂等对象的分类类目和及编码方法进行规定
	市政管线（点）分类编码	对市政各子系统管线及管点如给水管、燃气管等对象的分类类目和编码方法进行规定
传输交换	市政数据传输规约	对市政各子系统的物联感知设备、视频监控设备等设备的接入管理进行统一规定
	市政数据交换规约	对市政各子系统的基础数据、监测数据、业务数据等的交换及共享规则进行统一规定
数据存储	文件命名/格式标准	对各类数据上传的命名规则和格式类型进行统一规定
	基础库表	对各类基础地理信息和市政管线（点）设施等的数据库表结构及标识符编制规范进行统一规定
	监测库表	对市政各子系统的监测信息数据库表结构及标识符编制规范进行统一规定
	专题库表	对市政各子系统的业务专题库表结构及标识符编制规范进行统一规定
	元数据	统一元数据管理规范

续表

分类	标准体系内容	标准内容
图示表达	市政数据图示表达	统一市政各子系统基础信息、监测分析、空间要素等信息化图示的表达规范
	信息化界面设计规范	统一各系统建设的界面风格、各种空间的模式等

19.2.2　统一的市政基础设施数据资源中心

数据资源是规划设计行业的核心资产，但由于以往数据是分散在不同部门、非结构化的 CAD、PDF 数据，数据价值低、利用和共享困难，因此数据要素资产化、数据中心构建是本平台成功实施的基石所在。我们从数据类型及特征将规划设计数据分解成基础数据、业务数据和监测数据三种类型，按"聚、管、用"三步走实现数据要素赋能，构建统一的市政基础设施数据资源中心（图 19-2）。

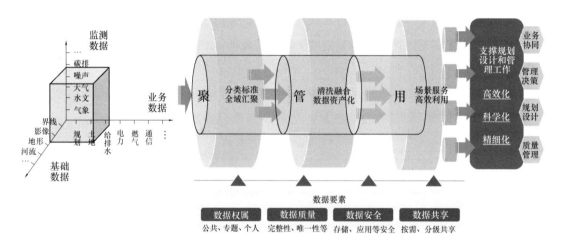

图 19-2　市政基础设施数据资源中心构建流程

1. "聚"数据

第一步"聚"是指数据的采集和汇聚，通过制定数据分类、编码、存储等标准规范，对文件上传、数据接口和数据库上报等多源数据进行统一的采集和汇聚。规划设计业务面临数据来源、格式、标准等方面不统一问题，本平台通过制定统一的数据分类、编码、存储等规范，将文件上传、数据接口、数据库等不同上报形式进行统一的数据筛选、数据治理和数据整合，实现多源数据采集和汇聚，包括统一文件上传类数据（Excel、CSV、XML、格栅类、三维模型类等）的上报标准，统一数据接口上报类数据（SOAP、Web Services 等）的采集接口规范，和统一数据库上报类数据（MDB、DAT、DFB 等）的技术管理平台和数据处理流程。

2. "管"数据

第二步"管"是指数据的集成与管理，从数据要素的权属、质量、安全和共享维度对数据进行清晰融合，将各类规划设计数据结构化、资产化，构建统一的数据中心，形成高价值的数据要素。根据规划设计数据体量大、分散、关系复杂、异构自治的特点，通过 ArcMAP、FME 等自动工具及人工手段，将数据按照制定的标准规范进行整理加工、描述和格式定义，实现将不同数据源的数据统一到数据资源中心，按照数据主题的不同分别存储于基础库（采用 PostGIS）、业务库（采用 MySQL）和监测库（采用 MySQL）。此外，从数据应用的角度，按照数据管理、数据统计、辅助分析、监测评估等维度生成不同的分析主题和数据服务接口。

3."用"数据

第三步"用"是指数据的场景应用，从规划设计和管理工作的业务场景需求出发，以满足辅助规划、统计分析、监测评估为目标对数据进行利用，从而在整个平台层面，促进规划设计工作的效率提升和方案质量保障。数据是规划设计方案的基础支撑输入，根据企业的规划设计工作特点，从数据资源管理、数据统计分析、规划辅助分析、监测评估等方面对数据进行应用，实现数据资源的统一管理、空间和属性类别的快速计算，支撑规划设计流程中的现状分析、需求预测、负荷评估、合规核查、方案评估、三维分析等辅助分析业务，同时应用到空间数据、业务数据和监测数据耦合分析的环境质量实时评价、报告自动生成等环节。

19.2.3　满足数据安全原则的分权限管理

由于市政管线数据普遍涉密，对于数据安全和权限管理的要求高。平台通过用户管理、数据管理实现数据的安全管理与分权限使用、共享。

1. 用户权限

用户权限通过"用户角色"来控制，包括"领导用户、组长用户、普通用户、数据维护员、超级管理员"。当同一个用户拥有多个角色时权限取并集。

"领导用户、组长用户、普通用户"拥有"前端权限"，按数据权限来控制用户权限；"数据维护员、超级管理员"拥有"后台权限"，按可访问的后台模块来控制用户权限。

"领导用户"可在前端"直接使用、直接下载"平台各类数据。

"组长用户"可在前端"直接使用、直接下载"本组数据，以及"直接使用"公共数据和一类权限数据，并对本组数据使用权限的申请进行"使用审批、下载审批"，未有权限需申请获得。

"普通用户"可在前端"直接使用"本组数据、公共数据和一类权限数据，未有权限需申请获得。

"数据维护员"可访问后台"数据管理、样式管理"功能模块。

"超级管理员"可访问后台全部功能模块。

用户角色权限配置如图 19-3 所示。

用户角色\数据类别（数据权限）	公共数据（数据源：数字中心）使用审批	本组数据 直接下载	本组数据 申请下载	本组数据 下载审批	一类权限 直接下载	一类权限 申请下载	一类权限 下载审批	二类权限 直接使用	二类权限 申请使用	二类权限 使用审批	二类权限 直接下载	二类权限 申请下载	二类权限 下载审批	三类权限 直接使用	三类权限 申请使用	三类权限 使用审批	三类权限 直接下载	三类权限 申请下载
领导用户	无法在市政平台下载；提示：按院内数据审批流程进行（规划地理信息平台二期打通后，跳转至二期平台下载）	✓	×	✓	✓	×	✓	✓	×	×	✓	×	×	✓	×	×	✓	×
组长用户	✓	✓	×	✓	×	✓	×	×	×	✓	×	✓	×	×	×	✓	×	✓
普通用户	×	×	✓	×	×	✓	×	×	×	✓	×	✓	×	×	×	✓	×	✓

✓：赋予此权限
×：不赋予此权限

备注：
1、所有用户都可看到数据目录完整信息，但目录内容按权限管理。
2、同一个用户拥有多个角色时权限取并集。
3、申请且审批通过才赋予相应权限，并限定30天的使用期限。

图 19-3　用户权限设计

2. 数据权限

用户可对允许申请的数据权限进行申请，申请将会分配至数据所属组组长进一步审批，需申请的权限必须通过提出申请且审批通过才赋予相应权限，并限定 30d 的使用期限，无论审批通过与否，都应将审批结果以"消息通知"的方式告知申请者（图 19-4）。

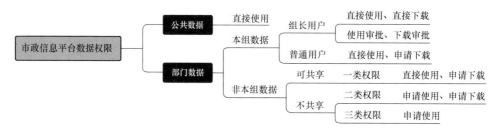

图 19-4　数据权限设计

数据权限的审批分配按"所属部门、所属组别、数据权限类别"依次判断，流程如图 19-5 所示。

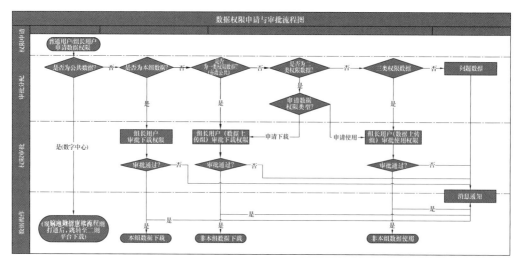

图 19-5　数据权限申请与审批流程

19.2.4　面向规划设计场景的应用平台

根据规划设计的业务流程及业务场景，市政信息平台的用户主要包括公司领导、规划设计人员、图档管理员等。平台的功能是基于数据资源中心的数据能力，根据规划设计的业务场景，主要功能需求包括数据资源门户、规划辅助分析和监测评估分析。为实现对平台前端功能的管理，系统管理从用户中心、资源中心、管理中心、监测中心进行前端支撑。此外，市政信息平台需要与企业 OA、企业微信及已有的相关系统进行衔接。功能架构如图 19-6 所示。

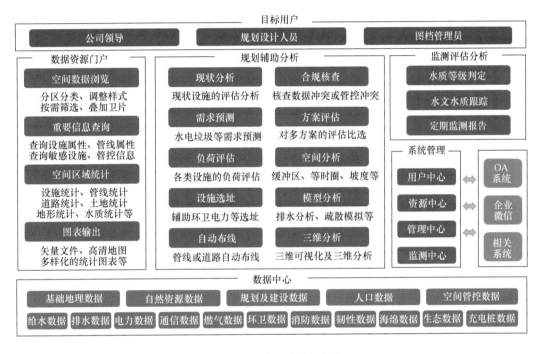

图 19-6　市政平台功能架构

1. 数据资源门户

数据资源门户主要是将后端数据资源中心的数据，根据既有的业务查看规则和使用权限，同时实现数据的浏览、查询、图片输出等功能（图 19-7）。

2. 规划辅助分析

规划辅助分析是规划设计工作中关键环节，包括现状分析、需求预测、负荷评估、设施选址、自动布线、合规核查、方案评估、空间分析、模型分析、三维分析等，利用信息化手段将传统的线下分析流程线上化，提升人员工作效率（图 19-8）。

3. 监测评估分析

监测评估分析是以市政设施一张图为基础，叠加监测数据形成监测一张图，同时利

图 19-7　数据资源门户

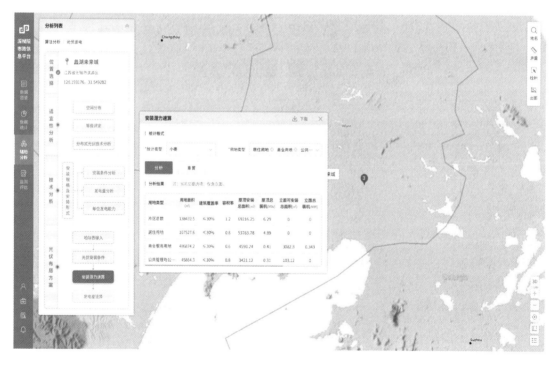

图 19-8　光伏发电辅助分析

用既定的质量评价、趋势分析、空间分布等，对水质评价、空气质量、超标预警等场景进行智能评估，同时定期生成评价报告，提升人员工作效率（图 19-9）。

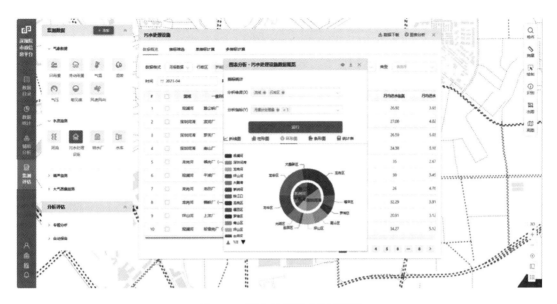

图 19-9　污水处理设施监测评估

19.3　建设成效

通过建设跨专业规划协同管理平台，在企业内部从技术积累、管理能效提升和对外市场竞争力等多方面取得了明显成效。

1. 数据资产构建

项目实施以前，规划涉及的土地、空间、市政各专业数据缺乏统一协同的标准，以 AutoCAD 等形式分散存储于不同项目组手中，且随着人员流动出现不少数据丢失现象，数据坐标不统一、属性以注记形式标注，也导致数据共享和再利用困难。项目实施后，对于各类数据进行了统一标准，并分阶段逐渐对各类历史成果进行结构化处理和统一存储，依据权限设置进行有效的共享和再利用，建立了统一的数据资源中心，构建数据资产，成为市场竞争力的重要因素。

2. 生产效率提升

通过标准流程工具化、固定模板标准化等功能设计，极大地减少了重复性工作，提升了设计人员工作效率，人力成本下降了至少 30％，成果准确度达到 100％。如以往在环卫、消防路线规划的等时圈分析，传统的分析需要半天时间，而借助平台数据和工具，在 10min 可以计算完成。如以往的水质周报、月报往往需要专人至少 1d 的时间进行整理，后续还需负责人线下复核、评审等流程，而平台上可以基于监测数据在 5min 内按标准模板完成报告输出，并一键发送到负责人进行确认。

3. 智能化工具积累

通过数据积累与专家经验智能工具化研发，将新能源发电、极端天气等高度专业化领域的规划设计与咨询工作转化成线上工具，基于平台快速对全国不同区域、不同项目智能生成方案，大大提升了团队专业能力。如传统的光伏发电、洪涝模拟需要依赖于专业工程师，通过数据搜索、模拟试算、核对等流程，至少需要 1 周时间，而借助于平台的算法，只需要在平台选择位置、选择区域，在 1h 内即可完成方案的计算书、报告和图表导出工作，这些智能工具能力积累形成了企业的自有核心竞争力。

第 20 章　贯穿项目全生命周期的海绵管理系统

20.1　建设背景

20.1.1　政策背景

2020 年 3 月 31 日，习近平总书记在杭州城市大脑运营指挥中心调研时指出："运用大数据、云计算、区块链、人工智能等前沿技术推动城市管理手段、管理模式、管理理念创新，从数字化到智能化再到智慧化，让城市更聪明一些、更智慧一些，是推动城市治理体系和治理能力现代化的必由之路，前景广阔。"我国物联网技术的不断进步，是促进海绵城市智慧化应用的主要动力，智慧化海绵城市建设协同管理平台、智慧监测管控系统等的应用，已经是各个城市争先推动智慧海绵城市建设进程的具体手段。

2016 年，李运杰和张弛等提出了智慧化海绵城市理念，建立了海绵城市在规划建设、运行管理和绩效评价三个不同阶段的应用思路及流程，提出了从物联层到平台展示层的五大层级智慧海绵理论构架，这对于智慧海绵化建设具有很强的指导意义。

为了使海绵城市建设工作更加智能、开放和共享，多个海绵试点城市构建了智慧海绵评估平台，用于指导海绵城市规划建设、运行维护、绩效考核、指挥调度和考核评估。其中，北京市建立了以信息采集层、分析处理层和业务应用层为核心的海绵城市智慧管控体系框架；深圳市构建了包含全市总览、项目统筹管理、项目在线督查、项目建设评估、业务管理、绩效考核、公众参与互动、海绵学院八大应用板块的智慧海绵管理系统；镇江市构建了由七层支持体系和两大保障体系共同构成的智慧海绵城市系统。

海绵城市管控平台包含内容较多，除了完成建设效果评价展示外，还需辅助支撑海绵城市建设项目审批全过程管控环节。虽然功能强大，但由于涉及内容广泛，尤其是要纳入现有审批流程，因此真正覆盖海绵城市全过程管控的成功案例较少，大部分已建设的海绵城市信息化平台重在监测及绩效的核算与展示，尚未真正实现海绵城市智能化管理和智慧化管控。

20.1.2　业务需求

1. 全市总览需求

海绵城市建设需基于本市现状条件，结合降雨雨型、土壤、地形、下垫面等的自然因素，综合、科学地规划城市开发过程。因此需要将城市建设项目数据与自然环境数据从时间、空间维度合理地整合、关联在一起，才能给城市规划建设提供更有价值的指导。海绵建设全市总览也是为了实现"海绵一张图"的理念，借助信息化手段，通过生态本底图层切换展示、行政区划范围呈现、汇水分区范围呈现等对全市进行多维度呈现，并辅助决策。

2. 项目统筹管理需求

截至 2019 年 6 月，深圳市海绵城市建设项目入库的有 2800 个，并且会以每年几百个的量级逐年递增。这些项目基本覆盖深圳市所有行政区域；项目类型多样化（道路、公园、小区、水务及改造等）；建设单位既有政府单位，又有社会投资业主；海绵建设项目的管控流程也跨越工程建设的整个生命周期；如果要将海绵建设效果落实到每个项目，必须要对入库项目建设的各个阶段了如指掌；以海绵办现有的人力配备情况来看，亟待通过信息化手段实现智慧化管理。

3. 项目方案审查需求

海绵城市建设对象复杂，涉及城市建设的方方面面，需要将海绵城市建设要求融合到每一个项目之中，海绵城市方案设计是建设工程项目落实海绵城市要求以及保障海绵城市建设质量的重要环节，开展海绵城市方案设计的审查管理是十分必要的。在"深圳90"审批制度改革的基础上，深圳市以政府规范性文件的方式制定了《深圳市海绵城市建设管理暂行办法》，明确以事中事后监管的管理方式，加强对海绵城市方案设计审查的管理工作。海绵城市方案审查设计项目数量多、涉及单位多，为有效落实海绵城市方案审查管理要求，需要借助信息化手段辅助相关工作开展。

4. 项目巡查需求

针对入库的海绵城市建设项目，海绵办通过招标投标方式委托第三方专业技术团队，定期巡查、指导工程建设方落实海绵设施。随着建设项目规模的不断扩增，人力督查必然会产生瓶颈，因此需要充分利用城市信息化基础设施资源，并通过使用先进技术手段，打造高效、低成本、灵活的项目在线巡查管理功能。

5. 项目建设评估需求

针对海绵城市建设，住房和城乡建设部已印发《海绵城市专项规划编制暂行规定》，其中明确了海绵项目评价指标，深圳市结合自身特点进行了深化和细化，为了能够以此为指导，有序推进我市的海绵建设，并真正达到有所成效，海绵项目的评估是重要的保障措施。以海绵项目评价中的约束性定量指标为目标，需要引入专业水力模型，通过建模、海绵设施实施方案设计后形成项目的评估模型，然后通过接入针对项目设施及周边管网的多种监测数据，以及模拟降雨数据，先完成对模型的率定验证，之后再对实际效果进行评估并得出定量指标中的各项数据，同时对上述内容进行原始监测数据获取、计算、分析和统计。

6. 业务管理需求

深圳市海绵城市建设工作领导小组由 37 个成员单位组成，市海绵办每年年初制定相应的工作任务下发至各个成员单位，从机制建设、实施推进、考核监督及宣传推广四个方面着手推进海绵城市建设。海绵城市建设的落实已经列入各市直部门、区政府、管委会的政府绩效考核指标之中。通过借助信息化手段对各成员单位的相关工作任务进行科学管理，有效地推进和实施全市海绵城市建设工作。

业务管理模块主要围绕海绵城市建设，对各成员单位海绵城市建设日常工作进行信息化管理，主要包括成员单位管理、年度任务分工管理及月报、宣传培训管理及月报、委托项目管理、政府实绩考评、通知通报管理、档案管理七个部分的内容。主要涉及的用户为各领导小组成员单位、第三方服务单位、公众。

7. 绩效考核需求

在国家出台的《海绵城市建设绩效评价与考核办法（试行）》及深圳出台的《深圳市生态文明建设考核制度（试行）》的基础之上，深圳市海绵城市建设工作领导小组编制了《深圳市海绵城市建设绩效评估办法与政策研究》总报告，在此报告的指导下，市海绵办每年需要组织专家组对 30 多个成员单位进行海绵工作绩效的考评，考评对象包含市直部门、区政府（新区管委会）、国有企业等；考评内容又按多个维度分为年度任务考核、持续性任务考核；地块项目考核又分市政道路、公园绿地、河道水系、市政设施、区域整治等多个方面。面对如此众多的考评对象及考核内容，市海绵办亟须借助信息化手段来满足如下绩效考核业务需求。

8. 公众参与互动需求

在海绵城市建设中，离不开公众的力量，为了能够让市民能够更好地认识海绵城市、参与海绵城市理念的传播、监督海绵城市建设以及对海绵城市建设效果做出评价，需要系统支撑平台满足相关工作需求。

9. 海绵学院建设需求

海绵城市建设需要各个岗位技术人员的投入，涵盖规划、设计、施工、监理及运维等；随着海绵建设项目的不断增加，原有线下组织的技术培训和交流已经逐渐难以满足需要，此时，应该充分利用互联网技术，将培训等内容迁移到线上，实现便捷地宣传、学习、推广需求。

20.1.3　建设目标

依照国家海绵城市建设相关要求，综合应用云计算、互联网＋和地理信息系统等科学手段，建设海绵城市规划设计、工程建设、运营管理的智慧化管理平台，实现智慧化、系统化、科学化、精细化管理，全面提高海绵城市建设和管理水平，为海绵城市建设过程及后期运营考核业务管理提供基础数据和科学管理模式。

（1）为海绵城市规划建设提供数据支撑：综合考虑城市的气候特征、土壤地质等自然条件和经济条件，建设基于物联网技术及可支持项目实施的海绵城市在线监测系统，为城市的水生态、水安全、水资源和水环境综合管理评估提供依据，为海绵城市建设成效评定和考核、模型运算提供数据支撑。

（2）全过程、全方位的信息动态反馈机制：综合利用数学模型与在线监测技术，在规划设计阶段实现目标自上而下的层级分解，在项目实施阶段实现运行情况自下而上的统计反馈，为海绵城市建设的系统规划、建设实施、运营维护和高效管理提供全过程信息化支持。

（3）为海绵城市建设提供决策平台：利用规划评估工具与模型，为海绵城市规划设计评价、方案优化比选、应急管理提供决策依据；建立基于地块的海绵城市指标可视化地图管理系统，为实现海绵城市示范与构建提供可视化展示条件；建立海绵城市建设与运营管理的标准化数据接口，规范化建设运营数据。

（4）为海绵城市建设长效运行提供业务管理平台：结合具体业务应用需求，开发相应的信息化系统平台，针对建设信息、运营维护信息建设海绵城市信息管理系统，针对不同部门用户提供相关的软件功能和管理流程，为地方政府管理部门、政府规划部门和工程实施指挥调度提供较为统一的信息化架构。

20.2 建设内容

20.2.1 智慧平台系统框架

1. 总体框架

智慧海绵评估平台总体架构一般采用 B/S 架构，该架构能实现 Web 端和移动端的功能调用与信息展现。总体架构由应用层、数据层、感知层和支撑层组成，各海绵试点城市会根据实际应用需求对智慧海绵评估平台总体框架进行调整。

本节以深圳市智慧海绵管理系统为例，介绍海绵城市信息化平台的总体框架。深圳市智慧海绵管理系统总体分为"六横两纵"架构。"六横"为环境感知层、基础设施层、数据层、平台支持层、业务应用层、用户层六个层级；"两纵"为标准规范体系和安全管理体系（图 20-1）。

环境感知层：提供了系统运行所需的硬件和网络环境，包括与水文水利监测设备、视频监控设备连接。

基础设施层（IaaS）：为平台运作提供基础保障的支撑系统和设备，提供了系统的硬件运行环境、网络环境等。

数据层（DaaS）：即大数据中心，用于汇集、存储平台的各种数据，为平台各应用

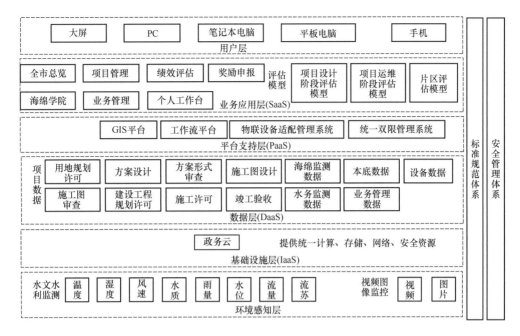

图 20-1　深圳市智慧海绵管理系统总体框架图（作者自绘）

系统提供数据服务。数据层存储了本系统项目数据库、海绵监测数据、本底数据、设备数据、业务管理相关的数据等。

平台支持层（PaaS）：能为整个系统建设提供软件平台支持，包括基础软件平台以及运行支持软件、ArcGIS Server 平台、工作流平台等。

业务应用层（SaaS）：业务应用系统是平台的核心和灵魂，为本项目所建设各类子系统，包括全市总览、项目管理、绩效评估、业务管理、奖励申报、个人工作台、海绵学院、评估模型等。基于虚拟模型和地理信息系统有效预测事态发展趋势，为领导决策提供理论支撑依据

用户层：用户接入本系统的方式包括大屏、PC、平板电脑、手机等。平台用户通过电脑、手机等终端设备与应用系统进行信息交互，从而获取希望得到的各类信息。

标准规范体系：为平台建设提供政策支撑和标准依据，主要包括基础标准、通用标准和专用标准，依据国家制定的相关标准和规范执行。

安全管理体系：安全保障系统根据安全域划分的相关要求，实现平台通信、网络、应用等多层次的整体安全，主要包含物理场所安全、通信安全、网络安全、应用安全、状态监控、容灾备份、安全管理等。

2. 数据需求

智慧海绵评估平台需要的业务数据可分为七个类别。

1）基础地理信息

基础地理信息数据采用瓦片地图数据，可以使用互联网开源地图，结合研究区域自

有的地图信息进行基础地理信息的展示。

目前互联网上基础地图瓦片数据有 Google 影像图、Google 街道图等，国内地图有百度影像、百度街道、高德影像、高德街道、天地图影像、天地图街道等基础地图服务。

2）海绵基础地图信息

海绵基础地图信息是海绵城市信息化项目的根基，所有的服务都将依赖于海绵城市基础地图。按地图层级分为汇水分区、控制单元、项目三个层级，数据均采用 JSON 格式存储。

3）海绵基础设施信息

海绵基础设施信息是海绵调节控制的关键，包含城市水利工程、河道、湖泊、湿地、闸泵、排水管网、调蓄池、公共监测设施（河道水文站、水质监测站等）、公共视频监控设施等。这些设施是城市内涝控制调度的核心，也是该区域海绵城市的公共资源。

4）海绵项目信息

海绵项目数据是海绵管理的最小管理单位，依赖于修建在海绵项目上的海绵设施对区域的径流、污染进行控制。海绵项目按项目进度分为立项项目、规划项目、设计项目、施工项目、管养项目。

立项项目需要记录项目基本信息、项目建议书、申报材料、海绵设施建设结论等、规划项目需要在立项项目基础上增加可行性分析报告、建设用地划拨决定书、建设用地规划许可证、土地使用权出让合同。

设计项目需要增加登记项目设计招标相关信息、设计成果信息、设计成果审查信息、设计海绵设施相关信息、设计关键海绵设施施工技术等信息。

施工项目需要登记施工招标信息、施工过程信息、施工阶段性照片、竣工资料、海绵设施施工审核、海绵设施相关信息、关键海绵设施施工技术等。

管养项目需要上传日常巡查记录、问题隐患上报记录、问题隐患养护记录、问题隐患养护结果审核记录等关键信息及图片。

5）海绵实时数据

海绵实时数据是对所有海绵监测设备、检测机构的数据进行跟踪与汇总，以及 LID 前后数据对比等，数据类型按来源分为以下两部分：

（1）外接数据：海绵城市是一个区域性全方位的工程，所以海绵城市的各项工作都受到整个区域性全方位数据的影响，而许多数据都在不同的部门，导致海绵城市的数据存在大批量的外接数据集成的工作。外接数据包含外部水文数据（河道上游水库相关数据，包含上下游实时水位数据、汛限水位数据、水位库容曲线，水位流量曲线、闸门开度、下泄流量等，河流、湖泊及其他水利工程水利设施实时相关数据）和外部气象数据（包含历史气象数据、实时气象数据和预测气象数据中的降雨、气温等）。

（2）海绵城市系统生产数据：包括海绵基础设施实时数据（河道、管网、湖泊、湿地、调蓄池、闸泵等基础设施的实时水位、流量、水质等数据）、海绵项目设施实时数据（生物滞留区、下沉式绿地、植草沟、绿色屋顶、透水铺装设施相关的监测设备的水位、流量、水质实时数据）、海绵设施管养实时数据（日常巡检数据、问题隐患数据、问题隐患处理数据、问题隐患处理结果反馈数据）等。

6）海绵模拟数据

海绵模拟数据主要是通过历史数据、环境数据和实时数据在模型云中计算后输出的结果数据。光明区模拟数据的需求主要包含 LID 模拟分析结果数据、内涝模拟分析结果数据、污染模拟分析结果数据和海绵城市建成效果评价结果数据几个类型。

7）文件类数据

海绵城市大部分数据都带有地理空间属性，可以在地理信息系统中落地。系统中还包含大量文件资料，不具备地理空间属性，在系统中以列表等形式查看。该类数据包括如海绵城市考核评估系统中的基础条件评价、可持续评价、创新性评价等文件。

20.2.2　应用功能

深圳市智慧海绵管理系统框架包括全市总览、项目管理（包含项目库管理、方案审查、项目巡查）、绩效评估、奖励申报、业务管理、海绵学院、公共参与平台等主要功能模块。

1. 全市总览模块

该模块形成市级—区级—项目级"三级"总览（图 20-2），包含海绵项目、流域、用地规划、河流、黑臭水体、易涝点、气象站、水文站、二级排水分区、重点片区、海绵监测设备、代表片区、行政区共 13 个图层，以及海绵监测及巡查信息等内容，可以全面掌控海绵建设情况。

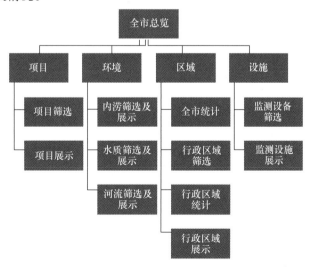

图 20-2　深圳市智慧海绵系统全市总览

2. 项目统筹管理模块

项目统筹管理模块包括项目库管理、方案设计事中事后管理、项目巡查 3 个子模块（图 20-3）。

1）项目库管理模块

项目库管理模块可以提供单个项目导入、批量项目导入、项目导入记录、项目确认、项目更新、项目终止、项目信息概览等功能。

2）方案设计事中事后管理模块

方案设计事中事后管理模块可以实现海绵城市方案设计项目资料的自动获取、事中抽查项目的自动抽签、事中事后审查电子化管理、审查意见的反馈、审查结果的处理处置及记录等功能。

3）项目巡查模块

项目巡查模块可以进行线上的任务发布、任务审批、巡查计划制定、巡查结果记

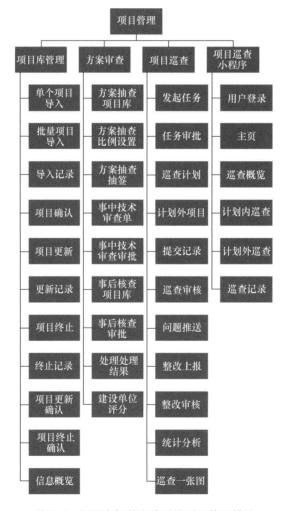

图 20-3　深圳市智慧海绵系统项目管理模块

录、巡查审核、问题推送、问题整改上报、问题整改审核、巡查统计分析以及巡查一张图（图 20-3）。

此外，为方便巡查人员现场使用与记录，还开发了项目巡查小程序。可以通过手机小程序进行问题的现场记录、拍照，问题的上报、统计分析等。

3. 业务管理模块

业务管理模块主要围绕海绵城市建设，对各成员单位海绵城市建设日常工作进行信息化管理，主要包括成员单位管理、年度任务分工管理及月报、宣传培训管理及月报、委托项目管理、政府实绩考评、通知通报管理、档案管理七个部分的内容。

4. 绩效评估模块

绩效评估模块包括评估系统、平台数据运维程序两个部分。其中，评估系统包含简易评估系统、项目设计及运维阶段评估系统、片区建设绩效评估系统；平台数据运维程序包括海绵项目入库程序、河道及水工设施入库、数据率定入库。绩效评估建设内容示意图如图 20-4 所示。

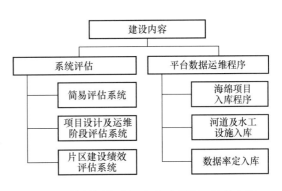

图 20-4　绩效评估建设内容示意图（作者自绘）

绩效评估模块基于在线监测数据、填报数据、系统集成数据，支持海绵城市建设效果的全方位、可视化、精细化评估，并通过多种展示方式（项目方案评估、项目详细评估、片区评估）进行考核评估指标的综合展示、对比分析等。

项目绩效评估主要有三种方法，容积法、模型法和监测法，具体信息如下：

1）容积法评估

（1）适用范围：容积法海绵绩效评估常用于项目级海绵绩效评估。可用于年径流总量控制率、面源污染削减率、初期雨水径流控制厚度等海绵指标的绩效评估。

（2）评估流程：平台的海绵绩效容积评估完整流程包含项目下垫面面积设置，对应海绵设施结构配置，计算审核与结果的展示与导出。

2）模型法评估

海绵城市模型主要包括低影响开发设施（LID）水文水质模型、地块产汇流水文水质模型、管网水文水质模型和一维河道水文水质模型四部分。

模型法海绵绩效评估是大型项目、片区的重要海绵绩效评估手段，可用于径流控制率、径流峰值控制、防洪标准以及不透水下垫面径流控制比例、面源污染削减率等量化指标的海绵绩效评估。

3）监测法评估

监测法可用于项目级、片区及项目的多种量化海绵指标的评估，如年径流总量控制率、径流污染削减率、径流峰值控制、防涝标准等。

系统在开发阶段接入了75个点的监测数据（图20-5），同步接入气象站及水文站数据，并建立了海绵监测数据的接入标准。

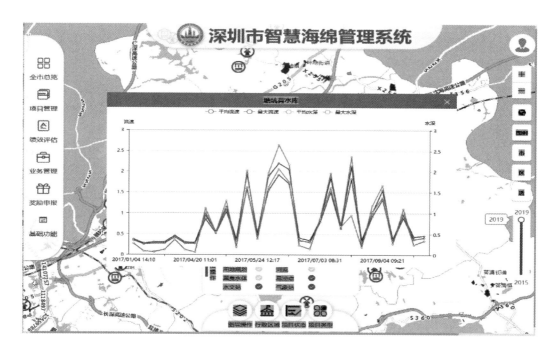

图 20-5　深圳市智慧海绵系统监测数据接入

技术要求包括：①有效性降雨监测场次不少于4次。有效性降雨指的是降雨历时不小于2h，降雨量不小于40mm，且距上一场有效性降雨不少于6h。②每场降雨的监测数据（流量，SS浓度）不少于6组。③雨量计应设置在远离建筑物和树木的空地或周边无干扰的屋顶上，最大程度减小误差。④降雨记录文件的时间间隔应不大于30min。

5. 奖励申报模块

奖励申报模块包括奖励申报任务管理、申报须知、奖励申报记录、方案确认申报记录、过程文件管理、奖励情况总览、奖励申报审批、方案确认申报审批、意见及异议受理等内容和功能。

6. 公众参与模块

在海绵城市建设中，离不开公众的力量，为了能够让市民能够更好地认识海绵城市、参与海绵城市理念的传播、监督海绵城市建设以及对海绵城市建设效果做出评价，公众参与模块开设海绵DIY活动、海绵设施地图导览及介绍、海绵建设问题上报和建设满意度调查等内容。

7. 海绵学院

海绵城市建设需要各个岗位技术人员的投入，涵盖规划、设计、施工、监理及运维等；随着海绵建设项目的不断增加，原有线下组织的技术培训和交流已经逐渐难以满足需要。通过海绵学院模块，可以充分利用互联网技术，将培训等内容迁移到线上，实现培训相关材料的内容管理和呈现、培训课程的在线点播、现场培训的实时直播等。

20.3　建设成效

深圳市智慧海绵管理系统已上线运行三年，初步实现了深圳市海绵城市建设台账、管理、绩效评估、公众参与的数字化、智能化，入选了 2021 年度全国"智慧水务典型案例"，获得了 2021 年度中国智慧城市·宜居和包容大奖。

1. 支撑深圳市建设项目海绵城市全生命周期智慧管控

系统打通了政务服务平台获取项目立项材料、海绵规划条件，重点设置方案文件第三方技术审查，建设期运维期巡查监管模块，实现项目海绵设施设计、施工、运维全过程的智慧监管（图 20-6）。截至 2022 年底，系统在库管理的建设项目超 7400 项；累计在线完成项目方案设计技术服务超 1400 项；其中重要修改约 400 项，均已通过线上反馈行业主管部门、区海绵办；结合线上线下完成项目现场巡查超 9300 项次；巡查严重问题项目约 200 项，已通过线上反馈区海绵办，已收到整改反馈 96 条。

图 20-6　海绵城市建设项目统计

2. 为深圳市海绵城市效果评价提供数据支撑

基于本次"海绵城市管控平台及研发应用"成果，汇集深圳市已有相关科研监测数据进行系统的梳理分析，并对数据进行清洗、分析、率定及验证，输出九大类模型参数、62 小类模型参数。相关数据输入绩效评估模型参数数据库。得出一系列本地化模型参数，实现统一的本地化模型参数标准，方便用户进行项目及片区海绵城市绩效评估时，可以直接选取数据库预留参数进行评估，为城市海绵绩效考核提供真实、准确的量化指标和数据。

相关成果支撑了深圳市光明区国家海绵城市试点区域的绩效评估和验收工作，助力深圳市在第二批国家海绵城市试点城市绩效评估验收中取得第一名的优异成绩。研究成果和参数应用于深圳市 37 个海绵城市达标片区（合计建成区面积 96.4km²）的海绵城市效果评价，以及住房和城乡建设部组织的年度海绵城市评估工作，助力深圳市完成 2020 年 20% 的建成区面积达标海绵城市建设目标。相关数据通过智慧海绵管控平台向全市各高校、科研机构、设计单位公开，推动海绵城市相关基础研究工作的开展（图 20-7）。

图 20-7　达标片区评估

3. 绩效评估模块在工程项目中的示范应用

自主研发的绩效评估模块为全市海绵城市方案设计、施工图设计阶段提供了开放式的工具，辅助中山大学·深圳建设工程项目（一期）、深圳大学西丽校区建设工程（二期）、南方科技大学校园建设工程（二期）、深圳中学（泥岗校区）建设工程等一批重点政府投资项目的相关设计单位在方案设计阶段、施工图阶段的设计评估，减少设计阶段的反复，提高设计效率。上述项目中，深圳中学（泥岗校区）获得 2021 年度深圳市海绵城市建设项目优秀规划设计奖，深圳大学西丽校区（二期）工程、南方科技大学校园（二期）工程获得深圳市海绵城市建设典范项目（图 20-8）。

4. 实现了对全市各部门海绵城市建设工作的"线上"实时交互

系统实现了跨部门、跨区域海绵工作的协同在线即时办理，可实现在线通知、收文、反馈，可实时管理责权范围的海绵城市建设工作，并在 2020—2023 年实现了海绵城市政府实绩考评全过程无纸化、电子化的资料提交、审查与专家考核，减少了工作冗余，极大地提升了管理水平。

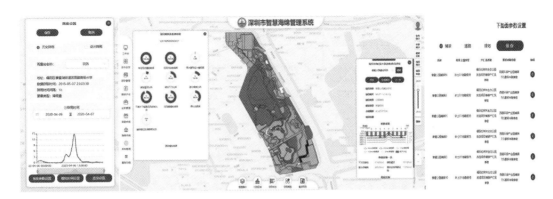

图 20-8　典范项目评估

第 21 章　城市流域"厂网河"一体化智能调度

21.1　建设背景

21.1.1　政策背景

深圳市自 2016 年向水污染"宣战"以来，历经了"会战""攻坚""决战""巩固"四大治水阶段，凭借着坚定不移的治水信念，实现了全市水环境质量历史性的突破，创造了河流污染治理的"深圳速度"和"深圳质量"。"十四五"时期，在"双区驱动"生态引擎的核心价值观引领下，地表水环境保护工作将从决战巩固跨入管理提升的全新阶段，进入推动治水从"治污"向"提质"迈进，从"大作战、大建设"向"精细管控、精准施策"转变的关键时期，着力实现从旱季达标到全天候稳定达标，以期实现深圳市治水体制体系的全面完善和高质量提升。

大沙河作为深圳市较早开展河道整治的重大河流之一（图 21-1），自控源截污、初雨箱涵到雨污分流、正本清源，现已全面覆盖源头—过程—末端，是我市整治最为全面、系统的流域之一，已建成的 13.7km 生态长廊，是深圳市的一张治水名片，被称为"深圳的塞纳河"。目前，大沙河流域治水工作已步入从河道水质达标向全天候稳定达标跨越、从"补短板"向精细化管理转变的重要阶段。"大沙河模式"作为全市河道整治的标杆，承载了我市治水工作进阶的殷切期望。因此，如何实现精细化管理水平再提升、全面完成提质增效工作，并形成一套可复制、可推广的"深圳样板"，是实现南山区乃至我市水生态环境进一

图 21-1　大沙河流域生态/建成区及水系分布图

步提升的重要支撑。

21.1.2　业务需求

雨季达标是大沙河流域创优示范的关键，需通过源头面源、过程分流、末端调度实现对污染雨水的全面控制，为系统支撑创优示范工作，需对源头—过程进行规律分析，对末端调度则需建立流域模型。其中，规律分析需通过开展典型排水分区降雨监测进行研究，为流域模型提供基础参数；而针对河道、基流、箱涵、排口的降雨监测，则重在对流域模型进行全面率定。最终，通过搭建流域模型，为大沙河流域调蓄池—箱涵的精准截流与调度提供支撑，同时，通过对现有创优工程输入模型参数进行情景分析，研判不同方案完成下的Ⅲ类目标可达性。并对大沙河上游透明度、污水系统提质增效开展专题研究，为大沙河流域创优示范工作提出优化建议。

21.1.3　建设目标

《大沙河流域创优示范监测研究》项目基于大沙河流域水环境创优示范工作要求及"厂—网—河—城—池"等现状截污设施情况，开展大沙河流域管网系统诊断及典型降雨监测分析，进一步量化污水管网入流入渗情况，通过诊断管网问题类型、分析问题所在区域，为管网改造、清污分离工作提供依据；全面掌握流域径流污染物累积—冲刷规律、支流及重要排口在典型降雨下的污染物变化规律，通过建立大沙河流域排水系统水质水量变化模型，制定大沙河流域初雨水精细收集及智能调度方案，结合近远期工作计划，提出大沙河流域水环境创优示范工作建议。技术路线图如图 21-2 所示。

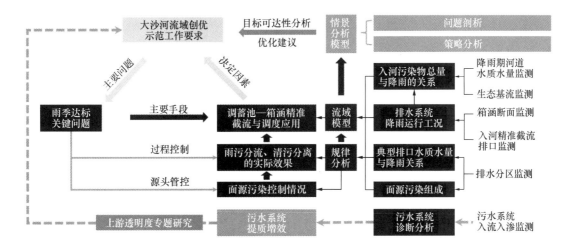

图 21-2　技术路线图

21.2　建设内容

21.2.1　排水系统运行工况调查

收集相关资料，开展实际踏勘调研（图21-3、图21-4）。收集整理分析流域排水管网、箱涵、泵站、污水处理厂、调蓄池的建设与运行情况，并结合大沙河流域排水系统现状情况，如排水分区、污水分区及排口等，预判流域典型排水分区、下垫面、管网关键节点及典型排口监测位置；对流域内支流河口生态基流、上游山水汇入情况等进行初步识别；并划分纳污网格，对关键节点问题预判，确定入流入渗重点监测区域。

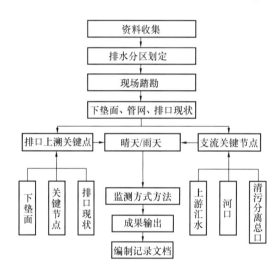

图 21-3　排水系统及生态基流调查预判技术路线

1. 资料收集，梳理关系

由于地下管线众多，因此在项目实施前，尽可能多地收集与本项目相关的资料，并对收集的资料进行初步的分析。调查前收集的资料包括下列部分：已有的排水管线图或排水系统 GIS 资料；管道的竣工资料；已有的管道检测资料；调查区域的用水量、降水量；泵站和污水处理厂的运行数据（旱天）雨天污水浓度与水量数据；调查区域排水户的接管信息；已有河道水质和排口监测数据；调查区域土地利用现状及下垫面实际分布情况；大沙河流域排水系统上溯工作资料。此外，还应收集大沙河流域的降雨情况、地下水分布、地质情况等影响排水系统及生态基流监测的相关资料。全面理清流域污水系统连接转运关系、排口上溯管网及汇水范围、河道上下游关系，为监测方案组织和分析提供基础。

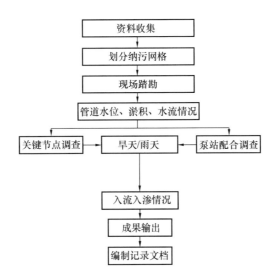

图 21-4 管网入流入渗调查预判技术路线

2. 上溯排查，划分网格

结合管网勘查及排口相关资料，实地分析，掌握雨水系统主干管网的实际运行情况，预判流域典型排水分区、下垫面、管网关键节点及典型排口监测位置；初步研判支流箱涵上游汇水范围及下游入汇节点水质水量情况，对支流生态基流的监测方式和方法进行分析确认。同时，通过现场勘查、实地分析，掌握污水系统主干管网的实际运行情况，重点对网格单元对应的关键节点入流入渗问题进行初步预判。

3. 调查预判，确定方法

1）降雨径流污染预判

重点调研下垫面、雨水管网关键节点及末端排口在旱天、雨天的水质水量变化情况，依此对排口所涉排水分区的径流污染严重程度进行初步研判（表 21-1）。

排水分区径流污染风险预判工况 表 21-1

预判节点	存在径流污染高风险
建筑小区	排水分区存在正本清源实际效果及管理程度较差区域
下垫面及沿街雨水口	下垫面清洁程度较差、沿街雨水口偷排、乱排风险较高
市政雨水管网	市政雨水管网重要入汇节点存积水、积泥，且有臭味等
雨水排口	雨水排口在用水高峰期有污水流出等

2）生态基流调查预判

重点对干流分段水质水量、支流河口、清污分离总口、上游汇水区域旱天出流情况开展调研工作，初步研判生态基流释放情况，并对生态基流监测方式方法进行研究确认（表 21-2）。

生态基流调查研判　　　　　　　　表 21-2

预判节点	研判内容
干流河段划分	"一周一测"、感潮情况、透明度变化
支流管涵总口	流出水质良好，初步判断存在生态基流入汇情况
	初步判断出流水质水量，并结合大沙河上下游河口的不同形态，研判生态基流的监测方式方法
上游汇水区域	对生态区及建成区的汇水区域进行踏勘确认

为系统评价流域所涉水质净化厂的运行效能（图 21-5、图 21-6），重点对晴、雨天进厂水质水量进行分析。以南山水质净化厂为例，将旱季晴天水量作为基准水量，得到 2022 年、2023 年较基准水量分别增加 2808 万 m³、4069 万 m³；将旱季晴天 BOD 作为基准负荷，得到 2022 年、2023 年较基准负荷分别增加 734.19t、2200.83t，说明南山水质净化厂处理量受降雨的影响正在进一步增高，同时初雨截流效果较 2022 年更加明显，降雨时能够将更多的污染负荷截流入厂。

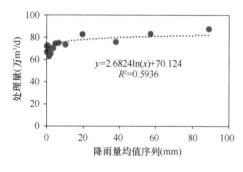

图 21-5　南山厂 2022 年日处理量与降雨量　　图 21-6　南山厂 2023 年日处理量与降雨量
　　　　　相关性分析　　　　　　　　　　　　　　　　相关性分析

通过分段开展沿河箱涵水质水量在线监测（图 21-7），可初步估测右侧、左侧箱涵各段入汇水量，并根据《城镇排水管道混接调查及治理技术规程》 T/CECS 758—

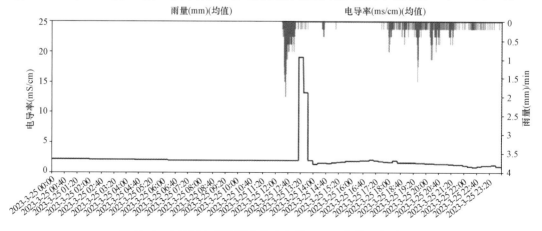

图 21-7　大沙河右侧箱涵电导率变化（2023 年第一场降雨）

2020，利用电导率特征因子，明确箱涵各段排口入汇水质基本情况。在晴天，可分期形成大沙河左右岸箱涵入涵水质分布图，辅以箱涵降水位相关工作；在雨天，则可实时掌握箱涵内污染雨水变化情况，辅以精准截流与调蓄工作。

3）污水系统入流入渗预判

重点调研厂站/泵站/污水管网关键节点在旱天、雨天的水质水量变化情况，依此对污水系统及网格单元入流入渗情况进行初步研判（表 21-3）。

管网关键节点入流入渗预判工况　　　　表 21-3

预判情景	存在入流入渗问题
旱天	管网上下游水质差别巨大
雨天	泵站/水质净化厂水量明显高于旱天
	污水井水位比旱天水位明显升高
	污水管道流速明显高于旱天流速
	冒溢现象

21.2.2　典型降雨径流污染监测分析

1. 典型降雨径流监测分析

筛选典型精准截污排口及沿河箱涵节点，分析研判典型降雨（暴雨、大雨、中雨和小雨）的水质水量监测数据，明晰系统典型降雨过程各节点水质水量变化趋势。建立典型排水分区源头—过程—末端全链条监测体系，监测旱天与雨天中的点源、面源与管道淤积污染物迁移过程，为模型率定提供支撑，具体技术路线如图 21-8 所示。

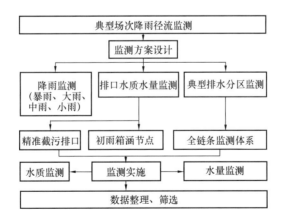

图 21-8　典型降雨径流监测技术路线

大沙河流域典型降雨径流监测的实施内容包括两个方面：

1）典型排水分区水质采样化验（图 21-9、表 21-4）

针对 6 处典型排水分区（城中村、居住区、工业园区、商业办公区、仓储物流区、公建区）及 5 处重要排水小区，布置 11 个下垫面监测点、14 个小区入市政排口监测点、6 个市政雨水管网末端节点，自监测点出流开始进行采样（即首瓶水样必须采集），并于 5min、10min、15min、30min、45min、60min、90min 进行后续采样，采集 4 场有效降雨（暴雨/大雨/中雨/小雨各 1 场）；小区入市政排口同步开展为期两个月的晴天"一周一测"。

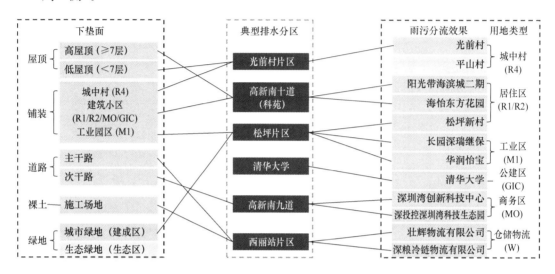

图 21-9　典型排水分区及监测点位选择示意图

典型排水分区监测具体方案　　　　　　　　　　　　　　表 21-4

监测项目	采样方式	监测方法		在线流量—电导率设备
降雨采样频次		共 4 场有效降雨，暴雨/大雨/中雨/小雨各 1 场		—
下垫面	人工采样	选取典型下垫面附近雨水箅子，降雨开始时记为 0 时刻，产生径流按 1min、5min、10min、15min、30min、45min、60min、90min 采集排口水样，共采集 8 次		—
入市政排口	人工采样	开展在线流量—电导率监测		14
		晴天"一周一测"	雨天采样频次同上	
市政雨水管网关键节点	人工采样	开展在线流量—电导率监测		11
市政雨水管网末端节点	人工采样	开展在线流量—电导率监测，雨天采样频次同上		6
监测指标		SS/NH$_3$-N/COD/TP		31

2）雨水系统水质采样化验

系统掌握雨水系统实际运行工况，开展入河排口监测、生态基流监测、河道断面监测。

（1）入河排口监测：针对 12 处典型精准截污排口，采集降雨初期、中期、后期 3 个水样，采集 4 场有效降雨。

（2）生态基流监测：针对 23 个生态基流释放排口及 20 个支流上游节点开展为期两个月的"一周一测"。

（3）河道断面监测：在全市"一周一测"既定的 5 个河道断面基础上，新增 6 个河道断面。11 个河道控制断面于降雨初期、中期、后期采集 3 个水样，与典型排水分区同步监测 4 场有效降雨（暴雨/大雨/中雨/小雨各 1 场）；新增河道断面、上游河道断面同步开展"一周一测"。

2. 生态基流监测分析

结合大沙河河道干支流分布、自然径流路径等相关基础分析，对大沙河干流、基流释放排口及上游山水入汇点等开展流量在线监测、晴雨天水质检测，统计流域生态基流变化情况，分析河道生态基流在旱季、雨季及不同降雨情景下的水质水量变化规律。

1）大沙河干流

（1）水量监测。选取大沙河干流大学城段、松坪段规则断面，分别并排安装 3 台多普勒流量监测设备，统计测定大沙河干流生态基流量。

（2）水质检测。通过深圳市生态环境局"一周一测"，获取大沙河干流大学城、珠光桥、北环大道、深南大道、大沙河河口段水质数据。在此基础上，于本项目新增长岭皮水库下、笃学路、西丽水库下、留仙大道、南坪快速、白石路段"一周一测"监测数据，系统分析大沙河干流水质情况。

2）大沙河基流释放排口及上游山水入汇点

（1）水质检测：大沙河基流释放排口主要分为大沙河支流汇水、清洁基流排口两大类，共计 23 个。其中，大沙河支流汇水主要来自寄山沟、老虎岩河、清泉河、田寮仔二河、塘朗河、垃圾场排洪涵、燕清溪、丽水河、龙井河、白石洲排洪渠；清洁基流排口主要分布在大学城（深大、南科大校区）及生态长廊公园内。

大沙河上游山水入汇点重点考察主要支流、排水涵的郊野山水水质情况，共计 20 个。除对应基流释放排口外，同步对主要排水涵上游生态区汇水进行监测。

（2）具体方案：通过开展全链条监测分析，全面、深入调查覆盖大沙河干支流、排口、箱涵、管网、泵厂等设施在内的排水系统运行工况，明确河道现状水质水量、运行状态。

为掌握大沙河及其支流的水质水量晴、雨天变化情况，重点分析了大沙河口、11 个河道断面、23 个支流（基流释放）口、20 个支流上游的监测数据。在晴天，通过对各断面水质优良情况进行排序，明确了寄山沟等支流及上游基流释放排口对河道水质的贡献，并确认在大沙河珠光桥—南坪快速路段，水体自净能力增强，水质逐步向好；在雨天，则通过分段水质分析，进一步明确各河段入河排口对河道水质的贡献度，上溯调查其可能存在的截流工况不佳、排水运管不畅等问题。

同时，通过建立"排水户—接驳口—雨水口—沿河箱涵"全链条监测网络，精确溯源解析径流污染，为方案制定提供依据。监测、解析不同类型分区的雨水径流污染负荷，为科学制定系统方案、精细开展模型率定提供支撑。

生态基流监测具体方案如表21-5所示。

生态基流监测具体方案 表21-5

类别	监测分类	监测布点数目	监测内容	监测指标
基流释放排口及上游山水入汇点	基流释放排口	23	两个月每周一测，共8次	SS、DO、COD、NH₃-N、TP、氟化物、阴离子表面活性剂、氧化还原电位（8指标）
	上游山水入汇点	20	在线流量监测（10台，两轮轮换）两个月"一周一测"，共8次	SS、COD、NH₃-N、TP
大沙河断面水质监测	降雨期	11	采集降雨初期、中期、后期水样，共监测4场降雨	SS、COD、NH₃-N、TP
	非降雨期	6（新增断面）	两个月"一周一测"	流速、透明度、DO、COD、NH₃-N、TP、氟化物、阴离子表面活性剂、氧化还原电位（8指标）
		5	深圳市生态环境局"一周一测"	流速、透明度、DO、COD、NH₃-N、TP、氟化物、阴离子表面活性剂、氧化还原电位、TN
大沙河断面水量监测	大学城断面、河口	2	4个月在线流量监测	流量

经分析，在大沙河流域内，雨水径流污染负荷主要来自地表污染物累积冲刷、管道污染物淤积及混接污水（图21-10）。其中，地表污染物累积冲刷与下垫面类型、雨前干旱时间、人为活动及市政养护频次等有关；管道污染物淤积问题与排水管理、通沟污泥清运有关；混接污水则以漏排污水为主。与此同时，需关注管网高位溢流负荷量、污水系统入流入渗负荷量。因此，需开展源头下垫面—入市政排口—市政雨水管网关键节点—末端节点的全链条监测，将雨水径流污染负荷分为入雨水管网负荷、入污水管网负荷，并对污染负荷组分进行估测。

以光前村片区为例，经分析，在89mm的降雨情景下，因村口雨水排口已实施截流，排入污水管网的雨水水量占比58.6%，COD负荷占比38%；排入雨水管网的负荷则以地表污染物冲刷、管道污染物淤积为主，雨水水量占比41.4%，COD负荷占比62%（表21-6）。

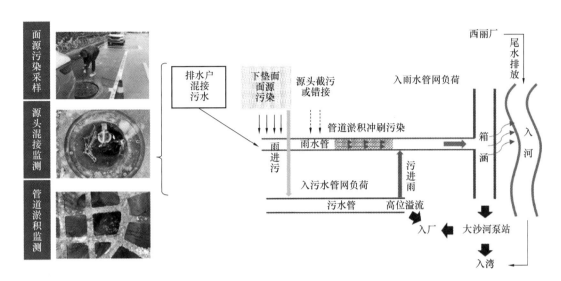

图 21-10　大沙河流域雨水径流污染组成及去向示意图

光前村片区在 **89mm** 降雨情景下的 COD 污染负荷分配比例　　　　表 21-6

项目	类别		污染负荷 COD（kg）	比例	总占比
降雨污染总负荷	排入雨水管网		275.2		62%
	地表冲刷污染负荷		117.8	43%	
	混接污水污染负荷		0.23	—	
	管道淤积冲刷污染负荷		157.15	57%	
	排入污水管网		171.66		38%

　　同理，分别对居住区、商业区、工业区等典型排水分区进行分析，整理发现管道淤积往往与混接污水同步升高，地表污染与管道内污染比例相当等结论，为后续排水精细化管理、雨水径流污染精准截流提供了技术支持。

21.2.3　污水系统入流入渗监测分析

　　大沙河流域污水系统入流入渗分级监测内容分别为：在整体监测层面，对污水主干管关键节点与主要泵站进行在线监测；在分区监测层面，根据管道拓扑关系对管网进行分区后，结合网格单元的划定，对管网入流入渗问题进行轮换监测。另外，通过采集源头监测数据（主要对多种类型的排水户进行水质人工监测），获取大沙河流域污水排放源的水质参数，为管网高水位运行、旱天外水入流入渗、雨天入流问题诊断提供定量化的分析评估结果。

　　大沙河流域污水系统入流入渗分级监测清单如表 21-7 所示。

大沙河流域污水系统入流入渗分级监测清单 表 21-7

监测分级	监测内容	监测数目	监测指标
整体监测	污水系统运行负荷评估监测	14	流量在线监测，水质人工采样，化验指标 BOD_5、COD、NH_3-N 浓度
分区监测	管道精细化分区诊断监测	40	流量在线监测，水质人工采样，化验指标 BOD_5、COD、NH_3-N 浓度
源头监测	排水户水质监测	12	流量在线监测，水质人工采样，化验指标 BOD_5、COD、NH_3-N 浓度

1. 污水系统运行负荷监测

在大沙河流域建成区污水系统内的主要泵站与污水主干管关键节点布置监测点，进行流量长期在线监测与水质人工监测。大沙河涉南山水质净化厂服务面积为 $33.43km^2$，是此次监测重点。根据管网拓扑关系及泵站分布情况，共布置监测点 14 处，每处监测点的平均服务范围为 $1.67km^2$，包括 3 处主要污水泵站及 11 处污水干管重要节点。其中，污水干管重要节点主要沿沙河东路、沙河西路及白石路分布。在线监测时长 2 个月，监测点处可辅以人工水质采样检测，化验 BOD_5、COD、NH_3-N 等关键水质指标，通过积累污水系统全域运行的长期数据，为精细化分区诊断提供方向性的数据支撑。

2. 管道精细化分区诊断监测

根据管网拓扑关系与管网问题，将主要泵站的服务分区进行划分，以划分出的各个分区作为监测单元进行管道精细化分区诊断监测。依据《排水管网在线监测技术规程》（征求意见稿）的布设要求，对大沙河流域共布设在线监测点 40 处，每块精细化分区面积约 $0.6km^2$，管道精细化分区监测采用轮换监测的方式进行，运用 20 台设备轮换 1 次，监测及轮换周期为 2 个月，监测点同步开展水质采样检测，包括 BOD_5、COD、NH_3-N 浓度指标，掌握分区水质水量变化规律，辅助分区入流入渗的定量分析。

3. 源头水量水质监测

入流入渗诊断分析需要获取排污源的水质数据，由于不同排水户的水质数据存在差异，同一排水户不同时间的污水水量及水质数据也存在差异。结合排水小区分类及《深圳市典型排水户排水行为规范》要求，对向市政排水设施排水的住宅小区、工业区、商业区、商住两用区、公共机构和城中村开展水质水量监测，并重点对餐饮、酒店、洗车场、美容美发场所定点进行监测。因此在大沙河流域服务范围内，选择 3 处住宅小区、2 处商住两用区、1 处公共机构、2 处工业区、4 处城中村，共计 12 个监测点位进行水量水质监测。其中，水量监测采用轮换的形式，运用 6 台设备轮换一次，轮换及监测周期为 1 个月；水质采样均在旱天进行，每天早晨、中午、夜晚各采集一次出户管水样，共采集 2d。化验指标为 BOD_5、COD、NH_3-N 浓度指标。

通过建立污水管网分级监测体系，划定网格单元，利用夜间最小流量法、物料守恒法、RDII 法等可对管网入流入渗问题进行研判，一方面获取大沙河流域污水排放源的水质水量底数，并为管网高水位运行、晴天外水入流入渗、雨天入流问题诊断提供定量化的分析评估结果，如图 21-11、图 21-12 所示。

图 21-11　污水管网晴天入渗情况分析　　　　图 21-12　污水管网雨天入流情况分析

21.2.4　调度方案模型评估

创新流域 TMDL 理论，通过总量控制方式，统筹源头海绵削减与排水箱涵、水质净化厂调蓄处理能力，建构"厂—网—河—城"高效协同的雨水径流污染系统治理模式。

首先，基于市政管网关键节点、雨水排放口、截流箱涵及河道断面的监测数据，搭建了精细化基础模型，并同步开展模型参数多重率定，建构本地适宜的流域水质水量模型参数，充分保障方案评估的准确性、可靠性，建立流域水质水量模型（图 21-13）。

通过构建大沙河模型，可结合流域内已开展的相关工程，展开多工况模拟分析，对已有工程效果予以评估。以有/无调蓄池情景为例，在无调蓄池情景下，可模拟得到降雨时河道污染物变化呈现双峰波动的特征，雨强越大、污染越早，溢流点个数从下游（J8～J10）往上游递增，河道以氨氮超标为主；在有调蓄池情景下，则可得出在中小雨条件下，河道全段可控制在Ⅳ类水质等结论。

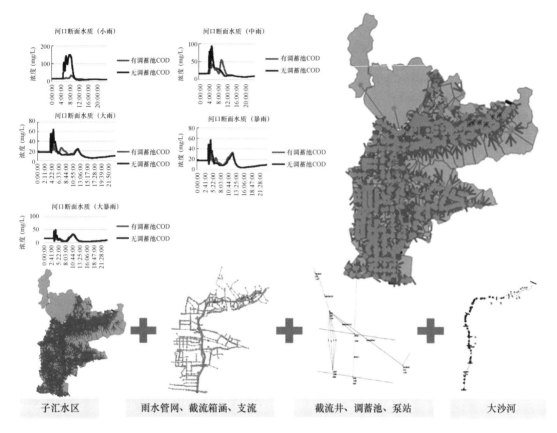

图 21-13　大沙河流域模型率定与验证

21.2.5　创优方案目标可达性分析

故在多情景模拟评估下，借助模型结果，谋划制定"厂—网—河—城—池"相协调的系统治理方案。为此，结合深圳市城镇雨源型河道的特点，提出将雨水径流纳入计量的水环境容量估测方法；并以环境容量为边界，定量分配源头、过程、末端污染负荷削减量，制定方案—目标相协同的治理方案（图 21-14）。

$$W = 0.01(1+K)C_j \sum Q_{降雨} + 0.01(C_j - C_1 + KC_j)$$

$$Q_{补水} + 0.01(C_j - C_2 + KC_j)Q_{基流} - MOS \qquad (21\text{-}1)$$

式中，W 为流域水环境容量，t/d；K 为污染降解系数，h^{-1}；$\sum Q_{降雨}$ 为河段累积汇水量，万 m^3/d；C_j 为目标水质，mg/L；C_1 为河道补水水质，mg/L；C_2 为河川基流水质，mg/L；$Q_{补水}$ 为河道补水量，万 m^3/d；$Q_{基流}$ 为河川基流量，万 m^3/d；MOS 为安全裕量，取环境容量的 10%。

具体包括：①源头海绵。划定管控单元，提出海绵城市建设管控方案。②管网完善。基于在线监测数据开展排水管网问题诊断、溯源分析、整改完善，提升排水系统效

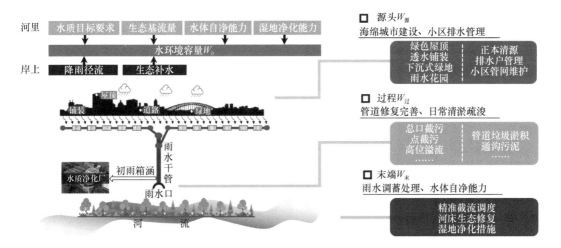

图21-14 制定方案—目标相协同的治理方案

能。③排口截流。建设精准截流排口，运用模型确定截流排口控制参数，避免控制方式单一、控制精度差的问题，实现雨水径流污染精准有效调度。④调蓄处理。基于海绵城市建设达标情景分析，确定雨水箱涵、调蓄池、水质净化厂的调蓄处理量。⑤生态净化。结合河道形态布局不同类型浅滩湿地，运用适宜工法提升生态净化能力。

其中，在管网完善方面，通过改进污水零直排区概念，明确了不同层级污水零直排区创建要求、评估验收办法，按照网格化、标准化方式，持续开展建设运行情况评价、整改、验收、复核，实现全周期、滚动式管理，持续提升排水系统运行效能。

在调蓄处理方面，则基于上述环境容量计算方法，创新提出流域TMDL理论，统筹考虑污水处理厂承载能力、降雨期河道水环境容量、雨水调蓄等因素，对雨水排口进行动态控制。通过降雨模拟，获得各主要河段任一时刻后续的污染负荷与环境容量增量变化曲线，据此确定径流污染控制时刻，实现雨水径流污染的精准截流与调度（图21-15）。

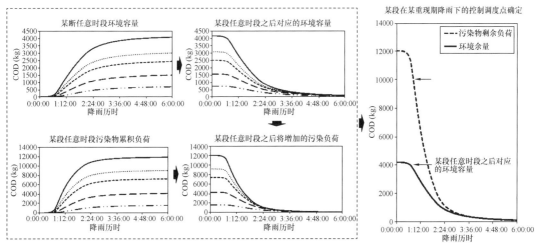

图21-15 精准截流调度参数的确定步骤

21.3　建设成效

以深圳市及大沙河流域为研究对象，本研究基于系统监测与模型评估，总结形成了一套"厂—网—河—城"高效协同的雨水径流污染系统治理模式，并取得了突出的实施效果（图 21-16）。

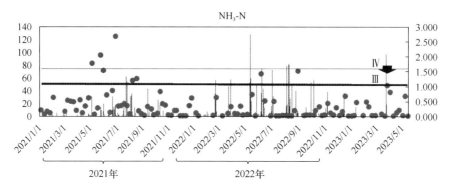

图 21-16　大沙河河口氨氮水质趋于全天候优良

一是指导大沙河水环境治理工程建设。基于本研究，制定了大沙河流域水环境创优示范方案，不仅指导开展了排水系统全链条查漏补缺，推进面源污染精准治理，强化生态保护和修复等工作，正在推进 562 处市政污水管网完善工程、75 个精准截流排口改造工程、24 万 m³ 调蓄池建设等。

二是促进大沙河水环境质量持续提升。大沙河 2021 年全天候达 Ⅳ 类水质，2022 年 Ⅲ 类达标率 88.6%，水质趋于优良，入选"广东省十大美丽河湖"，实现塘朗山—大沙河—深圳湾全线贯通，成为深圳首条山海通廊。

三是助力深圳出台文件做好排水管理。通过印发全市污水零直排区创建方案及技术指引，至 2022 年，完成零直排小区 1.6 万个，占建成区面积 66%；零直排区 212km²，占建成区面积 22.91%。

因此，基于系统监测与模型评估的水环境创优路径研究，不仅创新了治理模式和技术方法，实现了精准治污、科学治污，更为深圳市深入打好污染防治攻坚战、建设高品质生态环境提供了有力支撑。

第 22 章　基于数字孪生的环境监测三维可视化平台

22.1　建设背景

22.1.1　政策背景

1. 国家规划明确城市环境需要建立完善的现代化生态环境监测体系

2018 年，习近平总书记指出"生态文明建设是关系中华民族永续发展的根本大计"，党的十八大将生态文明建设纳入中国特色社会主义事业"五位一体"总体布局，十八大以来，我国大力推动绿色发展，深入实施大气、水、土壤污染防治三大行动计划，率先发布《中国落实 2030 年可持续发展议程国别方案》，实施《国家应对气候变化规划（2014—2020 年)》，推动生态环境保护发生历史性、转折性、全局性变化。全国各地推进陆地生态、水生生态环境修复，治理水土流失、大气污染，保护野生动物，全国生态环境质量得到极大提高。

"十四五"时期是开启全面建设社会主义现代化国家新征程、向第二个百年奋斗目标进军的第一个五年。党的十九届五中全会发布《中共中央关于制定国民经济和社会发展第十四个五年规划和 2035 年远景目标的建议》（以下简称《"十四五"规划》），重点从构建和优化国土空间开发和保护格局、推动绿色低碳发展、推进清洁生产和加强污染治理四个方面介绍环境保护与改善任务以及路径，为未来一个时期生态文明建设和生态环境保护提供了方向指引和行动指南。

《"十四五"规划》指出我国污染排放量大、环境风险高的生态环境状况尚未得到根本扭转，持续打好污染防治攻坚战将是我国一项长期的环境保护战略。打好"十四五"污染防治攻坚战需要突出若干重点问题，亟须建立健全污染防治的法律法规和制度体系，不断完善生态环境立法，提升督察执法工作水平，确保环境污染治理有法可依，要坚持问题导向，重点解决大气、水、土壤污染等突出问题。针对秋冬季 PM2.5、PM10 污染问题，以京津冀及周边、长三角、汾渭平原等为主战场，开展 PM2.5、PM10 的综合治理；针对夏季臭氧超标问题，加强珠三角、长三角和北方城市等地区的治理。针对水源地保护、城市黑臭水体问题，统筹水资源、水生态、水环境协同，重点关注渤海综合治理及长江、黄河等"三水"治理。

2.《"十四五"生态环境监测规划》提出建立完善的现代化生态环境监测体系

2021年1月28日，生态环境部印发《"十四五"生态环境监测规划》，要求建立完善的现代化生态环境监测体系。规划指出，到2025年，要使得政府主导、部门协同、企业履责、社会参与、公众监督的"大监测"格局更加成熟定型，高质量监测网络更加完善，新技术融合应用能力显著增强，生态环境监测现代化建设取得新成效，实现"一张网"智慧感知，"一套数"真实准确，"一体化"综合评估，"一盘棋"顺畅高效。规划提出实现建设美丽中国目标，要落实深入打好污染防治攻坚战和减污降碳协同增效要求，以监测先行、监测灵敏、监测准确为导向，以更高标准保证监测数据"真、准、全、快、新"为根基，全面推进生态环境监测从数量规模型向质量效能型跨越，提高生态环境监测现代化水平，为生态文明建设新进步奠定坚实基础。提出了要"面向发展，服务公众""提质增效，协同融合""精准智慧，科技赋能""深化改革，凝聚合力"四个工作原则。

《"十四五"生态环境监测规划》提出11个方面的主要任务，细化了41条具体措施，着重点出未来重要监测任务，包括支撑低碳发展，开展碳监测评估，补齐碳监测技术短板；聚集协同控制，深化大气环境监测；推动三水统筹，增强水生态环境监测，优化水环境质量监测，完善水生态监测评价，拓展水污染溯源监测；完善土壤和地下水环境监测，着眼风险防范；强化海陆统筹，健全海洋生态环境监测；注重人居健康，推进声、辐射和新污染物监测；推动监测数据智慧应用，健全监测质量管理体系，加强监测质量监督检查，提升大数据监测水平，强化数据挖掘与综合评价等。

3. 深圳持续提升环境监测工作现代化、信息化能力

2022年1月19日，深圳市人民政府印发《深圳市生态环境保护"十四五"规划》（以下简称"规划"），提出在我国开启全面建设社会主义现代化国家新征程的第一个五年，同时也是深圳市努力实现建设中国特色社会主义先行示范区第一阶段发展目标的第一个五年，要加快构建新发展格局，以更高标准、更严要求、更实举措打造人与自然和谐共生的美丽中国典范。在新发展阶段，深圳市需要继续加强生态文明建设、持续不断地推动高质量发展，积极为人民创造高品质生活，努力建设人与自然和谐共生的现代化。

规划提出深圳市生态环境保护工作面临的挑战和压力仍然较大，一方面表现在深圳市在生态环境质量上要率先追赶国际先进水平，另一方面社会经济发展产生的污染物排放带来的资源环境压力仍处于高位，同时作为高密度城市代表，深圳市防范生态环境风险任务更为艰巨。生态环境监测作为生态环境保护工作的基础保障，规划提出在生态环境监测工作方面要"加强能力建设，夯实生态环境保护支撑"，建设覆盖环境质量、生态状况和污染源的监测网络，提升监测自动化、标准化、信息化水平。

22.1.2　业务需求

1. 基层操作便捷性提升需求

针对基层生态环境部门面临的信息分散、使用不便等问题，业务需求在于构建一个集成化、统一化的生态环境管理平台。整合各类环保专题系统，实现数据的互联互通与集中展示，使基层人员能够通过一个入口快速访问并综合分析各监测站点的周边环境信息，显著提升工作效率。

2. 高效精准管理支持需求

响应国家生态环境保护战略及地方党政生态环境主体责任要求，业务需求聚焦于开发一套能够实时、快速反映辖区环境质量现状、考核指标、差距、趋势及问题的管理系统。该系统需具备强大的数据分析能力，为管理者提供决策支持，确保环境质量提高目标的有效追踪与考核问责制度的顺利执行。

3. 数据集中式管理与直观化展示需求

为满足生态环境管理决策对数据的集中式、直观化表达需求，业务需求包括建立一个生态环境大数据中心，实现跨系统、跨平台的环境业务数据（如环境水、环境空气、污染源、环境执法、环境应急、建设项目等）的汇聚、整合与统一管理。同时，开发数据可视化工具，以图表、地图等多种形式直观展示环境数据，帮助决策者快速把握环境状况，精准识别问题区域与趋势，为科学决策提供坚实的数据支撑。

22.1.3　建设目标

基于数字孪生的环境监测三维可视化平台旨在构建一个集全面监测、智慧分析、数据融合、动态展示、应急提升于一体的环境监测管理体系，利用多维影像与地理信息技术，实现环境多要素的实时监测与智能分析，增强数据全面性与时效性，同时提升应急响应能力，促进环境管理的精准高效。

（1）构建全面覆盖的监测网络：建立集二维遥感影像、三维倾斜摄影、实景影像于一体的多维监测网络，实现对近岸海域、地表水、噪声、空气、城市生态、辐射环境、城市碳排放、土壤及地下水等全方位、多要素的实时监测。

（2）打造智慧化综合监控平台：开发集成数据采集、处理、分析、展示于一体的综合监控平台，实现环境监测数据的自动化处理、智能化分析与可视化展示，为环境管理提供高效、精准的决策支持。

（3）建立多源融合数据库：构建统一标准化的多源融合数据库，汇集并整合各类环境监测数据，确保数据的全面性、准确性和时效性，为环境监测与管理提供坚实的数据基础。

（4）实现多维动态展示与智能分析：基于高精度遥感影像与三维地理信息技术，搭建地理信息可视化数字基底，实现城市环境质量、监测数据动态、环境风险等多维动态展示与智能分析，为环境保护措施提供直观、合理的科学依据。

（5）提升应急响应与管理能力：构建环境风险事件应急工作管理模块，实现移动端应急事件临时监测点位数据快速上传、平台端环境风险跟踪、智能分析与应急决策，提升环境突发事件的应对能力与管理效率。

22.2　建设内容

融合二维遥感影像、三维倾斜摄影、实景影像，为环境监测信息多维化展示提供数字底板，汇集环境监测多源业务数据，提供城市环境质量展示、监测数据动态化跟踪、环境风险智能分析等多个模块，同时提供巡查业务及公众监督移动端一体化服务功能，为城市环境监测管理提供智慧化决策辅助。

平台包括近岸海域、地表水、噪声、空气、城市生态、辐射环境、城市碳排放监测、土壤及地下水八个环境监测专题，按专题建设多源融合数据库。数据库汇总、融合各类环境监测数据，实现按专题即时查询相关信息，包括点位空间信息、空间实景影像、业务监测数据等。

基于高精度遥感影像、倾斜摄影、实景影像数据，搭建地理信息可视化数字基底，为环境分析、评价和环境保护措施提供直观、合理性的依据，提供城市环境监测网络、环境质量评估结果、环境质量变化趋势的多维动态展示。

内置算法模块，提供环境监测业务智能化分析模块，实现环境质量评估，评估区域环境质量现状、跟踪区域环境质量变化的在线分析、支撑重点区域监测跟踪，提供环境风险预警功能，服务于环境监测日常管理工作。

一方面，支持移动端环境监测巡查及公众参与环境监督工作，实现移动端扫码关联平台，实时获取站点基础信息、环境监测数据、展现历史变化趋势，同时提供公众环境监督上报渠道，实现环境监测信息透明公开；另一方面，平台开发环境风险事件应急工作管理模块，实现移动端应急事件临时监测点位数据上传、平台端环境风险跟踪、智能分析与应急决策。

22.2.1　数据建设

在数据融合层面，运用无人机三维倾斜摄影测绘技术，高效采集了重要环境监测站点的倾斜摄影、实景三维数据，并结合建筑白模、遥感影像、三维地形等各类地理空间信息，打造了高逼真的二维、三维一体可视化城市数字孪生底座。

通过建立数据空间与地图空间的深度关联，实现地理实体数据的自动匹配与处理，输出地图产品。

1. 数据模型转换

实现自动化制图的基础是将基础地理信息数据导入一体化制图数据库，完成数据模型转换。基础地理信息数据库与一体化制图数据库在数据结构、坐标系统、属性分层体系等方面存在差异，需要建立地理编码与单元符号编码的匹配，按制图要求对要素进行重新分层分类，并依据要素属性与空间关系实现特定要素的单元符号编码匹配工作。

2. 数据一体化管理

通过建立一致性规则，确立基础地理信息数据库与一体化制图数据库的关联关系，保证基础数据库的完整性，不产生数据冗余，包含于一体化制图数据库内，又保持独立性，实现数据的一体化管理。

3. 自动化处理

自动化可以实现从数据导入到制图产品输出的全流程自动化处理，并获取质量可靠、处理稳定的制图产品。实现自动化处理的实质是依据要素数据的特征与空间关系，将原先人工交互编辑生产制图辅助信息的工作任务自动化完成。

4. 人机交互处理

地理数据空间逻辑复杂，在实际应用时，难免遇到特殊问题和特殊需求，需要在全流程自动化处理的基础上，通过人机交互对最终的制图效果进行局部调整，对自动化处理进行有机补充。

5. 数据裁切

基础地理数据库数据按区域连续存储，制图时需要按要求范围对数据进行裁切处理，可以实现按照标准图幅输出和自定义范围输出。

6. 数据对比浏览

地图数据可视化界面，提供基础库数据视图与制图数据视图对比查看功能，能够直观呈现地理实体的制图效果。

7. 多格式制图输出

实现多种制图数据格式的输出，满足各种应用需求。自动化制图软件可输出常用JPG、PDF、GEOPDF 等格式地图，同时支持 SHP 数据格式输出，实现 SHP 数据的自动符号化配置。

22.2.2 模型分析

1. SWMM 模型

SWMM（暴雨雨水管理模型）是一个面向城市区域的雨水径流水量和水质分析的综合性计算机模型，能够模拟汇水区域、管道、检查井等水文、水力和水质要素的时空分布。主要用于模拟城市某一降水事件或长期的水量和水质模拟。可以跟踪模拟不同时间步长任意时刻每个子流域所产生径流的水质和水量，以及每个管道和河道中水的流量、水深及水质等情况。在世界范围内广泛应用于城市地区的暴雨洪水、下水管道以及雨水控制设施（海绵城市等）的规划、分析和设计。

本次应用中，SWMM 主要应用于评价径流量和入渗对污水管道溢流的影响。技术流程如下：

对管网汇过程进行模拟各种规模的管网控制模拟，模拟来自地表径流、降雨入渗流、旱季污水流量和用户定义入流流量的外部入流在排水系统中的流动过程线，提供各种类型的闭合管道、明渠及天然河道形式模拟专门的排水系统成分，如蓄水单元、处理单元、分流器、水泵、堰口和孔口等，模拟多种水流特征，如回水、超载、逆向流等。

在城市区域暴雨径流、合流制管道、污水管道和其他排水系统的规划、分析和设计等环节，SWMM 主要应用于以下领域，为控制洪灾而建的排水系统各设施制定最小的合流制溢流策略，评估入流和入渗对生活污水管溢流的影响，用于非点源污染研究，评估减少雨季污染负荷的最佳管理措施。

SWMM 模型分析成果图如图 22-1 所示。

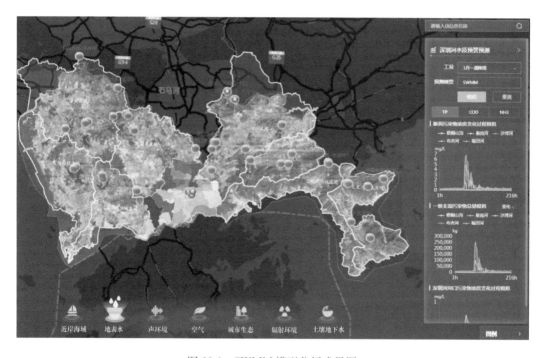

图 22-1　SWMM 模型分析成果图

2. 克里金插值分析

克里金插值为空间插值中局部插值算法的一种，根据协方差函数对空间随机变量进行空间建模和预测的回归算法，用以研究具有空间相关性和依赖性的地理现象。空间插值基于"地理学第一定律"的基本假设，空间随机变量越近的点，相似性越大。在二阶平稳假设条件下，进行克里金插值算法首先需要满足两个基本条件：无偏估计和估计方差最小,即对已知样本加权平均以估计平面上的未知点,并使得估计值与真实值的数学期望相同且方差最小的地学统计过程。

本项目中克里金插值分析主要应用于近岸海域污染物空间分布插值分析。以研究区范围内环境监测点位经纬度坐标和监测污染物浓度作为输入,通过空间插值由点推演出污染物面状空间分布。使用不同的颜色采用拉伸的方式对空间插值分析结果进行三维可视化渲染,将栅格图层数据分为一定数量的类,每类对应数据用一种颜色表示,通过使用颜色带对栅格数据进行不同颜色渲染,不同的拉伸高度对应到不同的字段值。

克里金插值分析成果图如图 22-2 所示。

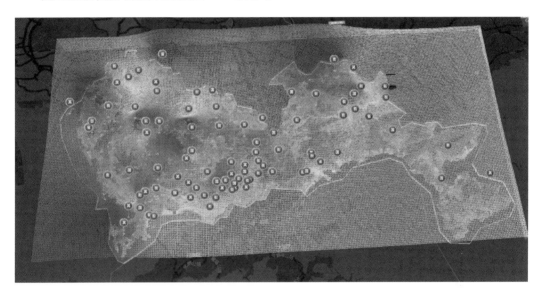

图 22-2 克里金插值分析成果图

22.2.3 平台研发

在平台应用层面,基于二维、三维地理信息可视化数字底座,智慧环境监测平台汇集了水、气、碳、土等八个专题的监测信息,与真实的环境现状场景建立直接联系,创新性地实现了基于二维、三维底座的多元化环境监测网络、实时监测信息呈现、动态化环境质量跟踪、智能化环境风险分析。

1. 地图工具

增强型测量工具:除了基本的距离计算和面积测量外,增设了复杂形状测量、高程测量及坡度分析等功能,满足专业环境评估需求。

高级标注与编辑:支持自定义标注样式、多层标注管理及动态标注更新,确保地图信息的丰富性和时效性。

2. 视图导航

多层级地图浏览:引入分层级地图展示技术,用户可根据需求快速切换不同精度和详细程度的地图视图。

智能导航路径：结合 GIS 路径分析算法，为用户提供最优路径规划及导航服务，适用于环境监测巡查任务。

3. 地图展示

多源数据融合展示：无缝集成在线影像、矢量数据、高程模型、三维模型等多种数据源，实现全方位、多视角的环境监测数据可视化。

动态数据更新：支持实时数据推送与自动更新机制，确保地图上展示的环境信息始终与实际情况保持一致。

4. 二维、三维联动

深度联动技术：在二维地图上进行的任何操作（如缩放、平移）都会实时同步到三维场景中，反之亦然，为用户提供无缝的二维分析与三维沉浸式体验。

跨维度分析：结合二维的精确分析与三维的直观展示，支持复杂的空间分析任务，如视线分析、流域分析等。

5. 综合查询分析

提供地域筛选、时间查询、空间查询等查询方式，获得图属一体查询结果，以柱状图、饼状图、曲线图等多种图形显示，将查询结果按维度进行分类统计并输出统计结果。

6. 专题分析

定制化专题分析：根据业务需求快速构建专题分析模型，支持数据的多重表达（如热力图、散点图）和交互式动态展示。

智能分析报告：自动生成专题分析报告，包含数据趋势分析、异常检测、风险评估等内容，辅助管理者做出科学决策。

7. 智能判断

自动超标检测：将监测数据与预设标准值进行实时对比，一旦发现超标情况，立即进行高亮显示并触发预警通知。

风险预警模型：基于历史数据和机器学习算法，构建环境风险预警模型，提前预测潜在的环境问题，为应急响应提供宝贵时间。

22.3　建设成效

基于数字孪生的环境监测三维可视化平台启用后，为辅助环境监测部门精确定位、摸清现状提供更加准确、全面的依据，在深圳市水污染治理、空气质量预警预报以及碳监测试点等环境监测管理决策和综合治理过程中提供了快速、准确、全面、有效的依据和技术支撑，有助于深圳市环境监测信息网建设和环境综合治理。

1. 模块化联动设计

实际情况下，环境监测对象之间并不是完全独立的，有时需要同时进行监测以满足数据分析需求，如对海洋水质进行监测时，需要对污染源进行溯源，通过溯源地表水入海排放口、污水处理厂的水质状况，为海洋污染的路径和来源提供线索，采用联动的模块化设计可以做到与其他监测对象共享平台、共用数据。

2. 有效的监测管理工具

环境监测可视化平台提供实时真实的污染现状和预警，建立生态标识问题预警机制，将现状和变化及结果情况及时反馈，建立良性的环境问题应对及治理体系。

3. 智能化管理手段

通过环境监测可视化平台，实现现场真实情况和监测数据的实时查询、统计和分析，监测点与 GIS 地图、实景三维空间信息的有效联动，为科学制定环境管理办法提供数据支持。

4. 立体化治理体系

推进环境监测体系与监测能力现代化从二维平面的监测分析能力向三维真实空间转化。传统环境监测表单信息与真实空间环境联系较弱，结合精细的实景三维影像模型信息，可有效支撑智能环境治理体系的构建。

参 考 文 献

[1] 世界银行. 1994年世界发展报告：为发展提供基础设施[M]. 北京：中国财政经济出版社，1994.

[2] 王保乾，李含琳. 如何科学理解基础设施概念[J]. 甘肃社会科学，2002(2)：62-64.

[3] NAM T，PARDO T A. Smart city as urban innovation：focusing on management，policy，and context[J]. ICEGOV '11：Proceedings of the 5th International Conference on Theory and Practice of Electronic Governance，2011：185.

[4] SCHAFFERS H，KOMNINOS N，PALLOT M，et al. Smart cities and the future internet：towards cooperation frameworks for open innovation[J]. Future Internet Assembly，2011(LNCS 6656)：431-446.

[5] KITCHIN，ROB. The real-time city? Big data and smart urbanism[J]. Geojournal，2014，79(1)：1-14.

[6] 杨兴华. 电子信息技术与智慧市政的结合探索[J]. 信息记录材料，2020(6)：115-116.

[7] 邱玉娟. 探讨智慧化在市政设施管理中的应用[J]. 新城建科技，2024，33(1)：39-41.

[8] 王文广，苏仲洋. 智慧城市与基础设施智能化管理[J]. 建筑与文化，2017(5)：33-36.

[9] 巫细波，杨再高. 智慧城市理念与未来城市发展[J]. 城市发展研究，2010，17(11)：56-60，40.

[10] 李德仁，邵振峰，杨小敏. 从数字城市到智慧城市的理论与实践[J]. 地理空间信息，2011，9(6)：1-5，7.

[11] 罗利，袁弘毅，李岩松，等. 基于BIM技术的市政工程智慧建造技术研究[J]. 四川建筑，2021，41(6)：274-277.

[12] CHOURABI H，NAM T，WALKER S，et al. Understanding smart cities：an integrative framework[C]//Hawaii International Conference on System Sciences. IEEE Computer Society，2012.

[13] 叶延磊. 智慧市政综合监管平台建设研究[J]. 智能城市，2018，4(20)：33-34.

[14] 李德仁，龚健雅，邵振峰. 从数字地球到智慧地球[J]. 武汉大学学报(信息科学版)，2010，35(2)：127-132，253-254.

[15] 王子敬，舒钦，姚先威. 基于NB-IoT及电力载波三表合一集抄系统[J]. 煤气与热力，2021，41(8)：37-40.

[16] 高云飞，胡钰林，刘鸣柳，等. 多无人机输电线路巡检联合轨迹设计方法[J]. 电子与信息学报，2024，46(5)：1958-1967.

[17] 林亚杰. 基于CIM的市政基础设施管理平台设计[J]. 中国建设信息化，2021(14)：63-65.

[18]　陈军，刘建军，田海波. 实景三维中国建设的基本定位与技术路径[J]. 武汉大学学报（信息科学版），2022，47(10)：1568-1575.

[19]　王伟，金贤锋. 面向国土空间规划的测绘地理信息技术及数据成果服务应用展望[J]. 测绘通报，2020(12)：58-64.

[20]　范百兴. 激光跟踪仪高精度坐标测量技术研究与实现[D]. 郑州：中国解放军信息工程大学，2013.

[21]　李东伟，段玉虎. 大型反射面天线设计及关键技术[M]. 西安：西安电子科技大学出版时，2021.

[22]　中华人民共和国住房和城乡建设部. 卫星定位城市测量技术标准：CJJ/T 73—2019[S]. 北京：中国建筑工业出版社，2019.

[23]　徐成业，汤玉兵，马玉江. 测绘工程技术研究与应用[M]. 北京：文化发展出版社，2021.

[24]　余代俊，崔立鲁. 土木工程测量[M]. 北京：北京理工大学出版社，2016.

[25]　周拥军，陶肖静，寇新建. 现代土木工程测量[M]. 上海：上海交通大学出版社，2021.

[26]　李青岳，陈永奇. 工程测量学[M]. 北京：测绘出版社，2008.

[27]　李康均，叶子豪，申永刚，等. 复杂覆土路面下基于探地雷达技术的供水管道漏损检测[J]. 科技通报，2021，37(3)：81-85.

[28]　李著信，苏毅，吕宏庆，等. 管道在线检测技术及检测机器人研究[J]. 后勤工程学院学报，2006(4)：41-45，53.

[29]　河海大学《测量学》编写组. 测量学[M]. 北京：国防工业出版社，2014.

[30]　吴少华. 城市地下管网信息管理系统的设计与实现[D]. 西安：西安科技大学，2012.

[31]　王刚，阎平. 变电站不同三维建模方法的比较[J]. 电力勘测设计，2021(5)：5.

[32]　孙其博，刘杰，黎羴，等. 物联网：概念、架构与关键技术研究综述[J]. 北京邮电大学学报，2010，33(3)：1-9.

[33]　刘强，崔莉，陈海明. 物联网关键技术与应用[J]. 计算机科学，2010，37(6)：1-4，10.

[34]　沈苏彬，范曲立，宗平，等. 物联网的体系结构与相关技术研究[J]. 南京邮电大学学报（自然科学版），2009，29(6)：1-11.

[35]　王万鹏. 智慧水务运行监测系统的设计与实现[D]. 青岛：山东科技大学，2019.

[36]　程学旗，靳小龙，王元卓，等. 大数据系统和分析技术综述[J]. 软件学报，2014，25(9)：1889-1908.

[37]　孟小峰，慈祥. 大数据管理：概念、技术与挑战[J]. 计算机研究与发展，2013，50(1)：146-169.

[38]　方巍，郑玉，徐江. 大数据：概念、技术及应用研究综述[J]. 南京信息工程大学学报（自然科学版），2014，6(5)：405-419.

[39]　黄解军，潘和平，万幼川. 数据挖掘技术的应用研究[J]. 计算机工程与应用，2003(2)：45-48.

[40]　任磊，杜一，马帅，等. 大数据可视分析综述[J]. 软件学报，2014，25(9)：1909-1936.

[41]　赵平伟. 城市供水系统中管网模型的建设和应用[J]. 城市公用事业，2004(6)：31-33.

［42］ 董欣，陈吉宁，赵冬泉. SWMM模型在城市排水系统规划中的应用［J］. 给水排水，2006(5)：106-109.

［43］ 严铭卿，廉乐明，焦文玲，等. 燃气负荷及其预测模型［J］. 煤气与热力，2003(5)：259-262，266.

［44］ 马强，陈启美，李勃. 跻身未来的电力线通信(二)电力线信道分析及模型［J］. 电力系统自动化，2003(4)：72-76.

［45］ 周飞燕，金林鹏，董军. 卷积神经网络研究综述［J］. 计算机学报，2017，40(6)：1229-1251.

［46］ HOUSTON J P，BEE H，HATFIELD E，et al. Invitation to psychology［M］. Cognition，1979：228-257.

［47］ MILLER J W . Observations on psychological research in nine British universities［J］. Observations on Psychological Research in nine British Universities，1976.

［48］ 李金波，许百华. 人机交互过程中认知负荷的综合测评方法［J］. 心理学报，2009，41(1)：9.

［49］ 曹石，秦裕林，浙江大学心理与行为科学院，等. 汽车驾驶行为与驾驶经验的 ACT-R 认知建模研究［C］//中国心理学会. 中国心理学会，2007.

［50］ 陈为，李世其，付艳，等. 精细追踪类监控作业行为认知建模研究［J］. 工业工程，2013，16(6)：7.

［51］ QUILLIAN R . Word concepts：a theory and simulation of some basic semantic capabilities［J］. Journal of the Society for General Systems Research，1965，12(5)：410-430.

［52］ SIMON R B，MARTIN，et al. Component vicarious processes：the orienting reflex［J］. Journal of Experimental Psychology，1970.

［53］ MINSKY M. Frame-system theory［J］. Thinking：Readings in Cognitive Science. 1977：355-376.

［54］ BORST R，AKKERMANS J M，POS A，et al. The physsys ontology for physical systems［J］. Proceedings Workshop Qualitative Reasoning Amsterdam NL，1995：11-21.

［55］ MERTON R K . Behavior patterns of scientists［J］. American Scientist，1970，3(2)：213-220.

［56］ REITER R. Circumscription implies predicate completion (sometimes)［C］//National Conference on Artificial Intelligence Pittsburgh. DBLP，1982.

［57］ Doyle J. A truth maintenance system［J］. Artificial Intelligence，1979(12)：231-272.

［58］ MCCARTHY J. Circumscription-a form of non-mon-otonic reasoning［J］. Artificial Intelligence，1980，13(1-2)：27-39.

［59］ BAYES T . An essay towards solving a problem in the doctrine of chances. Reprint of R. Soc. Lond. Philos. Trans. 53［J］. Rev. r. acad. cienc. exactas Fis. nat，2001(1-2)：11-60.

［60］ SHAFER，GLENN. A mathematical theory of evidence，princeton［M］. Princeton University Press，1976.

［61］ ZADEH L A . Fuzzy sets，information and control［J］. Information & Control，1965.

［62］ HINTON GE，SALAKHUTDINOV RR. Reducing the dimensionality of data with neural networks［J］. Science，2006，313(5786)：504.

［63］ 张力. 基于 CIM 的市政设施智能运管平台研究及应用［J］. 物联网技术，2023，13(6)：

85-87，93.

[64]　邓长军，胡安庆. 市政结构设施智慧管养技术研究及应用[J]. 现代隧道技术，2019，56(S1)：209-213.

[65]　刘忠祥，王俊杰，丁查明，等. 自动化控制技术在污水处理过程中的应用和发展[J]. 仪器仪表用户，2020，27(4)：105-106，65.

[66]　董群山. 浅谈自动化控制技术在电力系统的应用[J]. 东方企业文化，2011(12)：181.

[67]　孙平安. 泵站综合自动化及其优化控制调节的研究[D]. 扬州：扬州大学，2012.

[68]　陶飞，刘蔚然，刘检华，等. 数字孪生及其应用探索[J]. 计算机集成制造系统，2018，24(1)：1-18.

[69]　周瑜，刘春成. 雄安新区建设数字孪生城市的逻辑与创新[J]. 城市发展研究，2018，25(10)：60-67.

[70]　高艳丽. 以数字孪生城市推动新型智慧城市建设[EB/OL]. 中国信息通信研究院. http://www.sohu.com/a/214256385_735021,2018.01.02.

[71]　李培根. 浅说数字孪生[Z/OL]. https://mp.weixin.qq.com/s/TEQJQIUWSsFlHlufXn-JVQg，2020.08.18.

[72]　艾瑞咨询. 2023年中国数字孪生行业研究报告[Z/OL]. https://mp.weixin.qq.com/s/R_P6p7IHj0YwluCSAuEHvA,2023.04.19.

[73]　陶飞，刘蔚然，张萌，等. 数字孪生五维模型及十大领域应用[J]. 计算机集成制造系统，2019，25(1)：1-18.

[74]　顾建祥，杨必胜，董震，等. 面向数字孪生城市的智能化全息测绘[J]. 测绘通报，2020(6)：134-140.

[75]　孙滔，周铖，段晓东，等. 数字孪生网络(DTN)：概念、架构及关键技术[J]. 自动化学报，2021，47(3)：569-582.

[76]　陶飞，张贺，戚庆林，等. 数字孪生模型构建理论及应用[J]. 计算机集成制造系统，2021，27(1)：1-15.

[77]　郭杰，朱玉明，李夏晶，等. 基于数字孪生的城市地下综合管廊应用研究[J]. 计算机仿真，2022，39(4)：119-123，209.

[78]　李柏松，王学力，王巨洪. 数字孪生体及其在智慧管网应用的可行性[J]. 油气储运，2018，37(10)：1081-1087.

[79]　徐智勇，舒德伟，陈昌黎等. 数字孪生市政排水综合管理与预警调度平台设计与应用[J]. 水利水电快报，2023，44(8)：112-116，126.

[80]　廖芮言. 数字孪生-国家电网110KV、220KV变电站3D可视化运维平台[Z/OL]. https://mp.weixin.qq.com/s/fyVkFnWxDLgoRNSL42nsqQ,2022.06.06.

[81]　王成山，董博，于浩，等. 智慧城市综合能源系统数字孪生技术及应用[J]. 中国电机工程学报，2021，41(5)：1597-1608.

[82]　沈昌祥，张焕国，冯登国，等. 信息安全综述[J]. 中国科学(E辑：信息科学)，2007(2)：129-150.

［83］ 商书元. 信息技术导论［M］. 北京：中国铁道出版社，2016：321.

［84］ 王世伟. 论信息安全、网络安全、网络空间安全［J］. 中国图书馆学报，2015，41(2)：72-84.

［85］ 青松. 网络安全协议在计算机通信技术中的作用［C］//中国管理科学研究院教育科学研究所. 2022电脑校园网络论坛论文集. ［出版者不详］，2022：188-190.

［86］ 谭峻楠. 数据安全治理的关键技术——访问控制［Z/OL］. https：//mp. weixin. qq. com/s/ kBkt8Y4YrvP7QRGdwUcY1A，2023.07.25.

［87］ 邓诗钊. 计算机网络信息安全中虚拟专用网络技术的应用［J］. 信息系统工程，2023(8)： 84-87.

［88］ 沈君华，王学良，曾超. 三管齐下构建市政网络安全体系［J］. 上海信息化，2023(1)：32-35.

［89］ 刘卫民. 浅谈市政行业自动化与信息系统的内核安全［Z/OL］. https：//mp. weixin. qq. com/s/ uWe0P3fkKdarpowkAt2JTg，2020.11.27.

［90］ 杨明祥，蒋云钟，田雨，等. 智慧水务建设需求探析［J］. 清华大学学报（自然科学版），2014， 54(1)：133-136，144.

［91］ 田雨，蒋云钟，杨明祥. 智慧水务建设的基础及发展战略研究［J］. 中国水利，2014(20)： 14-17.

［92］ 孙国庆. 智慧水务关键技术研究及应用［J］. 水利信息化，2018(1)：46-49.

［93］ 桂芳. 基于云物联网的智慧水务生产监控系统研究［J］. 甘肃科技，2017，33(18)：14-16.

［94］ 徐强，张佳欣，王莹，等. 智慧水务背景下的供水管网漏损控制研究进展［J］. 环境科学学报， 2020，40(12)：4234-4239.

［95］ 徐宗学，叶陈雷. 城市暴雨洪涝模拟：原理、模型与展望［J］. 水利学报，2021，52(4)： 381-392.

［96］ 孔祥文. 城市水环境智慧水务系统建设探索［J］. 环境与发展，2020，32(2)：239-240.

［97］ 徐敏，孙海林. 从"数字环保"到"智慧环保"［J］. 环境监测管理与技术，2011，23(4)： 5-7，26.

［98］ 杨学军，徐振强. 智慧城市背景下推进智慧环保战略及其顶层设计路径的探讨［J］. 城市发展 研究，2014，21(6)：22-25.

［99］ 刘锐，詹志明，谢涛，等. 我国"智慧环保"的体系建设［J］. 环境保护与循环经济，2012， 32(10)：9-14.

［100］ 周博雅，徐若然，徐晓林，等. 智慧环保在城市环境治理中的应用研究［J］. 电子政务，2018 (2)：82-88.

［101］ 吴勇，张红剑. 基于大数据和云计算的智慧环保解决方案［J］. 信息技术与标准化，2013 (11)：38-41.

［102］ 杨学军，徐振强. 智慧城市中环保智慧化的模式探讨与技术支撑［J］. 城市发展研究，2014， 21(7)：1-4.

［103］ 孙晨，杨权东，袁建涛，等. 智能感知关键技术在电力物联网中的应用［J］. 传感器与微系 统，2022，41(12)：153-157.

［104］ 尚丹. 智慧能源驱动智慧城市［J］. 信息系统工程，2018(12)：6-7.

[105]　刘吉臻. 支撑新型电力系统建设的电力智能化发展路径[J]. 能源科技，2022，20(4)：3-7.

[106]　李向荣，李滨，蔡毅，等. 人工智能助力智慧电厂转型升级[J]. 电力设备管理，2019(12)：23-24.

[107]　管红立，李志远，谢芳. 基于物联网的电力设备状态检测系统应用研究[J]. 中国设备工程，2024(11)：148-150.

[108]　王　辉，刁凤东，杜成龙. 智能配电系统与智慧管道建设[J]. 石油天然气学报，2021，43(3)：6.

[109]　陆云杰. 基于大数据的智慧用电监管平台的设计与研究[D]. 杭州：浙江工业大学，2017.

[110]　陈举，陈海. "数字输电"让电网更"智慧"[J]. 农村电工，2023，31(2)：15.

[111]　郑贤斌. 中国智慧燃气现状、挑战及展望[J]. 天然气工业，2021，41(11)：152-160.

[112]　高媛. 智能技术在城市燃气输配管网系统的应用研究[D]. 北京：北京建筑大学，2017.

[113]　徐明明. 智慧燃气系统的安全性与可靠性优化研究[J]. 中国信息化，2024(4)：57-58.

[114]　高顺利，吴荣，吴波，等. 智慧燃气研究现状及发展方向[J]. 煤气与热力，2019，39(2)：23-28，46.

[115]　张浩. 智慧城市背景下城市燃气存在问题及发展方向[J]. 煤气与热力，2022，42(9)：41-43.

[116]　陈惠敏. 基于"互联网＋"构建智慧燃气总体架构[J]. 化学工程与装备，2021(3)：111-113.

[117]　刘铭炎. 智慧燃气大数据平台的建设及应用[J]. 化工管理，2023(20)：80-83.

[118]　刘颖. 智能远传系统在用户计量中的应用分析[D]. 北京：北京建筑大学，2018.

[119]　招珺铧. 智慧燃气调度系统应用探析[J]. 科技资讯，2024，22(6)：70-72.

[120]　陈斌，印卫东，何鹏. 城镇燃气管网智能巡护技术的安全实践及研究[C]//中国城市燃气协会安全管理工作委员会. 2022年第五届燃气安全交流研讨会论文集(上册). 常州港华燃气有限公司，2023：5.

[121]　王淑宝，曹曼. 我国智慧环卫的发展现状与趋势[J]. 建设科技，2016(21)：26-28.

[122]　葛涵涛，王立群，曹玥，等. 智慧环卫发展现状与问题分析[J]. 信息通信技术与政策，2019(10)：73-76.

[123]　田琦，肖志雄，黄麟雅，等. "互联网＋"背景下智慧环卫管控体系发展现状与优化[J]. 企业科技与发展，2019(5)：35-38，40.

[124]　徐明慧，金乐. 环卫工作进入智慧化发展新时期[J]. 通信企业管理，2020(11)：62-65.

[125]　赵思思. 互联网＋城市环卫管理演进历程初探[J]. 石河子科技，2021(5)：27-28.

[126]　卢鸣. 环卫行业现状与智能垃圾分类前景分析[J]. 网络新媒体技术，2019，8(1)：9-17.

[127]　徐树东. 打造废弃物智能化收转运体系伟明环保开启"互联网＋环卫"新模式[J]. 环境经济，2018(16)：30-31.

[128]　吴大鹏，闫俊杰，杨鹏. 面向5G移动通信系统的智慧城市汇聚及接入网络[J]. 电信科学，2016，32(6)：52-57.

[129]　陈如波，傅晓东. 智慧城市建设要求下的通信基础设施规划标准修订[J]. 规划师，2013，29(6)：62-65.

[130]　吴光华. 面向智慧城市架构的5G移动通信网络规划探究[J]. 通讯世界，2019，26(3)：

29-30.

[131]　张娜，陈伟平. 智慧城市与低碳城市共生机理研究——基于信息通信的视角[J]. 系统科学学报，2014，22(1)：53-55，65.

[132]　董明义. 智慧城市中5G移动通信网络规划的思考[J]. 数字通信世界，2018(3)：137.

[133]　芦效峰，景培荣. 智慧城市的支撑技术——通信技术[J]. 智能建筑与城市信息，2012(7)：90-95.

[134]　乔振. 5G在企业管理中的应用——以物流企业为例[J]. 江苏通信，2020，36(2)：8-10.

[135]　刘广红，何小山，王仁杰，等. 智慧城市信息通信系统研究[J]. 邮电设计技术，2012(6)：22-26.

[136]　刘晓云. 基于智慧城市视角的智慧应急管理系统研究[J]. 中国科技论坛，2013(12)：123-128.

[137]　李纲，李阳. 关于智慧城市与城市应急决策情报体系[J]. 图书情报工作，2015，59(4)：76-82.

[138]　巩宜萱，史益豪，刘润泽. 大安全观：超大型城市应急管理的理论构建——来自深圳的应急管理实践[J]. 公共管理学报，2022，19(3)：46-57，168.

[139]　常健. "智慧应急"的应用与发展[J]. 中国应急管理，2018(6)：44-45.

[140]　刘奕，张宇栋，张辉，等. 面向2035年的灾害事故智慧应急科技发展战略研究[J]. 中国工程科学，2021，23(4)：117-125.

[141]　陈如明. 云计算、智慧应急联动及智慧城市务实发展策略思考[J]. 移动通信，2012，36(3)：5-10.

[142]　陶振. 迈向智慧应急：组织愿景、运作过程与发展路径[J]. 广西社会科学，2022(6)：120-129.

[143]　宋元涛，王大伟，杨春立，等. 以信息化加速推进应急管理现代化[J]. 中国应急管理，2021(6)：14-25.

[144]　雷霆，孙骞，王孟轩. 基于5G的智慧应急指挥平台[J]. 指挥与控制学报，2020，6(4)：319-323.

[145]　宋瑶. 基于动态博弈的智慧城市灾害应急决策研究[D]. 天津：天津大学，2017.

[146]　李志文. 论市政工程规划在城市规划体系中的地位与作用[J]. 吉林蔬菜，2016(4)：44-45.

[147]　宁淑冰. 城市市政工程规划现状的研究与分析[C]//中国城市规划学会. 多元与包容——2012中国城市规划年会论文集(07. 城市工程规划). 沈阳市规划设计研究院，2012：6.

[148]　王丹. 中国城市规划技术体系形成与发展研究[D]. 长春：东北师范大学，2003.

[149]　陈爱忠，齐硕，卢绪川，等. 全国排污许可证管理信息平台的规划，建设与应用进展[J]. 环境保护，2018，46(8)：5.

[150]　仇保兴. 海绵城市(LID)的内涵、途径与展望[J]. 给水排水，2015，51(3)：1-7.

[151]　陈梅丽. 探讨智慧化在市政设施管理中的应用[C]// 江苏省测绘地理信息学会. 第二十二届华东六省一市测绘学会学术交流会论文集(一). 福州市勘测院，2021：3.